Nägel, Stifte, Niete

Befestigungstechnik im samischen Heraion

Uwe Peltz

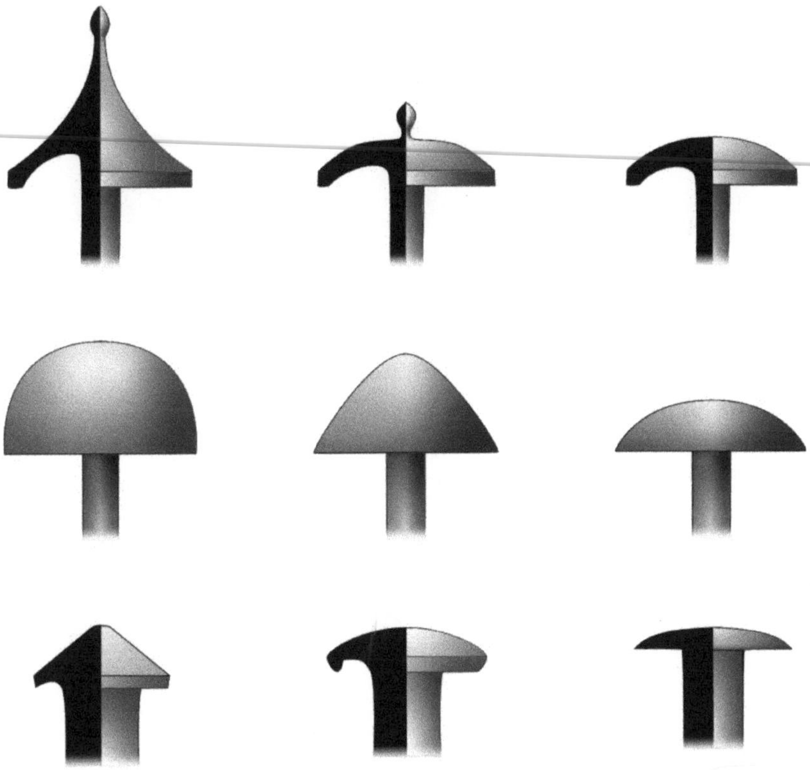

BAR International Series 2266
2011

Published in 2016 by
BAR Publishing, Oxford

BAR International Series 2266

Nägel, Stifte, Niete

ISBN 978 1 4073 0837 1

BAR Publishing is the trading name of British Archaeological Reports (Oxford) Ltd. British Archaeological Reports was first incorporated in 1974 to publish the BAR Series, International and British. In 1992 Hadrian Books Ltd became part of the BAR group. This volume was originally published by Archaeopress in conjunction with British Archaeological Reports (Oxford) Ltd / Hadrian Books Ltd, the Series principal publisher, in 2011. This present volume is published by BAR Publishing, 2016.

Printed in England

BAR
PUBLISHING

BAR titles are available from:

BAR Publishing
122 Banbury Rd, Oxford, OX2 7BP, UK
EMAIL info@barpublishing.com
PHONE +44 (0)1865 310431
FAX +44 (0)1865 316916
www.barpublishing.com

VORBEMERKUNG

Ab dem Jahr 2005 konnten in mehreren Restaurierungskampagnen bisher unberücksichtigte Bronzen aus dem samischen Heraheiligtum im Archäologischen Museum in Samos-Stadt bearbeitet werden. Zu den Funden zählt eine beachtliche Anzahl an Nägeln, Niete, Stiften und weiteren Elemente der antiken Befestigungstechnik. Neben den Konservierungsmaßnahmen erschien eine Systematisierung des Bestandes grundlegend für seine sinnvolle Erfassung[1]. Die vorliegende Studie stellt ebenso die Verwendungsmöglichkeiten und die Herstellungstechniken im Kontext der samischen Befestigungselemente vor. Die Typologie sowie Hinweise zur Anwendung und Technologie werden vielleicht die Bearbeitung von Nägeln, Niete, Stiften, Haken, Mauerringen und Unterlegscheiben weiterer Fundplätze erleichtern.

Die Arbeit wurde als Eignungsnachweis im Eignungsfeststellungsverfahren gemäß der Promotionsordnung zur Annahme als Doktorand an der Staatlichen Akademie der Bildenden Künste Stuttgart, Studiengang Konservierung und Restaurierung von archäologischen, ethnologischen und kunsthandwerklichen Objekten, angenommen.

Für die Arbeitsmöglichkeiten auf Samos sei an dieser Stelle Dr. Maria Viglaki von der Ephorie der Kykladen und dem Grabungsleiter Prof. Dr. Wolf-Dietrich Niemeier, Athen, gedankt. Dem Direktor der Antikensammlung Prof. Dr. Andreas Scholl ist für die Förderung des Projektes und die Arbeiten am Berliner Bestand zu danken. Den Herrn Prof. Dr. Helmut Kyrieleis und Prof. Dr. Hermann J. Kienast gilt mein Dank für die Möglichkeit, die Befestigungstechnik ihrer Grabungen zu erfassen. Für die Publikation der Nägel aus Milet danke ich herzlich Dr. Helga Donder und Dr. Michael Kerschner. Ich danke für die ausführliche Auswertung der metallographischen Untersuchungen an vier Nägeln von Heinz-Huber Cloeren der Firma Cloeren-Technology GMBH, die das Produktions-spektrum der antiken Nagelschmiede verdeutlichen. Dr. Ida Anna Rapinesi, Museo delle Navi Nemi, unterstützte großzügig die Materialanalysen an Nägeln der Schiffe des Caligula aus dem Nemi-See bei Rom. Diese Proben und solche der Befestigungstechnik aus Samos und Berlin untersuchte dankenswerterweise Sabine Schwerdtfeger im Rathgen-Forschungslabor Berlin. Für die Möglichkeit, die Befestigungsart der Schiffsbeschläge im Palazzo Massimo eingehend studieren zu können, danke ich Dr. Giuseppina Ghini. Lothar Waldner verdanke ich die Erfahrung, wie schwierig es doch ist, aus einem Stück Rundeisen einen Nagel zu schmieden. Dem Schmied Rudolph Stanislawski ist für seine hilfreichen Ausführungen zur Methodenvielfalt bei der Fertigung von Nägeln zu danken. Jürgen Gernentz erstellte mit viel Engagement die Datenbanken zur Erfassung der Befestigungstechnik. Johannes Laurentius gilt mein herzlicher Dank für zahlreiche Fotoaufnahmen und die Bearbeitung sämtlicher digitaler Fotos. Kirsten Dzwiza verdanke ich Hinweise zu Nägeln als Zaubergerät. Prof. Dr. Gerhard Eggert, Dr. Norbert Franken, Una Giesecke sowie besonders Anja Ludwig und Dr. Olivia Zorn sind für Korrekturen am Manuskript zu danken.

Mein herzlicher und besonderer Dank gilt Dr. Ulrich Gehrig, der mich großzügig auf Samos und in Berlin unterstützte.

Danken möchte ich für Anregung, Kritik und Diskussion: Dr. Andrea Babbi, Dr. Veliana Babbi, Dr. Jaime Curbera, Dr. Astrid Fendt, Dr. Norbert Franken, Dr. Wolfgang Gaitzsch, Prof. Dr. Wolf-Dieter Heilmeyer, Gert Jendritzki, Dr. Volker Kästner, Ursula Kästner, Saskia Kästner, Prof. Dr. Hermann J. Kienast, Prof. Dr. Ernst Künzl, Renate Lehmann, Dr. Martin Maischberger, Prof. Dr. William H. Manning, Dr. Barbara Niemeyer, Dr. Rita Paris, Dr. Nicole Reifarth, Uwe Schepler, Priska Schilling, Prof. Dr. Ernst-Ludwig Schwandner, Dr. Agnes Schwarzmeier, Dr. Angelika Schöne-Denkinger, Jan Schütt, Dr. Ralf B. Wartke, Bernd Zimmermann.

Meiner Frau Arite und meinem Sohn Jurek möchte ich sehr herzlich für ihren unentwegten Zuspruch und ihr Verständnis für meine Begeisterung an der antiken Befestigungstechnik danken.

Uwe Peltz — Berlin, April 2011

[1] Zur Typologie vgl.: U. Peltz, Nägel, Stifte, Niete ... Eine Typologie der Befestigungstechnik im Heraion von Samos, AA 2010/2, 23–38.

INHALTSVERZEICHNIS

VORWORT

Die erfolgreichen Grabungen von Theodor Wiegand im Heraion von Samos (1910-1914) mussten nur wenige Wochen vor dem Ausbruch des Ersten Weltkrieges beendet werden. Die Schließung der Grabung geschah offenbar unter Zeitdruck, denn eine große Zahl von figürlichen Bronzen und Fragmenten bronzener Gefäße und Geräte lagerten ungereinigt, weder restauriert noch konserviert, im Museum von Samos. Obwohl von diesen Stücken in den folgenden Jahren nach Wiederaufnahme der Grabungen seit 1925, zunächst unter Ernst Buschor (bis 1962) in fast jeder folgenden Kampagne einzelne Stücke bearbeitet und konserviert wurden, blieb doch immer noch viele Fundstücke, die der Reinigung und Bearbeitung harrten. Es ist Andreas Scholl, dem Leiter der Antikensammlung der Staatlichen Museen zu Berlin SPK sehr zu danken, dass er sich verpflichtet fühlte, diese alten Funde der Wiegand Grabung, also einer ehemalige Grabung der Antikensammlung Berlin, auch nach so vielen Jahren restauratorisch aufarbeiten zu lassen. Er stimmte zu, dass für diese Arbeit Uwe Peltz, der Metall-Restaurator der Antikensammlung, in den Jahren 2005 – 2010 jeweils für einige Wochen pro Jahr auf Samos arbeitete. In dieser Zeitspanne konnte Uwe Peltz die Arbeit an den Bronzen mit großem Erfolg zu Ende führen.

Unter den zu restaurierenden Funden befanden sich auch über 100 Nägel. Sie weckten das lebhafte Interesse von U. Peltz, denn ganz am Beginn seiner Laufbahn hatte er die Werkstatt eines Nagelschmieds näher kennen gelernt. Aber es waren nicht nur Nägel, sondern auch Stifte, Haken und Nieten, denen er seine besondere Aufmerksamkeit schenkte. Schließlich konnte er die Fundstücke von allen Grabungen seit 1925, besonders die der Grabungen von Helmut Kyrieleis (1980-81) und von Herrmann J. Kienast (1996-98) in einem Katalog zusammenstellen und die einzelnen Gruppen wissenschaftlich bearbeiten. Die vorgelegten Einordnungen und Klassifizierungen der Nagelformen beziehen sich zwar auf die Blütezeit des samischen Heraion im 7. und 6. Jh. v. Chr., es zeigte sich aber, wie Uwe Peltz herausgearbeitet hat, dass diese Typen nicht nur genauso an Stücken anderer Ausgrabungen zu finden sind, sondern während der ganzen Antike verwendet wurden und auch sogar noch in der Gegenwart zum Teil dieselben Formen haben.

Die Begeisterung, mit der sich Uwe Peltz dem kulturgeschichtlich sehr wichtigen, aber etwas spröden Thema ‚Nägel' widmete, hat sich nicht nur auf mich, der die samischen Bronzen bearbeitet, sondern auch auf die Grabungsleiter übertragen. Herrmann J. Kienast, der Leiter der Samos Grabung bis 2006, hat die Publikation des Materials angeregt und die Arbeiten daran mit Wohlwollen und Neugier verfolgt. Der gegenwärtige Leiter der Samos Grabung, Wolf-Dietrich Niemeier, hat fördernd und ermutigend die Arbeiten begleitet, wie er auch die Restaurierungsarbeiten im Museum von Samos durch Anschaffung geeigneter, wertvoller Geräte ganz wesentlich unterstützt hat.

Ulrich Gehrig

EINLEITUNG

Auf der Insel Samos soll in der fruchtbaren Ebene des Flusses Imbrasos unter einem Keuschlammstrauch die ranghöchste Göttin des Olymps geboren worden sein. Doch weniger für die Zeusgemahlin als vielmehr für die ursprünglich vorgeschichtliche Natur- und Fruchtbarkeitsgöttin entstand am Geburtsort ein Heiligtum, der dort bis in die archaische Zeit als ›Hervorbringerin‹ verehrten Hera. Erste Spuren der Kultausübung reichen bis in das späte 2. Jh. v. Chr. zurück, um nach annähernd eineinhalbtausend Jahren in byzantinischer Zeit zu verschwinden. Die Heraia von Samos, Argos und Olympia sind die ältesten, wobei im samischen Heraheiligtum in archaischer Zeit über die Insel hinaus bekannte Tempelbauten realisiert werden konnten[2]. Zu erwähnen sind die Dipteroi des Rhoikos und des Polykrates sowie weitere zum Teil monumentale Bauten. In hellenistischer Zeit und dann noch einmal unter römischer Herrschaft erlebten die Insel und das Heraion eine weitere Blüte. Die heilige Straße säumte beeindruckende Großplastik aus Bronze und Marmor. In Schatzhäusern und anderen Bauwerken sammelten sich unzählige Weihgaben wie Schmuck, Statuetten, Gefäße, Geräte und Musikinstrumente bis hin zu Dingen des täglichen Bedarfs aus vielfältigen Materialien wie Bronze, Bein, Holz, Keramik und Textil an. Ihre Herstellung sowie die Umsetzung der ehrgeizigen Bauvorhaben und der damit verbundenen wiederholten Umgestaltung des Areals sind ohne Nagelungen, Nietverbindungen und Stiftmontagen undenkbar.

Im Jahr 1910 begann die zwischen der Regierung des damaligen Fürstentums Samos und den Königlichen Museen in Berlin vertraglich geregelte umfassende deutsche Grabung. Unter Leitung von Theodor Wiegand konnten bis zum Beginn des Ersten Weltkrieges in der vierjährigen Kampagne der gesamte Tempel, der Altar mit dem Vorgelände und große Teile der Heiligen Straße vollständig freigelegt werden. In den zwischen den beiden Weltkriegen wieder aufgenommenen Grabungen wurde das Areal dann zwar nur wenig erweitert, jedoch vertieft. Seit 1951 wurden weitere Fundamente freigelegt und Weihgaben gesichert, die im Archäologischen Museum der heutigen Stadt Samos ausgestellt sind.

Die letzten noch unbearbeiteten Bronzekleinfunde aus der erwähnten Grabung Wiegands (1910–1914) konnten 2005 konservatorisch bearbeitet werden[3], darunter 150 Nägel, Niete, Haken, Mauerringe, Stifte, Unterlegscheiben und ein Kettenglied. In den beiden Folgejahren wurden weitere 79 Stücke aus den Grabungen von Helmut Kyrieleis (1980–1981) und Hermann J. Kienast (1996–1998) aufgenommen. Ergänzt wird der Bestand durch 67 zuvor inventarisierte Nägel, Mauerringe und Haken aus früheren Grabungen. Neben den insgesamt 296 erfassten Befestigungselementen aus Bronze sind lediglich drei Eisennägel und ein eiserner Haken aus dem Heiligtum erhalten.

Die vorgelegte Untersuchung fasst erstmals den gesamten bisherigen Befund an Befestigungselementen zusammen, während frühere Bearbeitungen lediglich Teilbereiche und einzelne Stücke erwähnen. So führt beispielsweise der Bericht der Grabung im Südtemenos von 1977 lediglich den Mauerring Kat. 264 und den Scharnierstift Kat. 227 auf[4]. Die Beschreibung des archaischen Nordtores vom Heraion erwähnt zudem zwei Nagelköpfe und vergleicht diese mit Stücken aus Olynth und Korinth[5]. Die beiden aus Bronzeblech getriebenen Scheiben unterscheiden sich jedoch von den Vergleichsstücken durch den stets massiven Guss[6]. Außerdem fehlen ihnen Anzeichen auf Schäfte, so dass es sich nicht um Köpfe von Nägeln handeln kann und sie damit auch nicht Gegenstand der Arbeit sind. Des Weiteren bleiben hier die beiden Reste eiserner Nägel aus den Quadern des Aschealtars vor der Rhoikoszeit unberücksichtigt, die vermutlich die Pfosten der dreiteiligen Türkonstruktion befestigten[7].

Beim Ausbau des Wassertunnels des Eupalinos zum Fluchtversteck in der antiken Stadt Samos hatte man Hölzer provisorisch mit Nägeln zu Regalen und weiterem Mobiliar verbunden. Bei den Grabungen im Tunnel wurden 34 Nägel sowie wenige Haken, Ringösen und Kettenglieder aus Bronze und Eisen geborgen[8]. Aus den Kammergräbern der Westnekropole von Samos stammen Eisennägel mit Holzstücken, die als Bestandteile von Särgen zu verstehen sind[9]. Hier fand man zudem ein

[2] G. Gruben, Griechische Tempel und Heiligtümer (München 2001) 348–365 (mit weiterer Literatur).

[3] Auf Samos lag die restauratorische Betreuung der Bronzen über viele Jahre in den Händen von Klaus von Woyski. Die von ihm entwickelten Reinigungs- und Konservierungsverfahren wurden abgeändert weitergeführt: Die Sinterauflagen ließen sich mechanisch, vereinzelt mit Unterstützung kalklösender Chemikalien abnehmen. Der Stabilisierung mit Benzotriazol folgte die Konservierung mit einem Lack. Zusätzlich schützt die Objekte eine Wachsschicht vor weiterer Korrosion. Vgl.: K. v. Woyski, Bronzekonservierung und -restaurierung am Deutschen Archäologischen Institut in Griechenland, in: Arbeitsblätter für Restauratoren 1, Gruppe 2, 1976, 75; K. v. Woyski, Bronzekessel aus dem Heraion von Samos, AM 87, 1972, 187–189 Taf. 62–66 Beil. 4. 5.

[4] Furtwängler 1981, 134 Nr. I/10. I/13 Taf. 19, 5; 20, 4.

[5] H. P. Isler, Das Archaische Nordtor und seine Umgebung im Heraion von Samos. Bauaufnahme und Baubeschreibung, Samos 4 (Bonn 1978) 80 Nr. 37. 38 Taf. 40.

[6] Davidson 1952, 140 f. Nr. 1015–1020 Taf. 71; Robinson 1941, 269–271 Nr. 1108–1117 Taf. 71.

[7] Buschor – Schleif 1933, 156 f. Abb. 7.

[8] Jantzen 2004, 131–133 Nr. 821–829. 831. 832 Taf. 25. 26.

[9] J. Boehlau, Aus ionischen und italischen Nekropolen (Hildesheim 1889) 19. 22. 36 Taf. 15, 3; J. Fabricius, Hellenistische Kammergräber der samischen Westnekropole und ihre Grabmonumente, in: Staatliche Museen Kassel (Hrsg.), Samos – Die Kasseler Grabung 1894 in der Nekropole der archaischen Stadt (Kassel 1996) 108–112.

Sandalenbeschlag, bei dem Nägel eine annähernd 20 mm dicke Sohle fixieren. In allen fünf Gräbern wurden neben zahlreichen Eisennägeln nur einige wenige Bronzenägel geborgen.

Da Befestigungselemente aus dem Hera-Heiligtum aufgrund ihrer im Alltag bewährten Form nicht nur auf Samos bis heute beinahe unverändert in Gebrauch sind[10], ist ihre Einordnung nach der neuzeitlichen Terminologie möglich:

- Einen Nagel zeichnet der am unteren Ende zugespitzte runde oder mehreckige Schaft mit einem entsprechend seiner Anwendung geformten Kopf aus. Nägel dienen entweder zur Verbindung zumeist hölzerner Baukörper oder – wie ein Haken geformt – zur Lastenaufnahme.

- Scharnier- und Steckstifte dienen zur Verbindung und Sicherung unterschiedlicher Bauteile. Beide Typen werden zur Gruppe der Zylinderstifte gezählt.

- Mauerringe sind mit Dübeln starr an Baukörper eingesetzte ringförmige Befestigungselemente zur Aufnahme von Lasten.

- Haken als gebogene Bauteile zur Befestigung von Lasten sind heute in vielfältigen Ausführungen standardisiert. Zahlreiche antike Haken zeichnet der in einer Spitze mündende Schaft aus, der einen Haken zum Einschlagen (Einschlaghaken) charakterisiert. An Einzelstücken ist das geteilte Schaftende nachweisbar, das die Montage und optimalen Halt in einem Mauerputz ermöglichte.

- Ketten setzen sich aus beweglich miteinander verbundenen Gliedern zusammen und werden als technisches Element zur Kraftübertragung eingesetzt.

- Unterlegscheiben werden bis heute dazu verwendet, die Kraft eines Niet-, Stift- oder Nagelkopfes großflächig auf das Material zu übertragen und damit die Stabilität der Verbindung zu verbessern.

- Die Nietung im heutigen Verständnis ist die Zusammenfügung zweier Teile durch ein plastisch verformbares Verbindungselement – den Niet. Auch die antiken Niete besaßen einen vorgefertigten Kopf (Setzkopf). Das Ende des Schaftes wurde bei der Montage mit einem geeigneten Werkzeug (Kopfmacher, Nietzieher) vergrößert, so dass ein zweiter Kopf (Schließkopf) und dadurch eine unlösbare Verbindung entstand.

Im Fokus der Quellenstudien zur antiken Befestigungstechnik steht in der vorliegenden Arbeit die Blütezeit des Heraions von Samos im 7. und 6. Jh. v. Chr. Es wurden aber auch Entwicklungen jüngerer Epochen bis zur Aufgabe des Heiligtums sowie in einigen Fällen andere Fundorte einbezogen, sofern diese für die Verifizierung bestimmter Thesen bzw. Vervollständigung der Typologie entscheidend sind.

[10] Vgl.: A. Cambitoglou – J. K. Papadopoulos – O. T. Jones, Torone I. The Excavations of 1975, 1976 and 1978 (Athen 2001) 740; Gaitzsch 2005, 52.

1. GRUPPEN DER SAMISCHEN BEFESTIGUNGSELEMENTE

1.1. NÄGEL

Der Nagel ist vor der Verbreitung der Schraube das am häufigsten verwendete Verbindungselement in der Antike. Entsprechend hoch ist der damalige Bedarf einzuschätzen. Einen Beleg hierfür liefert der Hortfund von annähernd einer Million Nägel, den die 20. Legion in einem Versteck im schottischen Römerlager Inchtuthil (Vindolanda) zurückließ[11]. Im Heraion von Samos wurden dagegen bisher nur 223 Bronzenägel und drei Eisennägel gefunden. Für andere Grabungen ist die geringe Stückzahl mit der Weiterverwendung des Materials zu erklären[12], so dass gleiches für das Heraion anzunehmen ist. Nägel wurden seriell zunächst aus Bronze und in römischen Werkstätten vermehrt aus dem härteren Eisen gefertigt[13]. Gemäß unterschiedlichen Anforderungen bildeten sich bereits in frühgriechischer Zeit diverse Nageltypen heraus[14]. Vergoldete Nagelköpfe sind von großen Schiffen bekannt[15]. Noch vor der Entwicklung der Löttechnik passten sich Nägel durch kleine Köpfe an Verbindungen der frühen Edelmetallverarbeitung wie dem Goldschmiedehandwerk als erforderliches und doch störendes technisches Bauteil unscheinbar in die Oberfläche ein[16]. Nicht in allen Fällen sind Nägel als gewöhnliche Alltagsgegenstände anzusprechen, wie Exemplare aus weichem Blei[17], Silber[18] und Gold[19] belegen.

Bei der systematischen Ordnung (Abb. 1 a–c) der in ihrer Funktion vielfältigen Nägel ist entweder die Kopfform oder der Anwendungsbereich das namensgebende Kriterium.
In der Gruppe der Schmucknägel (Zierknauf-Nagel und Pilzknauf-Nagel, Typen Z1; Z2a. b; P1–3) steht der Dekorationscharakter der Nägel über der in der Ausgestaltung der Schäfte begründeten Funktionalität. Diese werden daher – wie die Universalnägel (Kegelkopf-Nagel und Schirmkopf-Nagel, Typen K; S1a. b; S2a–c), bei denen die Aspekte Schmuck und Funktionalität gleichermaßen ausgeprägt sind, nach ihrer Kopfform typologisiert, während die vorrangig oder ausschließlich technisch bedingte Charakteristika aufweisenden Typen Beschlag-, Blei-, Dachziegel- und Stauchnagel (Typen Be1–3; Bl1. 2; Da; St) aus der Gruppe der Funktionsnägel ihrem Anwendungsbereich zugeordnet werden. Hier bestimmt lediglich beim Stauchnagel die Kopfform seine Bezeichnung.

Die Formen der erwähnten drei eisernen Nägel und des Hakens sind mit solchen aus Bronze vergleichbar, so dass sie in die Typologie eingeordnet wurden.

Zierstifte zur Dekoration von Waffen, Truhen, Holzgefäßen, Schmuck etc. und Schuhnägel wurden bisher im Heraion nicht geborgen. Einzelstücke stammen aus dem Tunnel des Eupalinos[20]. Solche Nagelstifte kann die vorliegende Systematik der Nägel somit nicht berücksichtigen.

Die Zierknauf-Nägel vom Typ Z2 (Abb. 1 a) sind noch nicht das samische Hera-Heiligtum nachgewiesen und der Schirmkopf-Nagel vom Typ S2c (Abb. 1 b) ist nur für den Eupalinostunnel belegt[21]. Der den Funktionsnägeln zuzuordnende, bislang nur in Milet nachweisbare Dachziegelnagel (Typ Da) verdeutlicht, dass die vorgelegte Typologie über den samischen Bestand hinaus um lokale und darüber hinaus auch um weit verbreitete Formentwicklungen ergänzt werden kann.

Der technisch hohe Stand der samischen Produktionsweise wird im direkten Vergleich mit den neuzeitlichen Anforderungen an Nägel deutlich[22]. Die Festigkeit einer Nagelverbindung wird maßgeblich vom Querschnitt des Schaftes bestimmt. Ein runder Schaft kann sich leichter in einer Baukonstruktion verdrehen als ein eckig geformter. 172 der 223 samischen Bronzenägel und die drei eisernen Exemplare fertigten die Schmiede mit quadratischem Schaft[23]. Darüber hinaus hat ein konisch geformter Schaft nach dem Einschlagen an der gesamten Oberfläche Kontakt zum Baustoff. Diese Anforderung erfüllt der zylindrische Schaft nicht zwangsläufig. Moderne Messungen ergaben, dass zum Ausziehen eines Nagels mit konischem Schaft eine fünfzehnmal höhere Kraft erforderlich ist als bei einem vergleichbar großen Exemplar mit zylindrischem Schaft[24]. Den samischen Handwerkern müssen auch diese Eigenschaften vertraut gewesen sein, denn beinahe alle Nägel weisen eine konische Schaftform auf.

---

[11] Pitts – Saint Joseph 1985, 108. 113 f. Taf. 19 a–c.
[12] Gaitzsch 2005, 52.
[13] RE XVI 2 (1935) 1577 s. v. Nagel (A. Hug).
[14] Cambitoglou – Papadopoulos – Jones a. O. (Anm. 10) 740.
[15] F. Caspari, Das Nilschiff Ptolemaios' IV., AA 1916, 49; E. Petersen, Funde, RM 11, 1896, 191.
[16] C. Reinhold, Der Thyreatis-Hortfund in Berlin. Untersuchungen zum vormykenischen Edelmetallschmuck in Griechenland, JdI 108, 1993, 3 f. 11–13 Abb. 3 b. 17.
[17] Robinson 1941, 328 f. Nr. 1541–1543 Taf. 96.
[18] Lehmann – Lehmann 1962, 158 f. Abb. 115.
[19] Payne 1940, 184 Taf. 84, 26–29.
[20] Jantzen 2004, 133. 179 Nr. 1166 b. 1202. 1203 Taf. 31. 34.
[21] Jantzen 2004, 132 Nr. 831 Taf. 25.
[22] Für zahlreiche Informationen ist Herrn Roellecke von der Firma Bierbach Befestigungstechnik, Unna zu danken.
[23] Zudem ist ein eckiger Schaft einfacher als ein rundes Werkstück mit dem Hammer am Amboss zu formen.
[24] Bierbach, Nageltechnik, Katalog, 20 Abb. <http://www.Bierbach.de/deutsch/news/nagel-d.pdf> (22.03.2010).

1.1.a. Schmucknägel

Spätestens seit dem 6. Jh. v. Chr. wurden Nagelköpfe an zweiflügligen Holztüren und steinernen Scheintüren zu Schmuckelementen ausgebildet[25] und ähnliche, aber kleinere Nägel findet man an Fensterverschlüssen, Mobiliar und Kästen[26]. Insbesondere auf Vasen sind Schmucknägel beinahe immer an zweiflügligen Türen dargestellt. Einige Beispiele der Berliner Antikensammlung illustrieren das wiederkehrende Motiv: Auf einer attischen Pyxis zieren Schmucknägel die Querleisten und den Anschlag der abgebildeten Tür (Abb. 2)[27]. Die rotfigurige Schale des Amymone-Malers zeigt eine mit Schmucknägeln dekorierte geöffnete Tür, auf die der Hochzeitszug[28] zuschreitet (Abb. 3)[29]. Im Mittelbild einer anderen attischen Schale eilt Klytaimestra mit der Streitaxt in das Badegemach Agamemnons (Abb. 4). Auch hier schmücken besondere Nagelköpfe den dargestellten Türflügel[30].

In der jüngeren Forschung werden sämtliche Schmucknägel an Türen als Zierknäufe verstanden[31]. Weiterführend muss aber zwischen dekorierten (Zierknauf) und einfach geformten (Pilzknauf) Schmucknägeln unterschieden werden (Abb. 1 a).

Zierknauf-Nägel (Typ Z1, Z2a, Z2b)
Der einzige samische Zierknauf (Kat. 1 Abb. 1 a. 5) zählt zum Typ Z1. Die bisher auf Samos noch nicht nachgewiesen Typen Z2a und Z2b sind Varianten des Typ Z1. Allein im Bestand der Berliner Antikensammlung befinden sich jedoch zahlreiche Zierknauf-Nägel aus Priene[32] und Pergamon[33].

Die buckel- bzw. bossenförmigen Köpfe von Olynth konnten in zwei Gruppen eingeordnet werden[34] und die Nägel von Langaza wurden in drei Formen unterteilt[35]; eine Systematik, die bei der Bearbeitung der Stücke von Delos übernommen worden war[36]. Diese frühen Ordnungen berücksichtigt in abgeänderter und erweiterter Form die vorliegende Klassifizierung.

Den Zierknauf-Nagel zeichnet eine besondere, als Schmuckelement ausgebildete Kopfform aus, die in Details bei den einzelnen Typen variiert. Bei jedem Typ ist die Unterseite des Kopfes halbhohl gefertigt, so dass der Pressdruck vom Rand des Kopfes gewährleistet wurde. Der Querschnitt des quadratischen Schaftes ist um ein Vielfaches kleiner als das Außenmaß des Kopfes (Abb. 1 a):

Typ Z1: Auf einem Kopf mit runder Außenform befindet sich ein konkav geformter Kegelaufsatz, der spindelförmig endet. Der Rand des Kopfes und der Aufsatz sind mit Rillen, Absätzen etc. dekoriert.

Typ Z2a: An einem runden, flach gewölbten Kopf befindet sich zentrisch ein spindelförmiger Aufsatz. Der Rand kann eine Dekoration aufweisen.

Typ Z2b: Der runde, flach gewölbte Kopf kann mit Drehrillen, Absätzen etc. und einer kleinen Vertiefung im Zentrum dekoriert sein.

An Kat. 1 sind der Rand und die Mitte des Kegels mit einigen wenigen Rillen dekoriert. Der spindelförmige Aufsatz ist abgesetzt. Vom eisernen Schaft ist lediglich ein kleiner Ansatz erhalten[37]. Am Kegel weisen Rostspuren auf die fehlerhafte Fertigung des Nagels hin[38].
Der samische Nagelkopf gleicht griechischen Zierknauf-Nägeln aus Olynth und den über 140 mm großen Knäufen vom römischen Portal aus Ladenburg (Abb. 6)[39]. Die weite Verbreitung des Schmucknagels illustrieren die großen Zierknäufe vom Typ Z2a eines Portals in Babylon (Abb. 7)[40].

Ein Berliner Zierknauf aus Priene und Teile von Klinen sind mit einer gleichmäßigen schwarzen Patina bedeckt[41]. Die gleiche Oberfläche an Betten, Kandelabern und Geräten aus dem Schiffsfund von Mahdia war als antike Schwarzpatinierung diskutiert worden[42]. Vielleicht ist die Oberflächenfärbung des Nagels aus Priene ebenso als eine derartige Patina anzusehen.

Pilzknauf-Nägel (Typ P1, P2, P3)
Die unterschiedliche konvexe Form der 13 samischen Nagelköpfe (Kat. 2–14; Kat. I Abb. 8) gestattet die Einordnung in drei Gruppen (Typ P1 bis P3; Abb. 1 a). Der fragmentarische Kopf des Eisennagels (Kat. I

---

25 E. Künzl, Griechische Türen der klassischen und hellenistischen Zeit, in: Künzl – Künzl 2003, 229.
26 Robinson 1941, 260.
27 A. Furtwängler, Beschreibung der Vasensammlung im Antiquarium 2 (Berlin 1885) 531–533 Inv. F 2261.
28 Darstellungen von Hochzeitsszenen zeigen oft Schmucknägel an zweiflügligen Türen.
29 J. H. Oakley – R. H. Sinos, The Wedding in Ancient Athens (Madison 1993) 101 Abb. 93 Inv. F 2530.
30 Die Schale befindet sich seit dem Ende des Zweiten Weltkrieges im Kunsthistorischen Museum Moskau. Vgl.: Antikensammlung, Dokumentation der Verluste V 1 (Berlin 2005) 127 f. Inv. F 2301.
31 Künzl a. O. (Anm. 25) 223–314.
32 Raeder 1983, 60 Nr. 320 Inv. Misc. 9095 – Misc. 10008bis.
33 Unpubliziert, Inv. P. 30.6; P. 30.7; P. 30.10; P. 3012; P. 69.1; P. 69.2; P. 69.4; P. 1076–1083; P. 1086.
34 Robinson 1941, 260. 269–276 Nr. 1108–1170 Taf. 71–75.
35 T. Macridy, Un tumulus Macedonien a Langaza, AA 1911, 202–204 Abb. 16.
36 G. Siebert, Delos. Le quartier de Sardhana, BCH 100, 1976, 817 f. Abb. 29. 30.
37 Soweit bisher ersichtlich, wurden Zierknauf-Nägel grundsätzlich mit einem Eisenschaft hergestellt.
38 Siehe: Produkte – Zierknauf-Nagel.
39 E. Künzl – S. Künzl – A. Kaufmann-Heinimann, Katalog, in: Künzl – Künzl 2003, 11; Robinson 1941, 260. 269–276 Nr. 1157–1163 Taf. 75.
40 R. B. Wartke, Acht runde Torbeschläge, in: J. Marzahn – G. Schauerte (Hrsg.), Babylon. Wahrheit. Ausstellungskatalog Berlin (München 2008) 268 f. Abb. 187.
41 Raeder 1983, 60 Nr. 320. 321 Abb. 2 b; 8 a. Bisher untersucht: Zierknauf-Nagel (Inv. Misc. 10004) und Klinenbeschlag (Inv. Misc. 10055).
42 G. Eggert, Schwarzfärbung oder Korrosion?, in: G. Hellenkemper Salies – H.-H. v. Prittwitz und Gaffron – G. Bauchhenß (Hrsg.), Das Wrack. Der antike Schiffsfund von Mahdia 2, Kataloge des Rheinischen Landesmuseums Bonn 1, 2 (Köln 1994) 1033–1039; F. Willer, Fragen zur intentionellen Schwarzpatina an den Mahdiabronzen, in: Hellenkemper Salies – v. Prittwitz und Gaffron – Bauchhenß a. O. 1023–1031.

Abb. 53) lässt die dekorative Ausarbeitung zu einem Pilzknauf-Nagel noch gut erkennen.

Die schlichten Köpfe dieses Schmucknagels waren bereits vor dem Zierknauf-Nagel beliebt und sind wie dieser Typ bis in die römische Zeit nachzuweisen[43].

Der Pilzknauf-Nagel ist nach seiner charakteristischen, an einen Pilzhut erinnernden Kopfform benannt. Die Typen sind lediglich an den Variationen der Kopfform zu unterscheiden, der Querschnitt des Schaftes ist bei allen um ein Vielfaches kleiner als das Außenmaß des Kopfes:

Typ P1: Der rund geformte Kopf ist wie eine Halbkugel gleichmäßig konvex gewölbt (Abb. 9).

Typ P2: Der rund geformte Kopf ist gleichmäßig kegelförmig gewölbt (Abb. 10).

Typ P3: Der rund geformte Kopf ist nur leicht konvex gewölbt (Abb. 11).

Die Herstellung von Kopf und Schaft konnte sowohl gemeinsam als auch getrennt erfolgen. Bei getrennter Fertigung beider Teile wurden zur Verbindung unterschiedliche Techniken angewandt. Diese Beobachtung ermöglicht eine für alle drei Typen geltende, weitere Unterteilung, die aber nicht als Typenbezeichnung zu verstehen sind (Abb. 1 a; 8):

A: Schaft und Kopf wurden gemeinsam gegossen. Der Kopf ist im Inneren vollständig oder weitgehend hohl. Lediglich der Rand des Kopfes übt den Pressdruck aus.

B: Schaft und massiver Kopf wurden in einem Stück gegossen. Die Unterseite gewährleistet einen vollflächigen Pressdruck.

C: Der getrennt vom massiven Kopf gefertigte Schaft wurde in ein Durchgangsloch eingesetzt. In der Regel ist der Schaft an der Oberseite des Kopfes sichtbar. Die Unterseite übt einen vollflächigen Pressdruck aus.

D: Der getrennt vom massiven Kopf gefertigte Schaft wurde in ein nicht durchgehendes Loch eingesetzt. Auch hier erlaubt die Unterseite einen vollflächigen Pressdruck.

Bei den Gruppen B bis D gewährleistet die ebene Kopfunterseite einen vollflächigen Pressdruck. Lediglich bei A übt nur der Rand des Kopfes den Pressdruck aus. Die Großbuchstaben kennzeichnen hierbei technische Besonderheiten, die bei allen drei Typen auftreten können. Somit sind sie als Ergänzung, aber nicht als Typenbezeichnung zu verstehen.

Dem Typ P1 sind die Stücke Kat. 2–6 zuzuordnen. Nur bei Kat. 2 wurde der Schaft getrennt gefertigt. Die beiden gut erhaltenen Nägel Kat. 4 und 5 haben einen quadratischen Schaft. Die Maße der Nägel vom Typ P2 (Kat. 7. 8) gleichen sich, so dass ihre Montage am selben Baukörper denkbar ist. Die gleichmäßig flache Wölbung des Typs P3 ist an den sechs Stücken Kat. 9–14 zu finden. An allen Pilzknauf-Nägeln aus dem Heraion wurden Schaft und Kopf aus Bronze gefertigt. Anders als beim Zierknauf-Nagel ist bei diesem Typ die Materialkombination von Bronzekopf und Eisenschaft nicht grundsätzlich anzutreffen[44].

Der nicht ganz erhaltene Kopf von Kat. I (Abb. 55) gestattet dennoch die Zuweisung zum Typ P3. Vergleichbare eiserne Pilzknauf-Nägel sind auch aus Olynth[45] und Pergamon[46] bekannt.

1.1.b. Universalnägel

Die Universalnägel gliedern sich in die Typen Kegelkopf-Nagel und Schirmkopf-Nagel (Abb. 1 b). Bei beiden fallen die beachtlichen Größenunterschiede auf. Zahlreiche Hammerspuren und Verformungen an den Schäften weisen auf die funktionale Verwendung hin. Allerdings ist bei großen Nägeln der Kopf oft unberührt und gleichmäßig gewölbt erhalten. Es ist sehr wahrscheinlich, dass sie ebenso ein dekoratives Element an einer Holzkonstruktion bildeten.

Darstellungen des Kegelkopf-Nagels und des Schirmkopf-Nagels sind selten sicher auszumachen, da erst die Profilansicht eine Zuweisung ermöglicht. Auf dem Außenbild einer attischen Schale der Berliner Antikensammlung hält die Gerätschaften zur Körperpflege ein massiver Nagel (Abb. 12)[47]. Das Vorbild für die stilisierte Darstellung lieferte möglicherweise ein stattlicher Universalnagel. Ähnliche Gerätschaften hängen über dem großen Schaft eines einfach gestalteten Kegelkopf-Nagels auf dem so genannten Metrodorospfeiler der Antikensammlung Berlin (Abb. 13)[48].

Kegelkopf-Nägel (Typ K)

Aus dem Hera-Heiligtum sind 32 Kegelkopf-Nägel erhalten (Kat. 15–46 Abb. 14). Die schlüssige Benennung als kegelförmige Köpfe der Eisennägel aus dem Athena-Itonia-Heiligtum bei Philia wurde hier beibehalten[49]. Dieser Nageltyp war in griechischer wie in römischer Zeit weit verbreitet.

Kegelförmige Köpfe als dekorative Ausarbeitung an Enden von bronzenen Ziernadeln und Armreifen mit übergreifenden Enden waren auf Samos bereits im 2.–

[43] Künzl a. O. (Anm. 25) 223–314.

[44] Zum Beispiel ist an einem Nagel der Berliner Antikensammlung der eiserne Schaft erhalten. Vgl.: Friederichs 1871, 366 Nr. 1772 Inv. Fr. 1772.

[45] Robinson 1941, 276 Nr. 1171–1177 Taf. 75.

[46] Gaitzsch 2005, 52–54. 193 Nr. N12 Abb. 11 Taf. 37 ; 64, 3. 6–8 (mit weiterer Literatur).

[47] CVA Berlin (2) 16–18 Taf. 60, 1. 2 Inv. F 2279.

[48] Die Darstellung wurde bei einer früheren Restaurierung mit Kreide ausgelegt, so dass das flache Relief deutlicher hervortritt. Die Kreide war 1998 für die Neuaufstellung im Alten Museum entfernt worden. Die Abbildung zeigt den damaligen Zustand. Vgl.: F. Studniczka, Aus Chios, AM 13, 1888, 198–200 Nr. 17 Inv. Sk 766.

[49] Kilian-Dirlmeier 2002, 152.

3. Jh. v. Chr. bekannt[50]. Die markante Kopfform ist ebenso an Goldschmuck anzutreffen, wie eine Goldnadel aus dem samischen Heiligtum verdeutlichen kann (Abb. 15)[51].

Typ K: Der Kopf ist als einfacher gleichmäßiger Kegel geformt, dessen Rand und Spitze gerundet sein können. Auffällig ist der sehr gleichmäßig gearbeitete Schaft mit quadratischem Querschnitt und exakt konischem Kantenverlauf. Das Außenmaß des nahezu runden Kopfes ist nur wenig größer als der Querschnitt des Schaftes. Die vereinzelt leicht halbhohl gearbeitete Kopfunterseite gewährleistet dennoch einen vollflächigen Pressdruck (Abb. 1 b).

Die samischen Kegelkopf-Nägel können in acht Größen unterteilt werden, bei denen in allen Fällen die Außendurchmesser der Köpfe und der größte Querschnitt der Schäfte proportional gleich sind (Abb. 16):

Größe	Kopfmaß	Schaftmaß	Kat.
I	12,0 mm	4,5 mm	15–19
II	13,0 mm	5,5 mm	20–27
III	15,0 mm	6,0 mm	28–32
IV	16,5 mm	7,0 mm	33
V	19,0 mm	8,5 mm	34. 35
VI	20,0 mm	9,5 mm	36–40
VII	21,0 mm	10,5 mm	41. 42
VIII	23,0 mm	11,5 mm	43–46

Tabelle I Größen der samischen Kegelkopf-Nägel

Die Größenvielfalt lässt umfangreiche Nutzungsmöglichkeiten vermuten. Bei den kleineren Kegelkopf-Nägeln (Kat. 15–35) sind Differenzen an Kopf und Schaft auf Verformungen bei der Verwendung zurückzuführen, wodurch ihre Zuweisung bestimmte Größen erschwert ist. Diesem Typ ließen sich Schäfte ohne Kopf durch ihre präzise Ausarbeitung zuordnen (Kat. 19. 27. 32. 43).
An den fünf Stücken der Größe VI (Kat. 36–40) fallen die übereinstimmenden Maße, die unberührten Spitzen der Köpfe und die gleichmäßige Form der Schäfte auf. Ebenso blieben die Nägel Kat. 41, 42 und 46 vermutlich unbenutzt. Ihre Verwendung als gewöhnliche Verbindungselemente erscheint unwahrscheinlich. Wird berücksichtigt, dass Nägel auch als Weihgaben in die Heiligtümer gelangten[52] und zahlreiche Zaubernägel dem Typ Kegelkopf-Nagel zuzuordnen sind, können die acht samischen Exemplare als Votive angesehen werden[53].

Der markante Kegelkopf ist bei Nägeln aus Bronze und aus Eisen anzutreffen. Im Tunnel des Eupalinos auf Samos wurde ein Nagel mit einem durch Hammerschläge abgeflachten Kopf geborgen[54]. Kegelkopf-Nägel mit verformten[55], aber auch solche mit intakten[56] Köpfen waren im antiken Griechenland und im gesamten römischen Imperium verbaut worden[57]. Die Größenvielfalt der römischen Produktion verdeutlichen die bis über 600 mm langen kupfernen Kegelkopf-Nägel[58] von den Schiffen des Kaisers Caligula (12–41 n. Chr.) vom Kratersee bei Nemi[59].

Eiserne Exemplare ähnlicher Größe sind im römischen und keltischen Schiffsbau zu finden[60]. Solche und kleinere Kegelkopf-Nägel aus dem härteren Material zählten ebenso auf dem Festland zu einem der meist verwendeten Nageltypen[61].

Schirmkopf-Nägel (Typ S1, S2)

Der Schirmkopf-Nagel stellt mit 75 Stücken (Kat. 47–121 Abb. 17–20) beinahe ein Drittel des gesamten samischen Bestandes. Hier entsprechen die Dickenmaße der Schäfte der Hälfte bis zu einem Drittel der Kopfdurchmesser. Die Nägel hatten sicher funktionale Eigenschaften und doch ist ihr Kopf, der im Profil einer Schirmhaube ähnelt (Abb. 1 b), oft dekorativ geformt.

Dieser Nageltyp ist der vermutlich am häufigsten produzierte Nagel und seine Größenvielfalt macht ihn universell einsetzbar. Die bisherigen, auf Einzelstudien beschränkten Systematisierungen[62] sind in die neue Klassifizierung eingegangen.

Innerhalb der Schirmkopf-Nägel sind zwei Grundtypen (S1 und S2) zu differenzieren, die aufgrund variierender Details weiter unterteilt werden können.

[50] Unpubliziert: Armreif, Inv. A 2009, vollständig, L max. 45 mm; B max. 39 mm; Armreif, A Inv. 2010, ein übergreifendes Ende fehlt – erh. L 50 mm; erh. B 43 mm; Nadel, A 2018, vollständig, L 89 mm. Zu Schmuck der prähistorischen Siedlung im Gebiet des Heraions vgl.: V. Milojčić, Die Prähistorische Siedlung unter dem Heraion. Grabung 1953–1955, Samos 1 (Bonn 1961).
[51] Unpubliziert, Inv. V 792, verbogen, Kopf rund 15 mm; L 65 mm; FO: 1979, RB 79/26-2, Mitte Süd. 1.10.79.

[52] Payne 1940, 181 Taf. 82, 8.
[53] Siehe: Nagel und Magie.
[54] Jantzen 2004, 132. 174 Nr. 824. 1161 Taf. 25. 31.
[55] z. B.: Blinkenberg 1931, 202 f. Nr. 627. 628 Taf. 26; P. Dikaios, Enkomi 1 (Mainz 1969) 294 f. Nr. 40; P. Dikaios, Enkomi 3 a (Mainz 1969) Taf. 138.
[56] z. B.: Payne 1940, 181 Taf. 82, 8.
[57] z. B.: Los Bronces Romanos en España. Ausstellungskatalog Madrid (Madrid 1990) 334 Nr. 327 Abb.
[58] Siehe: Das Material – Kupferlegierungen von Nägeln und Niete.
[59] Ucelli 1950, 151–159 Abb. 152. 154. 160.
[60] z. B.: D. Ellmers, Keltischer Schiffbau, JbRGZM 16, 1969, 73–76; A. E. Christensen – R. Gardiner (Hrsg.), The Earliest Ships. The Evulotion of Boats into Ships (London 1996) 62 f. Abb.
[61] z. B.: Gaitzsch 2005, 53. 192 Nr. N3 Taf. 36.
[62] Klebinder-Gauß 2007, 192 Nr. 973–993 Taf. 99–101; W. H. Manning, The Iron Objects, in: S. S. Frere (Hrsg.), Verulamium Excavations 1 (Oxford 1972) 186 Abb. 69; W. H. Manning, The Iron Objects, in: Pitts -Saint Joseph 1985, 289–299 Abb. 86; Waldbaum 1983, 68 Taf. 21.

Die wesentlichen Abweichungsmerkmale der Grundtypen bilden die unterschiedliche Gestaltung von Wölbung, Außenform und Unterseite des Kopfes.

Bei Typ S1 kennzeichnet den gleichmäßig konvex gewölbten Kopf mit runder Außenform ein abgesetzter Rand. Die Unterseite des Randes ist zu einer Kante ausgearbeitet. Die Kopfunterseite ist leicht hohl geformt. Der Pressdruck des Kopfes wurde durch den Rand zusätzlich erhöht (Abb. 1 b):
Typ: S1a: Der Schaft hat einen runden Querschnitt.
Typ S1b: Der Schaft hat einen quadratischen Querschnitt.

Bei Typ S2 hat der nur wenig konvex gewölbte Kopf eine runde bzw. quadratische Außenform ohne abgesetzten Rand. Die Unterseite des Kopfes ist eben gearbeitet und gewährleistet dadurch einen vollflächigen Pressdruck (Abb. 1 b):
Typ S2a: Der Kopf hat eine runde Außenform. Der Schaft zeigt einen runden Querschnitt.
Typ S2b: Der Kopf hat eine quadratische Außenform. Der Schaft zeigt einen quadratischen Querschnitt.
Typ S2c: Der Kopf hat eine runde Außenform. Der Schaft zeigt einen quadratischen Querschnitt.

Die auffälligen abgesetzten Ränder bei den Typen S1a und b erhöhten die Festigkeit der Verbindungen und unterstützten die dekorative Form der Köpfe. Gerade solche Nägel zeichnen Köpfe ohne störende Hammerabschläge aus (z. B. Typ S1a: Kat. 49. 56. 57. 63. 66. 67. 73; Typ S1b: Kat. 75. 78. 82. 87–92).

Das breite Anwendungsspektrum der Schirmkopf-Nägel verdeutlicht ein Größenvergleich des kleinen Nagels Kat. 47 von 27 mm mit dem 200 mm großen Stück Kat. 73.

In der Gruppe des Typs S1a fallen acht Nägel mit dünnen, aber langen Schäften auf (Kat. 64–70. 73). Vielleicht waren sie einem besonderen Aufgabenbereich zugedacht. An Kat. 50–52 des Typs S1a sind die Maße der Köpfe (12,5–13,0 mm) und Schäfte (jeweils 6,0 mm) vergleichbar. Eine weitere Gruppe bilden die Nägel Kat. 53–56, wobei Letzterer mit dem etwas dickeren Schaft (8,0 mm) heraus fällt. Ähnlich sind sich Kat. 60, 61 und 63 (Köpfe 19,0 –21,0 mm; Schäfte 8,0 mm) und die drei großen Exemplare Kat. 153–155 (Köpfe 21,0 – 24,0 mm; Schäfte 9,5–10,0 mm).

Fünf Nägel vom Typ S1b (Kat. 75. 77–79. 83) haben ähnlich dicke Köpfe und Schäfte (Köpfe 10,0–10,5 mm; Schäfte 4,0–5,5 mm). Nahezu identisch sind Kat. 87–89 (Köpfe 14,5 mm; Schäfte 6,5 mm). Kat. 81 und 83 (Köpfe 13,5 mm; Schäfte 5,0 mm bzw. 5,5 mm) sowie Kat. 84 und 85 (Köpfe 15,0 mm bzw. 16,0 mm; Schäfte 6,0 mm bzw. 6,4 mm) bilden jeweils weitere Gruppen.

Die Maße der Nägel vom Typ S2a sind kaum miteinander vergleichbar, nur die Stücke Kat. 104–106 ähneln einander (Köpfe 20,0–21,0 mm; Schäfte 7,5–8,0 mm). Bemerkenswert erscheinen die sehr unterschiedlichen Längen zwischen Kat. 107 und 108 sowie Kat. 109 und 110 bei nahezu identischen Kopfgrößen.

Beim Typ S2b stimmen die quadratischen Köpfe und Schäfte bei Kat. 111–113 überein (Abb. 21). Massive Deformationen an Kat. 114–116 verhindern einen sicheren Vergleich mit den vorgenannten drei Nägeln. Dennoch lassen die gleichartigen Schaftmaße und rekonstruierten Größen der Köpfe dieselbe Nagelgröße vermuten. Kat. 117 und 118 weichen mit annähernd 4,0 mm kleineren Köpfen von diesem Standard ab. Sieht man hiervon ab, bilden alle acht Nägel eine Gruppe. Der Nagel Kat. 121 unterscheidet sich vom übrigen Bestand durch einen rechteckigen Kopf.

Der deutlich verrostete Nagel Kat. II gestattet mit seinem nur wenig konvex gewölbten Kopf die Zuweisung zum Typ S2 (Abb. 55), indes verhindert der schlechte Erhaltungszustand eine weitere Differenzierung.

Aus der Zisterne 2 des Eupalinos-Tunnels stammen 17 Nägel vom Typ S2c, die eine Verwendung dieses Typs auf der Insel belegen[63].

Die Fülle der bisher bekannten Schirmkopf-Nägel aus Bronze verweist auf die außerordentliche Verbreitung solcher Universalnägel[64]. Eisennägel dieses Typs wurden im gesamten mediterranen Raum genutzt und kommen in bislang nicht überschaubaren Mengen zutage[65].

1.1.c. Funktionsnägel

Die oft nicht kongruente Kopfform zeichnet die Typen Beschlag-, Blei- und Stauchnagel aus. Aufgrund des rein funktionalen Anwendungsbereiches dieser Nägel ist die Ausführung in Form und Sorgfalt von minderer Qualität als bei anderen Nagelgruppen. Nur wenige Beschlagnägel

[63] Jantzen 2004, 132 Nr. 831 Taf. 25.

[64] z. B.: Angioni 1990, 241 Nr. 1 Abb. 310, 1; M.-J. Chavane, Les petits objets, La Nécropole d'Amathonte. Tombes 110–385. Band IV (Nicosia 1990) 38 f. Nr. 335. 339 Taf. 11; Davidson 1952, 142 Nr. 1037. 1038 Taf. 72; M. Dunand, Fouilles de Byblos 1, 1926 – 1932 (Paris 1939) 41 f. Nr. 1222. 1223 Taf. 101; E. Gjerstad – J. Lindros – E. Sjöqvist – A. Westholm, Finds and Results of the Excavations in Cyprus 1927–1931, SCE 2 (Stockholm 1935) 243 f. Nr. 8–10. 24. 43. 44 Abb. 89, 1 Taf. 45; F. Gorddio – M. Clauss (Hrsg.), Ägyptens versunkene Schätze. Ausstellungskatalog Bonn (München 2006) 435 Nr. 301 Abb.; Karageorghis 1973, 128–201 Nr. 207. 460. 547. 599 (Auswahl) Taf. 293. 294; Kilian-Dirlmeier 2002, 124 Nr. 1901–1904 Taf. 115; Payne 1940, 181 Taf. 82, 1–4; P. G. Warden, The Small Finds 1, in: D. White (Hrsg.), The Extramural Sanctuary of Demeter and Persephone at Cyrene, Libya. Final Reports 4 = University Museum Monograph 67 (Philadelphia 1990) 45 Nr. 304. 305 Taf. 31. – Aus der Berliner Antikensammlung: Raeder 1983, 39 Nr. 110 Inv. Misc. 10073 – Misc. 10077; Friederichs 1871, 371 Nr. 1779a6 Inv. Fr. 1779a6; unpubliziert, Nägel aus Pergamon, Inv. 933x; P. 1062 – P. 1068 und Vouliagmeni (Attika), Inv. 31024.

[65] Vgl.: Gaitzsch 2005, 52–54. 193 Nr. N13 Taf. 37 (mit weiterer Literatur). – Die Eisennägel vom Typ S2c aus einem bei Köln geborgenen spätkaiserzeitlichen Grab der Antikensammlung in Berlin werden dem Sarg zugewiesen. Vgl.: Antikenmuseum, Die ausgestellten Werke (Berlin 1988) 285 Abb. Inv. 1986.8.

haben besser ausgearbeitete Köpfe, die über ihre Funktionalität hinaus einen Dekorcharakter besitzen. Bei dem ebenfalls zu den Funktionsnägeln zu rechnenden, aber bislang nur in Milet bezeugten Dachziegelnagel lässt die auffällig gleiche Größe der Nagelköpfe eine für den Anwendungsbereich erforderliche Kopfnormung vermuten. Dieser Typ ist dem Stauchnagel voranzustellen (Abb. 1 c).
Darstellungen von Funktionsnägeln sind selten. Die Köpfe waren im Baukörper eher geduldet. Ausnahmen bilden die Beschlagnägel mit dekorativen Köpfen. Bei den Nägeln am Metallbeschlag einer Kline auf dem Innenbild einer Berliner Schale könnte es sich um solche Nägel handeln (Abb. 22)[66].

Beschlagnägel (Typ Be1, Be2, Be3)
Der Beschlagnagel bildet mit 50 oft verwechselbar ähnlich geformten Exemplaren (Kat. 122–171 Abb. 23) eine homogene Gruppe. Die beachtliche Stückzahl ist der hohen Nachfrage zuzuschreiben. Die Nägel kennzeichnen kurze Schäfte. Dadurch war der Anwendungsbereich eingegrenzt. Sie konnten lediglich Gegenstände mit geringer Dicke befestigen, wobei die stabilen Schäfte eine Anbringung massiver Bauteile wie Beschläge aus Metall an Bauwerken, Holzkonstruktionen, Mobiliar, Türen etc. vermuten lassen. Hierzu zählen gleichermaßen metallene Votivtafeln, wie das bronzene Bruchstück einer doppelseitigen Weihschrift des Stifters Amphidemos[67] aus dem samischen Heraion verdeutlichen soll. Zu dem 6,0 mm großen Loch ist ein weiterer Befestigungspunkt im fehlenden Teil der Votivtafel zu ergänzen, durch die jeweils ein Beschlagnagel geschlagen die Tafel an einem Träger im Heiligtum fest angebracht worden war (Abb. 24). Einen anderen Anwendungsbereich lassen die Bronzemöbeleckstücke mit Tüllen zur Montage von Holzteilen erkennen[68]. Die eingearbeiteten Nagellöcher verweisen auf Beschlagnägel, die den Bronzebeschlag mit der Holzkonstruktion verbanden[69]. Als Beispiel aus der Berliner Sammlung sei hier eine Weihgabe in Form der *tabula ansata* aus dem Asklepieion von Pergamon[70] aufgeführt, die an den beiden vorgefertigten Löchern mit Beschlagnägeln in der Heilstätte befestigt war. Eine vollständig erhaltene Montagesituation ist am großen Beschlag nahe dem Ruder eines der Schiffe aus dem Nemi-See zu beobachten[71]. An zwei Stellen waren Nägel durch vorhandene Löcher im Metall in das heute noch erhaltene Holz getrieben. Für die Montage wählten die Schiffsbauer dem schweren Beschlag[72] entsprechend dicke, aber längere Nägel (Abb. 25). Damit wird auch deutlich, dass kurze Nägel wie die samischen Beschlagnägel zur Befestigung von kleinen und mittleren Beschlägen gedient haben und für schwere Kriegsgeräte, den Schiffsbau und andere massige Konstruktionen stabilere Nägel in Gebrauch waren.

Die Beschlagnägel zeichnet ein kurzer, gedrungener, konischer Schaft mit runden bis eckigem Querschnitt aus, an den der Kopf zentrisch oder exzentrisch gearbeitet ist. In allen Fällen presst die Unterseite des Kopfes vollflächig auf das zu befestigende Bauteil. Bei einigen samischen Nägeln wurde auf eine dekorative Kopfform geachtet. Entsprechend lässt sich der Bestand in drei Gruppen einteilen (Abb. 1 c; 27; 28):

Typ Be1: Der Kopf hat eine annähernd runde bis unregelmäßige Form, die gewölbt sein kann. Die Kopfform war von geringer Bedeutung, da sich die Nagelköpfe nach Überarbeitung der Verbindung möglichst unauffällig im befestigten Metallbeschlag einpassen sollten.

Typ Be2: Der Kopf hat eine quadratische oder rechteckige Form und schloss mit dem Oberflächenniveau des zu befestigenden Beschlages ab.

Typ Be3: Der Kopf hat eine Rhombenform und lag auf der Oberfläche des zu befestigenden Beschlages auf.

Die Kopfform beim Typ Be1 ist nur an wenigen Nägeln gleichmäßig rund bis oval, in den meisten Fällen gedrungen und uneinheitlich. Die Ausformung der Nagelköpfe war von geringer Bedeutung, da sie sich unauffällig im befestigten Gegenstand einpassen sollten. Die Überarbeitung der Köpfe nach der Montage gemeinsam mit der umliegenden Oberfläche führte immer zur Veränderung der Kopfform. Am erwähnten Bootsbeschlag war der Nagelkopf so lange überarbeitet worden, bis er die Oberfläche der dargestellten Hand nicht mehr beeinträchtigte (Abb. 25. 26)[73].
Kat. 125 weist an der Unterseite des Kopfes gleichmäßig angeordnete längliche Zacken auf, wie sie von Bleinägeln bekannt sind[74]. Dieser Beschlagnagel scheint als Einzelstück wohl eher zufällig in dem für Bleinägel vorgesehenen Nageleisen entstanden zu sein[75].

Die Typen Be2 und Be3 formte der Schmied sorgfältiger aus. Vier Exemplare haben eine annähernd quadratische (Kat. 165–168 Abb. 27) und drei Nägel eine rhombische (Kat. 169–171 Abb. 28) Kopfform.
Bei den meisten Beschlagnägeln misst der Schaft zwischen 5,0 mm und 7,0 mm. Immerhin 17 Exemplare weisen eine Schaftdicke von 5,5 mm auf. Vermutlich handelt es sich um einen samischen Standard, der es ermöglichte, Befestigungslöcher an Metallbeschlägen

[66] CVA Berlin (2) Taf. 66, 4 Inv. F 2303.
[67] G. Dunst, Archaische Inschriften und Dokumente der Pentekondaetie aus Samos, AM 87, 1972, 106–113 Abb. 1 Taf. 47; IG XII 6 1 542 Inv. B 423 - erh. B 109,0 mm; H 82,0 mm; D 3,5–5,5 mm; FO: 1935, östliche Süderweiterung, SW-Bereich ca. +90.
[68] U. Jantzen, Ägyptische und orientalische Bronzen aus dem Heraion von Samos, Samos 8 (Bonn 1972) 32 Taf. 34; Furtwängler 1981, 87 f. Abb. 6. 7 Taf. 19, 3.
[69] Die wahrscheinlich zu einem ägyptischen Sitzmöbel gehörigen Eckstücke zeigen die territoriale Verbreitung der Verbindung von Metall- und Holzgegenständen mit Beschlagnägeln auf.
[70] Unpubliziert, Inv. 31334.
[71] A. M. R. Massarini, The Ships of Nemi, in: A. La Regina (Hrsg.), Palazzo Massimo alle Terme (Mailand 2007) 157–159; Ucelli 1950, 218–220 Abb. 240. 292.
[72] L ca. 600 mm; D ca. 10 mm.
[73] Siehe auch: Niete.
[74] Siehe: Bleinagel.
[75] Siehe: Produkte – Bleinagel.

bereits bei ihrer Fertigung einheitlich auszuführen, so dass die Nägel zu jedem Werkstück passten.
Die Größe des eisernen Stückes (Kat. III Abb. 55) wird durch die Volumenzunahme der Korrosionskruste beeinflusst.

Im Eupalinos-Tunnel konnten sieben gut erhaltene Beschlagnägel geborgen werden[76] und aus weiteren Grabungen ist dieser Typ aus Bronze[77], aber auch aus Eisen[78] bekannt. Eine eiserne Variante bilden die Nägel mit kreuzförmigem Kopf zur Befestigung des Holzschaftes an der Eisenzunge eines Pilum aus Haltern[79]. Aus dem für eine Belastung zu weichem Blei gefertigte Exemplare[80] können hingegen nicht als Befestigungselemente verstanden werden.

Bleinägel (Typ Bl1, Bl2)

Am Rumpf antiker Schiffe befestigte man dünne Bleibleche mit Nägeln dieses Typs. Der Überzug schützte die Schiffe vor Muschel- und Schwammanlagerungen sowie vor dem Schiffsbohrwurm. Entsprechend seiner Funktion wird der Typ als Bleinagel bezeichnet[81]. Die dünnen Schäfte der 22 samischen Bleinägel (Kat. 172–195 Abb. 29) erzeugten kleine Löcher im befestigten Material. Der große Kopf presste das schwere Blei oder auch organische Materialien (Leder, Textil, Fell usw.) großflächig an den Untergrund, wodurch verhindert wurde, dass sich Verbindungen lockerten oder das weiche befestigte Material ausriss.

Bleinägel zeichnen sich durch einen minimal bemessenen Schaft mit quadratischem oder rundem Querschnitt aus. An diesen ist der rund bis oval geformte, vergleichsweise große Kopf, der eine Wölbung aufweisen kann, zentrisch oder exzentrisch angearbeitet. Die Ausarbeitung der Kopfunterseite gestattet die Einteilung in zwei Gruppen (Abb. 1 c; 30; 31):

Typ Bl1: Die Unterseite des Kopfes ist eben, wodurch ein vollflächiger Pressdruck gewährleistet wurde.

Typ Bl2: Die Unterseite des Kopfes kennzeichnen erhaben gearbeitete punkt-, strich- oder rautenförmige Zacken in symmetrischer Anordnung. Die in die Baustoffe eindringenden Zacken erhöhten den Pressdruck.

Drei Nägel des Typs Bl1 fallen durch ihren langen und dünnen Schaft auf (Kat. 174. 175. 183). An Kat. 174 war der im Nageleisen ausgearbeitete Kopf[82] nachträglich zu einer Kugel geformt worden.
Zum Typ Bl2 zählen die sieben Nägel Kat. 189–195. Die symmetrische Anordnung der Zacken (Abb. 31) unter jedem Kopf ergibt unterschiedlich ausgebildete Dekore. Bei Kat. 190 und 192 wechseln sich um den Schaft angeordnete rauten- und punktförmige Zacken ab. An den Stücken Kat. 189, 194 und 195 sind lediglich rautenförmige und bei Kat. 191 und 193 punktförmige Zacken zu finden, wobei die Muster auch innerhalb der Gruppen variieren können.
Sieben Nägel fallen durch ihre vergleichbare Kopfgröße auf. Hierzu zählen neben Kat. 176–178 des Typ Bl1 ebenso Kat. 189, 190, 193 und 194 des Typ Bl2.

Weitere Bleinägel vom Typ Bl1 aus dem Heraion haben sich an der mit Blei ummantelten unteren Partie eines Dreifußbeines erhalten (Abb. 32). Der umschließende Bleiverguss hat die antike Befestigungssituation an den angenagelten Blechen bewahrt (Abb. 33)[83]. Ein größerer Bleinagel stammt aus dem Wassertunnel des Eupalinos auf Samos[84]. Der einfache Typ Bl1 ist häufig anzutreffen[85], vereinzelt auch mit quadratischem, damit sicher dekorativem Kopf[86]. Erstmalig wurden die Zacken beim Typ Bl2 und ihre Funktion bei den Nägeln der Schiffe des Caligula aus dem Nemi-See bei Rom beschrieben (Abb. 30)[87]. Der Typ Bl2 wurde aber auch unabhängig vom maritimen Kontext geborgen[88]. Hier sei besonders auf drei Funde aus dem Aphrodite-Heiligtum in Milet mit den jeweils anders ausgebildeten symmetrischen Zacken verwiesen[89]. Vereinzelt ist die markante Ausarbeitung der Kopfunterseite auch an anderen Typen auszumachen. Neben dem oben beschriebenen Beschlagnagel Kat. 125 war an einem spätarchaisch-frühklassischen Schirmkopf-Nagel aus Milet statt einzelner Zacken eine umlaufende Wulst unter dem Kopf im Nageleisen ausgeformt (Abb. 34)[90].

Die symmetrische und damit dekorative Anordnung der Zacken unter den Köpfen verwundert: waren sie doch nach dem Einschlagen nicht mehr sichtbar. Ganz anders verhält es sich, wenn die Oberseiten der Köpfe

[76] Jantzen 2004, 132 Nr. 825 Taf. 25.
[77] z. B.: Payne 1940, 181 Taf. 82, 6.
[78] z. B.: Gaitzsch 2005, 52 f. 192 Nr. N2. N3. N11 Taf. 6. 37.
[79] J. Harnecker, Katalog der römischen Eisenfunde von Haltern aus den Grabungen der Jahre 1994–1994, Bodenaltertümer Westfalens 35 (Mainz 1997) 103 Nr. 993–995 Taf. 91.
[80] Robinson 1941, 328 f. Nr. 1542 Taf. 96.
[81] Ucelli 1950, 75–90. 158 f. Abb. 78. 82. 95. 162.
[82] Siehe: Produktion.
[83] Der untere Teil eines Beines von einem Dreifuß (8.–7. Jh. v. Chr.) war vermutlich mit Blei auf einer Steinbasis befestigt. Von vier Nägeln sind lediglich die dünnen und langen Schäfte erhalten. Ein weiterer Nagel ist mit halbem Kopf erhalten: Kopf rund 13 mm; Schaft rund 2 mm (siehe: Befestigung von Metallteilen. Möglichkeiten der Datierung). Zum Beinfragment des Dreifußes: Die Veröffentlichung wird von U. Gehrig vorbereitet; Inv. B 579 - erh. H 120 mm; B max. 100 mm; T max. 110 mm.
[84] Jantzen 2004, 132 Nr. 832 Taf. 25.
[85] z. B.: Davidson 1952, 142 Nr. 1033. 1034. 1042 Taf. 72; Furtwängler 1906, 422 Nr. 34 Taf. 117; H. Goldman (Hrsg.), The Hellenistic and Roman Period, Tarsus 1 (Princeton 1950) 389 Nr. 9–14 Taf. 264; Karageorghis 1973, 156–188 Nr. 117. 134. 735. 804. 1012 (Auswahl) Taf. 284; Los Bronces Romanos en España. Ausstellungskatalog Madrid (Madrid 1990) 334 Nr. 327 Abb.; Warden a. O. (Anm. 64) 45 Nr. 306 Taf. 31. – Aus der Berliner Antikensammlung: Raeder 1983, 60 Nr. 320 Inv. Misc. 9094; unpubliziert, aus Pergamon, Inv. P 1069–1071.
[86] Angioni 1990, 240 f. Nr. 15 Taf. 311, 15.
[87] Ucelli 1950, 158 f. Abb. 162.
[88] Angioni 1990, 240 f. Nr. 13. 14 Taf. 311, 13. 14.
[89] Unpubliziert, Inv. Z 05.13.1: Kopf annähernd rund 15 mm; Schaft quadratisch; Inv. Z 07.89.8: Kopf annähernd rund ca. 13 mm; Schaft quadratisch; Inv. Z 08.264.6: Kopf ungleichmäßig max. 20 mm; Schaft quadratisch.
[90] Unpubliziert, Inv. K 07.49.1: Kopf annähernd rund 24,0–25,0 mm; H 4,5 mm; Schaft rund bis quadratisch 8,0 mm; abgerollte L 117,0 mm.

Verzierungen aufweisen, die auch nach einer Montage erkennbar blieben. Ein solcher Nagel fand sich als Beigabe in einem etruskischen Grab[91]. An römischen Schildbuckeln sind ebenso verzierte Bleinägel zu finden[92]. Für einen Nagel eines Buckels aus Mainz wird eine Versilberung beschrieben[93], wobei hier die für römische Gebrauchsgegenstände übliche Verzinnung anzunehmen ist[94]. Auf dem Kopf des zu einem Schildbuckel gehörigen Nagels aus Budapest (Aquincum) ist eine Büste eingraviert[95]. Ähnlich geschmückte Nägel sind an Schilden aus der römischen Provinz Dacia erhalten[96]. Neben Büstendekoren sind florale Elemente und Adler mit ausgebreiteten Flügeln nachgewiesen.

Eine Variante des Typs Bl2 bildet ein Nagel aus Korinth. Hier wurden die Zacken durch acht vergleichbar angeordnete Löcher ersetzt, die als Dekor verstanden werden[97].

Der Form von Kat. 174, 175 und 108 gleichen Goldnägel aus dem Heiligtum der Hera Akraia in Perachora[98]. Ein Nagel aus Silber wurde in Samothrake[99] und ein Bronzenagel mit einer Inschrift in Lametia geborgen[100]. Diese Nägel sind ganz sicher nicht als gewöhnliche Gebrauchsgegenstände anzusprechen[101].

Bis in das 18. Jh. hinein dienten Bleinägel zur Verbindung von Bleirohren[102].

Dachziegelnägel (Typ Da)[103]
Im milesischen Bestand fällt eine kleine Gruppe von 14 nahezu identischen Nägeln auf (Abb. 35). An Dachziegeln wurden Löcher festgestellt, die zur Befestigung mit Nägeln an Dachlatten dienten[104]. Hierfür produzierte man wahrscheinlich den bisher nur in Milet nachgewiesenen Nageltyp[105]:

Typ Da: Der Kopf mit gleichmäßig runder Außenform ist sorgfältig konvex geformt. Der im oberen Teil zylindrische Schaft verjüngt sich zur Spitze mit rechteckigem Querschnitt. Das Außenmaß des Kopfes ist nur geringfügig größer als der Durchmesser des Schaftes (Abb. 1 c).

Stauchnägel (Typ St)
Bei dem stiftartigen Nageltyp (Kat. 196–203 Abb. 36) wurde das obere Ende des Schaftes durch Stauchen zu einem kleinen Kopf ausgearbeitet. Der Kopf war nicht dekorativ und sollte den ästhetischen Eindruck des Baukörpers möglichst wenig beeinflussen:

Typ St: An einem Schaft mit rundem oder eckigem Querschnitt befindet sich ein zumeist leicht konvex gewölbter Kopf, dessen Außenmaß nur wenig größer als das Schaftmaß ist (Abb. 1 c).

Die acht Nägel aus dem Heraion weisen eine beachtliche Größenvielfalt auf. Kat. 196 ist mit annähernd 30 mm beinahe fünfmal kleiner als der große Stauchnagel Kat. 203. Die variierenden Größen der wenigen Stücke sprechen für ein vielfältiges Angebot und das breite Anwendungsspektrum.
Stauchnägel wurden auch in Verbindung mit Metallplatten im Tunnel des Eupalinos geborgen[106].

1.1.d. Nagelschäfte

20 runde und quadratische Bronzestücke (Kat. 204–223 Abb. 37) mit vollständig oder teilweise erhaltenen Spitzen sind Schäfte von Nägeln. Die Gruppe ist um vier Schäfte zu ergänzen, die den Kegelkopf-Nägeln zugewiesen wurden (Kat. 19. 27. 32. 43).

1.2. STIFTE

Stifte unterscheiden sich von Nägeln durch die zylindrische Form des Schaftes, der ohne Spitze endet[107]. Es kann zwischen zwei Stifttypen, deren jeweilige Funktion namensgebend ist, unterschieden werden: Scharnierstifte für die bewegliche Verbindung der Bauteile und Steckstifte für eine starre Montage. Die Köpfe der Steckstifte gleichen häufig den Typen des Schirmkopf-Nagels mit rundem Kopf und die der Scharnierstifte sind oft mit dem Pilzknauf-Nagel vom

---

[91] G. Gozzadini, Di un sepolcreto etrusco scoperto presso Bologna (Bologna 1854) 23 Nr. 12 Taf. 5 (siehe: Nagel und Magie).
[92] Siehe auch: Steckstifte.
[93] H. Klumbach, Drei römische Schildbuckel aus Mainz, JbRGZM 13, 1966, 170 Abb. 9.
[94] R. Stupperich, Die Göldenitzgruppe. Figürlich verzierte Metallarbeiten des 3. Jhs. n. Chr. mit Weißmetallauflage, in: D. Rössler (Hrsg.), Modus in Rebus. Gedenkschrift für W. Schindler (Berlin 1995) 144–152 (mit weiterer Literatur).
[95] H. Klumbach, Ein Schildnagel aus Aquincum, JbRGZM 17, 1970, 148 Abb. 1.
[96] Petculescu 2004, 373 f. Abb. 2.
[97] Davidson 1952, 142 Nr. 1043 Taf. 72.
[98] Payne 1940, 184 Taf. 84, 26–29.
[99] Lehmann – Lehmann 1962, 158 f. Abb. 115.
[100] Lazzarini 2006, 150–153.
[101] Siehe: Nagel und Magie.
[102] Hartwig 1792, 5: »Dem Kopf der Bleinägel gibt man gern unter dem Kopf kleine Zapfen, die sich beim Einschlagen des Nagels in das Blei versenken, denn es werden hiermit die bleiernen Wasserröhren zusammengenagelt«.
[103] Unpubliziert, die Publikation der Metallfunde aus Milet von Helga Donder befindet sich in Vorbereitung. Inv. Z 90.35.1; Z 90.48.1; Z 91.34.18; Z 91.34.19; Z 91.68.25; Z 92.7.2; Z 92.9.3; Z 92.73.4; Z 94.165.7; Z 94.196.2; Z 05.139.6; Z 05.147.1; Z 06.3.13; Z 08.95.2. Sämtliche Nägel: Kopf rund ca. 10,0 mm; H ca. 4,5 mm; Schaft rund ca. 6,0 mm; Spitze rechteckig; L ca. 100,0 mm.
[104] N. A. Winter, Greek Architectural Terracottas from the Prehistoric to the End of the Archaic Period (Oxford 1993) 307 Abb. 14.
[105] K. Zimmermann schlug als Bearbeiter der milesischen Dachziegel diesen Anwendungsbereich vor und wies darauf hin, dass die Maße der Nägel mit den Befestigungslöchern der Dachziegel übereinstimmen. Ich danke Herrn Zimmermann für die freundliche Auskunft.
[106] Jantzen 2004, 133 Nr. 842. 843 Taf. 26.
[107] Nur am nicht vollständig erhaltenen Stift Kat. 241 ist der Schaft konisch ausgearbeitet.

Typ P1 identisch. Die Parallelen erklären sich aus demselben Fertigungsprozess.

Scharnierstifte (Si1)
Die samischen Scharnierstifte (Kat. 224–233 Abb. 38) werden zusätzlich von Nägeln und Niete durch das Größenverhältnis zwischen Kopf und Schaft- bzw. Stiftdurchmesser unterschieden. An den Scharnierstiften ist der Kopf nur wenig dicker als der Schaft:

Typ Si1: Den zylindrischen Stift kennzeichnet ein runder Schaftquerschnitt, so dass der Stift drehbar gelagert ist.

Die Scharnierstifte haben bis auf Kat. 225 und 230 Pilzknäufe als Köpfe. Bei den Ausnahmen fällt der nur gestauchte Kopf klein aus. Ein Stift oder Splint, der durch das am Schaft von Kat. 230 befindliche Loch geführt werden konnte, sicherte den Scharnierstift bei einer waagerechten oder leicht lösbaren Verbindung. Von Kat. 231 und 232 ist jeweils nur ein Teil des Schaftes erhalten.
Beim Stift Kat. 227 hat man nach seiner Auffindung die Verwendung als nagelförmiges Instrument zur Bearbeitung von Metallen diskutiert[108]. Diese Zweitverwendung ist durchaus denkbar. Zunächst weisen die Kopfform und die sekundären Arbeitsspuren auf die Fertigung zum Scharnierstift hin, später könnte der Stift für die Weiterverwendung abgeflacht und als Bearbeitungswerkzeug genutzt worden sein.

Die hier vorgestellten Stifte verbanden Scharniere (Abb. 65–67) an beweglichen Konstruktionen[109]. Neben Tür- und Fensterscharnieren sind Röhrenscharniere an Deckeln von Kästen, Truhen etc. zu finden[110].

Steckstifte (Si2)
Steckstifte (Kat. 234–243 Abb. 39) sind als Schließ- oder Sicherungsstifte zu verstehen, die vielfältig genutzt werden konnten:

Typ Si2: Der Stift hat einen kantigen oder in Facetten gearbeiteten Schaftquerschnitt, der eine dauerhaft starre Verbindung von Bauteilen gewährleistete.

An Kat. 234–238 und 242 sind die Schäfte mit quadratischen bis achteckigen Querschnitten ausgeformt. Kat. 240 und 241 gleichen sich durch die rechteckigen Stiftquerschnitte. Der Steckstift Kat. 239 weist einen halbrund profilierten Schaft auf. Nur an Kat. 243 ist der Schaft rund geformt, wobei der zum Passstück gearbeitete rechteckige Kopf hier die ungewünschte Drehbewegung des Stiftes verhinderte.

Die fünf Stifte Kat. 234–238 fallen durch ihre gleichen Kopfformen und -größen sowie den einheitlichen Schaftquerschnitten auf. Nur Kat. 234 und 236 sind mit Längenmaßen von 153 mm und 171 mm vollständig erhalten. Für die übrigen drei Steckstifte sind ähnliche Größen anzunehmen. Der Kopf von Kat. 234 trägt die Kennzeichnung ›Σ‹ (Abb. 40), zudem ist im unteren Schaftviertel ein rechteckiger Durchbruch von 22,5 mm × 2,5 mm eingearbeitet (Abb. 93). An Kat. 235 wurde der Kopf mit einem ›A‹ gekennzeichnet und die Länge des erhaltenen Schaftes entspricht dem Maß bis zum Beginn des Durchbruchs am vollständigen Stift Kat. 234, so dass der Schaft um das fehlende Stück mit dem rechteckigen Durchbruch ergänzt werden kann, der als Splintloch zur Sicherung der Steckstifte mit Querkeilen diente[111]. Die Buchstabenkennzeichnungen erleichterten die Auffindung innerhalb einer größeren Baueinheit.

Weitere Stifte konnten mittels Splinten gesichert werden: Am kleineren Steckstift Kat. 240 erfolgte die Montagesicherung mit einem runden Splint, wie ein rundes Loch im unteren Schaftviertel belegt (Dm 2,0 mm). Am fragmentarischen Stift Kat. 239 verweist das zur Hälfte erhaltene runde Loch auf einen 3,0 mm dicken Sicherungsstift.

Kat. 240 gleicht Montagestiften von Schubriegelschlössern[112] und wird ein solches im Heiligtum an einer Tür befestigt haben. An römischen Schildbuckeln sind ähnliche Steckstifte mit dekorierten Köpfen erhalten: So zieren punzierte Büsten zwei Köpfe der als Nägel beschriebenen Steckstifte eines Bronzebuckels aus Mainz[113] und zwei Stifte aus der Provinz Dacia tragen Büsten eines Genius und eines Adlers. Ein weiterer ist undekoriert[114].

1.3. MAUERRINGE

Mauerringe (Kat. 244–264 Abb. 41) sind gleichmäßig runde und massive, teilweise mit Dekor versehene Ringe, die mit Hilfe fest verbundener Dübel im Mauerwerk oder in einer Mauerfuge angebracht werden konnten[115]. Die Biege- und Zugfestigkeit der dünnen Dübel war geringer, als die massiven Ringe zunächst vermuten lassen. Die

[108] Furtwängler 1981, 134 Nr. I/13 Taf. 20, 4.
[109] N. Franken, Bronzen im akademischen Kunstmuseum der Universität Bonn, BJb 198, 1998, 79–81 (mit weiterer Literatur).
[110] Robinson 1941, 299–301 Nr. 1301–1307 Taf. 86.

[111] Lexikon Technik und exakte Naturwissenschaften 6 (Frankfurt a. M. 1969) 1619 Abb. 2. s. v. Keil.
[112] Vgl. aus der Berliner Antikensammlung: Raeder 1983, 39 Nr. 109. 115 Inv. Misc. 10069–10072. 10088.
[113] Klumbach a. O. (Anm. 93) 172 Abb. 3.
[114] Petculescu 2004, 373 f. Abb. 2.
[115] Der Ring Kat. 264 ist nach der Auffindung als Stift mit breitem Ring beschrieben worden. Vgl. Furtwängler 1981, 134 Nr. I/10 Taf. 19. Die Mauerringe unterscheiden sich von den von W. Gaitzsch als Ringösen und den von M. D. Robinson als Ringhenkel angesprochenen Stücken durch die hier bewegliche Verbindung zwischen den Ringen und dem Dübel. Vgl. Gaitzsch 2005, 59 f. Taf. 65; Robinson 1941, 229–243 Nr. 817–964 Taf. 60–63. – Ähnliche eiserne Bauteile aus Olynth werden als Nägel mit Ringköpfen beschrieben, die ebenso als Mauerringe anzusprechen sind. Vgl.: Robinson 1941, 522 f. Nr. 2626–2630 Taf. 168.

Einteilung der 21 samischen Mauerringe ist nach der Verbindungsart des Ringes mit dem Dübel möglich:

Typ Mr1: Am gegossenen Ring wurde der getrennt gefertigte Dübel aus Eisen oder Bronze eingesetzt.

Typ Mr2: Ring und Dübel entstanden gemeinsam in einem Gussvorgang.

Neben den schmucklosen Ringen fallen Kat. 254, 263 und 264 durch das Eierstabdekor auf (Abb. 42). Hiervon zählen zwei Bronzen zur Gruppe Mr2 (Kat. 263. 264). Die Ringe sind mit rundem Materialquerschnitt gearbeitet. Eine Ausnahme bildet Kat. 258 mit einem dreieckig gerundeten Profil.

An fünf Mauerringen ist vom Dübel mehr als nur ein kleines Fragment innerhalb der Befestigung am Ring erhalten. Hiervon weisen drei Exemplare (Kat. 261. 263. 264) Kerben am Dübel auf, die eine feste Verbindung mit dem Mauerwerk unterstützten.

An sieben Mauerringen des Typs Mr1 war ein eiserner Dübel eingesetzt. An Kat. 244–249 haben sich Dübelreste erhalten und an Kat. 251 weisen Rostspuren darauf hin. Am Dübelansatz von Kat. 252 und am Loch des offenen Rings Kat. 253 fehlt die Rostauflage, so dass hier durchaus Bronzedübel eingesetzt gewesen sein können. Fragmente aus diesem Material sind an Kat. 250 und 254 erhalten. Nur an Kat. 253 und 254 waren die Dübel in durchgehenden Löchern eingesetzt. Bei den anderen Mauerringen vom Typ Mr1 verhinderten die nicht durchgängigen Montagelöcher, dass die andersfarbigen Eisendübel die Bronzeoberfläche beeinträchtigten. Der Eierstab an Kat. 254, 263 und 264 verweist auf samische Mauerringe mit gewissen dekorative Ansprüche, die sicher auf weitere Befestigungselemente dieser Gruppe zutreffen.

Bei Kat. 261 vom Typ Mr2 ist der Dübel vollständig erhalten, so dass der nahezu identische Querschnitt am fragmentarischen Exemplar von Kat. 262 einen gleichartigen Dübel vermuten lässt. Beide Stücke unterscheidet von allen anderen Mauerringen die abgeflacht und winklig ausgearbeitete Ringschulter sowie der dicke Dübel und der proportional kleinere Ringdurchmesser.

Kat. 259 kennzeichnet ebenso ein winklig verbreiterter Dübelansatz, der auch hier die Festigkeit der Verbindung mit dem Mauerwerk erhöhte. Der runde Dübel von Kat. 258 brach an einem Splintloch, so dass nur noch der halbe Lochumfang erhalten ist[116].

Die Mauerringe Kat. 248–250 weisen einen Ansatz zwischen Ring und Dübel auf und finden eine Parallele in einem römischen Knopfgriff[117]. Weitere Ähnlichkeiten bestehen zu Zügelringen oder Trensenknebeln anderer Fundorte[118]. Hingegen unterscheiden sich die samischen Mauerringe von den dortigen Bestandteilen eines Pferdegeschirrs durch die geringeren Dübelquerschnitte[119]. Kat. 261 und 262 ähneln massiven Ringen aus dem Tunnel des Eupalinos[120] und aus Lindos[121]. Das Exemplar aus Lindos soll in Holz befestigt gewesen sein. Eine Montage im Mauerwerk erscheint jedoch wahrscheinlicher, da der beachtliche Dübel eine Holzkonstruktion spalten könnte. Aus Olynth werden vergleichbare Bauteile aus Eisen als Nägel mit Ringkopf beschrieben, die im Mauerwerk verankert waren[122]. Exemplare aus Grab 47 der Nekropole von Salamis sind ebenso massiv gearbeitet[123].

1.4. HAKEN

Der antike Gebrauch von Haken in Wänden zur Aufnahme von Lasten war so alltäglich, dass sie selten Erwähnung fanden, obwohl allein die im geringen samischen Bestand auftretenden vier Typen für eine vielfältige Formentwicklung sprechen. Eine der wenigen bildlichen Überlieferungen ist auf dem Innenbild einer attischen Schale der Berliner Antikensammlung zu finden[124]: An der Wand neben der Hetäre hängt hier ein Flötenfutteral über einem winklig gebogenen Haken (Abb. 43). Einen weiteren Beleg liefert eine Griffschale aus dem Ehrengrab vom oberen Gymnasion in Priene, bei der ein Eisenstück in der Grifföffnung fest angerostet ist (Abb. 44). Dieses bisher unberücksichtigte, als Haken anzusprechende Eisenstück[125] diente sicherlich dazu, die Schale im Grab-Triclinium aufzuhängen.

Die zwölf Bronzehaken aus dem Heraion (Kat. 265–276 Abb. 45) und der einzige Haken aus Eisen (Kat. IV Abb. 55) lassen sich nach ihrer Form unterteilen.
Während das zur Lastenaufnahme bestimmte Vorderteil – wahrscheinlich im Zusammenhang mit dem entsprechenden Anwendungsbereich – variiert, ist bei allen Haken der Typen Ha1–3 das zur Wandmontage dienende Endstück zumeist spitz ausgearbeitet:

Typ Ha1: Haken mit winklig gebogenem Vorderteil.

Typ Ha2: Haken mit gerundet gebogenem Vorderteil.

Typ Ha3: dünner Haken mit kleinem gebogenem Vorderteil.

[116] Siehe: Gebrauch – Befestigung im Mauerwerk.

[117] N. Walker, Das römische Donaukastell Straubingen-Sorviodurum, Limesforschung 3 (Berlin 1965) 162 Nr. 10 Taf. 133.

[118] C. Praschniker (Hrsg.), Der Bäderbezirk von Virunum (Wien 1947) 138 Nr. 7092 Abb. 123.

[119] Unpubliziert, alter Bestand, aus der Grabung von T. Wiegand, Trensenknebel mit erhaltenen Zügeleisen von ca. 20 mm Dm, Inv. B 3663. 1215.

[120] Jantzen 2004, 133 Nr. 337 Taf. 26.

[121] Blinkenberg 1931, 203 f. Nr. 634 Taf. 26.

[122] Robinson 1941, 522 f. Nr. 2626–2630 Taf. 168.

[123] V. Karageorghis, Excavations in the Necropolis of Salamis 1, Salamis 3 (Nicosia 1967) 80 Nr. 35 Taf. 85.

[124] A. Dierichs, Erotik in der römischen Kunst, Sonderhefte der Antiken Welt = Zaberns Bildbände zur Archäologie (Mainz 1997) 119 Abb. 133 Inv. V.I. 3757.

[125] Raeder 1983, 40 Nr. 118; T. Wiegand – H. Schrader, Priene. Ergebnisse der Ausgrabungen und Untersuchungen in den Jahren 1895–1898 (Berlin 1904) 280 Abb. 292 a Inv. Misc. 10092.

Typ Ha4: dünner Haken mit großem gerundetem Bereich zur Lastenaufnahme. Das gespaltene Endstück erhöht den stabilen Halt im Mauerputz.

Die Dübel der Typen Ha1 und Ha2 (Kat. 265–270; Kat. IV) sind gut für eine Befestigung im Mauerwerk, vielleicht auch in Holz geeignet, welches allerdings beim Einschlagen dicker Haken gespaltet werden kann. Der Typ Ha4 (Kat. 273–276 Abb. 46) mit dem geteilten Ende dagegen kann nur in Mauerputz oder -fuge eingesetzt werden, wobei die geringe Materialdicke die Beanspruchung des großen Hakenbogens einschränkt. Die kleinen Haken des Typs Ha3 (Kat. 271. 272) wurden sicher auch in Holz verbaut und waren zur Aufnahme geringer Lasten geeignet gewesen. An Kat. 272 lässt die großflächigen Rostauflagen an ein ehemals daran befestigtes eisernes Bauteil denken.

Antike Beispiele des einfachen samischen Typs Ha1 sind erwartungsgemäß aus Bronze und Eisen erhalten[126]. Drei Eisenhaken aus dem Athena-Itonia-Heiligtum bei Philia gleichen Kat. 269[127]. Zum Typ Ha2 kann ein Haken aus dem samischen Eupalinos-Tunnel, der größer als Kat. 270 ist, gezählt werden[128]. Der Haken wird sicher nicht der einzige Beleg für ein weiträumiges Anwendungsgebiet auf der Insel bleiben. Römische fingerförmige Haken wurden bisher im Heraion noch nicht geborgen[129].

1.5. KETTENGLIED

Das Bronzestück (Typ K, Kat. 277 Abb. 43: Mitte) gleicht dem Glied einer Rundgliederkette[130]. Die beiden Enden des ovalen Kettengliedes wurden bei der Herstellung nicht miteinander verbunden. Die gleiche Technik ist am Teilstück einer pergamenischen Ringkette aus dünnen Bronzestücken der Berliner Antikensammlung zu beobachten (Abb. 47)[131], hingegen findet die massive Ausführung des samischen Stückes zum Beispiel bei den runden allerdings geschlossenen Kettengliedern aus Olynth eine Parallele[132].

1.6. UNTERLEGSCHEIBEN

An Gefäßfunden aus dem samischen Heraion unterstützen Unterlegscheiben die Nietverbindungen an Griffen, Henkeln und Attaschen wie am Gefäßfragment mit Henkelattasche (Abb. 48)[133]. Vereinzelt werden sie gemeinsam mit Stiften, Splinten oder Niete geborgen[134], allerdings fehlen hier zusätzlich Hinweise für weiterführende Überlegungen zum funktionalen Zusammenhang. Nicht zuletzt bleiben Unterlegscheiben als einzelne einfache Bronze- oder Eisenstücke oft unerkannt. Die zwölf Einzelstücke aus dem Hera-Heiligtum unterscheiden sich in ihrem abweichenden Herstellungsverfahren (Kat. 278–289 Abb. 49)[135]:

Typ Us1: Die Außenformen und Löcher wurden aus Blechen unterschiedlicher Dicke herausgearbeitet.

Typ Us2: Die Unterlegscheiben entstanden im Gussverfahren.

Die Materialdicke und die gerundeten Kanten gegossener Unterlegscheiben (Typ Us2, Kat. 282–287) unterscheiden sich von den aus Blechen hergestellten (Typ Us1, Kat. 278– 281. 288. 289. Kat. 283–284 sowie Kat. 285–287 vom Typ Us2 bilden jeweils eine Gruppe mit annähernd gleichen Abmessungen. Zu einer dritten Gruppe können die großen Unterlegscheiben Kat. 288 und 289 vom Typ Us1 zusammengefasst werden, sie stimmen in ihren Ausmaßen präzise überein. Vermutlich gehören diese drei Größen zu Standardprodukten der samischen Handwerker. Bei diesen letzten beiden Unterlegscheiben lassen trotz des etwas dicken Materials die exakte Kantenbearbeitung die Fertigung aus Blech annehmen. Bei den vier anderen Scheiben des Typs Us1 (Kat. 278–281) verweist die geringe Materialdicke auf dasselbe Fertigungsverfahren.
Die gleiche Genauigkeit in Form und Ausarbeitung wie Kat. 288 und 289 beim Typ Us1 weist noch Kat. 281 auf. Es ist nicht auszuschließen, dass es sich um nachantike Unterlegscheiben handelt.

Die vielfältigen Größen antiker Unterlegscheiben verdeutlicht das heute verlorene Exemplar der Berliner Antikensammlung, das gemeinsam mit dem 15 Kilogramm schweren Bronzeniet im Dachstuhl der Pantheonsvorhalle verbaut war (Abb. 50. 51)[136].

[126] z. B.: Furtwängler 1906, 422 Nr. 32 Taf. 117; Kilian-Dirlmeier 2002, 124 f. Nr. 1910 Taf. 115.
[127] Kilian-Dirlmeier 2002, 124 f. Nr. 1911–1913 Taf. 115.
[128] Jantzen 2004, 132 Nr. 826 Taf. 25.
[129] N. Franken, Die antiken Bronzen im Römisch-Germanischen Museum Köln. Fragmente von Statuen. Figürlicher Schmuck von architektonischen Monumenten und Inschriften. Hausausstattung, Möbel, Kultgeräte, Votive und verschiedene Geräte, KölnJb 29, 1996, 168 f. Abb. 344 (mit weiterer Literatur).
[130] Lexikon Technik und exakte Naturwissenschaften 6 (Frankfurt a. M. 1969) 1647 s. v. Kette. Bei dem Kettenglied kann es sich um ein so genanntes Notglied handeln. Ein Notglied ist ein nicht geschlossenes Kettenglied, welches zur temporären Verbindung zweier Ketten oder Reparatur einer defekten verwendet wird.
[131] Unpubliziert, Inv. P 1043.
[132] Robinson 1941, 77 Nr. 255. 256 Taf. 16 (mit weiterer Literatur).
[133] Unpubliziert, alter Bestand, aus der Grabung von T. Wiegand, Inv. B 1103. Die Veröffentlichung wird von U. Gehrig vorbereitet.
[134] Siehe: Niete.
[135] Die zahlreichen Scheiben an Nietverbindungen von Gefäßen, Geräten etc. wurden hier nicht berücksichtigt.
[136] Heres 1982, 197 Abb. 3 Taf. 30, 14 Inv. Fr. 1765p.

1.7. NIETE

Die samischen Greifenprotomen wurden immer durch Vollniete mit den Kesseln verbunden[137]. Gleiches gilt für die Befestigung samischer Griffe, Attaschen (Abb. 48), Henkel und Scharniere. Hohlniete sind an den Schöpfkellen aus dem Heraion anzutreffen[138]. Mit vernieteten kleinen Blechflicken reparierten die Toreuten im Hera-Heiligtum Gefäße[139]. Somit liefert die samische Bronzeverarbeitung selbst frühe Beispiele für die bis in die archaische Zeit vorherrschende Verbindungstechnik griechischer Werkstätten[140]. An den aus einzelnen Blechen gefertigten Bildnissen des ägyptischen Königs Pepi I. der 6. Dynastie[141], den ebenso hergestellten geometrischen Statuen von Dreros[142] sowie an einem Fragment eines großen so genannten Sphyrelaton aus dem Heraion[143] erfolgten die Montageverbindungen mit kleinen Vollnieten (Abb. 64). Bei den älteren großformatigen Hohlgüssen stand zunächst ebenfalls nur die Niettechnik für die Verbindung der Einzelgussstücke zur Verfügung[144]. In der Folgezeit trat diese aufgrund der Einführung von Löt- und Schweißtechniken in den Hintergrund. Sie wurde aber selbst bei qualitätvollen Arbeiten wie der römischen Büste einer Mänade (Abb. 52)[145] nicht vollständig verdrängt. Vergleichbar mit einigen Nageltypen, waren Nietköpfe besonders an den frühen Produkten im Mittelmeerraum und nördlich des Apennin als dekorative Elemente verstanden worden[146].

Im Folgenden werden nur die vier samischen Niete aufgeführt, die unabhängig von ihrem ursprünglichen Zusammenhang erhalten sind (Kat. 287–290 Abb. 53).

[137] U. Gehrig, Die Greifenprotomen aus dem Heraion von Samos, Samos 9 (Bonn 2004) 144 f. (mit weiterer Literatur).
[138] Die Veröffentlichung wird von U. Gehrig vorbereitet.
[139] Vgl.: K. v. Woyski, Bronzekessel aus dem Heraion von Samos, AM 87, 1972, 188 Taf. 66, 1. 2 Beil. 5.
[140] z. B.: W.-D. Heilmeyer, Frühe olympische Bronzefiguren, OF 12 (Berlin 1979) 51.
[141] C. Eckmann – S. Shafik, Die beiden Kupferstatuen des Pepi I. aus dem Tempel von Hirakonpolis in Ägypten, JbRGZM 47, 1, 2000, 11–13 Abb. 28. 29.
[142] B. Borell, Die griechischen Bleche und ihre Rekonstruktion als Sphyrelata, in: B. Borell – D. Rittig, Orientalische und griechische Bronzereliefs aus Olympia, OF 26 (Berlin 1998) 63–213.
[143] Das lediglich 0,3–0,5 mm dicke und 290,0 mm × 280,0 mm große Fragment besteht aus drei, durch kleine Vollniete (Dm ca. 4,0 mm) verbundenen Blechen. Vgl.: H. Kyrieleis, Sphyrelata. Überlegungen zur früharchaischen Bronzegroßplastik in Olympia, AM 123, 2008, 187 Taf. 15, 2 Inv. B 2619.
[144] z. B.: C. G. Intzesiloglou, A Newly Dicovered Archaic Bronze Statue from Metropolis (Thessaly), in: C. C. Mattusch – A. Brauer – S. E. Knudsen (Hrsg.), From the Part to the Whole 1. Acta of the 13th International Bronze Congress, Cambridge 1996 (Portsmouth 2000) 67. – Am annähernd 50 Zentimeter hohen frühen etruskischen Krieger der Berliner Sammlung ist die bisher unpublizierte Technik auf Computertomographien gut nachvollziehbar: Schätze der Antike aus der Antikensammlung Berlin. Ausstellungskatalog Nürnberg, NüBlA Sonderheft (Nürnberg 2003) 14 Nr. 4 Abb. 5 Inv. Fr. 2196.
[145] B. Barr-Sharrar, The Hellenistic and Early Imperial Decorativ Bust (Mainz 1987) 142; A. Greifenhagen, Zwei späthellenistische dekorative Bronzen, RA 2, 1968, 257–261. – Aus der Berliner Antikensammlung gleicht ein Niet aus Pergamon dem samischen Stück, unpubliziert, Inv. P 1074.
[146] U. Peltz, Herstellung der Bronzen, in: A. Babbi – U. Peltz (Hrsg.), Das Kriegergrab aus Tarquinia (in Vorbereitung).

Niete zeichnen sich durch kurze und zumeist zylindrische Schäfte aus. Auch hier erfolgt die Typeneinteilung des samischen Bestandes aufgrund der unterschiedlichen Herstellungsarten:

Typ Ni1: Vollniet – aus massivem Material durch Guss oder Umformung hergestellt. Der Kopf gleicht Nagelköpfen.

Typ Ni2: Hohlniet – Kopf und Schaft des Nietes sind hohl gearbeitet.

Am kleinen Vollniet Kat. 291 ist ein rechteckiges Blechstück und an Kat. 292 eine runde Unterlegscheibe erhalten. Beide erhöhten den Pressdruck der Verbindung. Setz- und Schließkopf sind bei Kat. 291 ohne Sorgfalt gearbeitet.

Kat. 292 und 293 wurden als Nägel gefertigt und als Niete verwendet. Bei beiden erinnern die konischen Schäfte an Nägel. So verwundert es nicht, dass noch im 18. Jh. schmucklose Niete als Nietnägel verstanden wurden[147] – eine Parallele, die im vergleichbaren Fertigungsprozess begründet liegt.

Der einzige Hohlniet (Kat. 287) ist mit 41 mm relativ groß. Die Niete an den oben erwähnten Schöpfkellen sind mit 3–4 mm deutlich kleiner. Dennoch ist das Stück mit seinem kleinen Kopf vermutlich als Hohlniet zu deuten[148].

Die sechs einzelnen Niete aus Olynth gleichen den samischen Stücken in Form und Proportion[149]. Bei einem Niet[150] sind runde Unterlegscheiben erhalten und an einer ganzen Serie eiserner Niete aus Salamis ist die Kombination von Niet und Unterlegscheibe beschrieben[151]. Form und Größe von Kat. 288 sind mit Nieten an der erwähnten Mänadenbüste vergleichbar (Abb. 52). Die Nietköpfe wurden so weit überarbeitet, bis sie in der Oberfläche nicht mehr auszumachen waren[152]. Vergleicht man den kleinsten samischen Niet (Kat. 288) von 22 mm Länge mit dem oben beschriebenen 520 mm langen Niet vom Pantheon[153] (Abb. 50. 51), wird die beachtliche Größenvielfalt in der Antike deutlich.

[147] J. G. Krünitz, Ökonomische Encyklopädie 102 (Göttingen 1806) 609.
[148] Die Zuweisung zu einem Rohr oder zu einem Röhrchen eines Trichters wie bei einem Exemplar der Berliner Antikensammlung aus Boscoreale ist nicht auszuschließen. Vgl.: A. Oettel, Bronzen aus Boscoreale in Berlin (Berlin 1991) 51 Nr. 32 Taf. 26 e.
[149] Robinson 1941, 309 f. Nr. 1354–1359 Taf. 89.
[150] Robinson 1941, 309 Nr. 1354 Taf. 89.
[151] Karageorghis 1973, 30 f. Abb. 4.
[152] Siehe: Beschlagnagel.
[153] Heres 1982, 197 Abb. 3 Taf. 30, 14 Inv. Fr. 1765p.

1.8. ROHLINGE

Nägel, Niete, Stifte etc. wurden im Guss- oder Schmiedeverfahren gefertigt[154]. Für die Arbeit am Amboss verwendeten die Schmiede quadratische Bronzestäbe als Ausgangsmaterial. Der konische Querschnitt an den drei samischen Stäben könnte für das Rohmaterial einer Nagelschmiede sprechen (Kat. 294–296 Abb. 54). Zumindest sind die tiefen Hammerabschläge bei Kat. 294 und 295 gewiss als Hinweise unfertiger Werkstattabschnitte zu interpretieren, die für bruchstückhaft erhaltene Endprodukte untypisch währen. Darüber hinaus zeigen die tiefen Meißelspuren bei Kat. 294 und 296 den Abtrennvorgang eines Teilstückes von größeren Rohwerkstücken an, die natürlich nicht nur zu Befestigungselementen hätten weiterverarbeitet werden können. Und dennoch hätte der Meister aus Kat. 294 und 295 relativ große Nägel oder auch Stifte und Haken fertigen können und aus Kat. 296 ließen sich kleinere Exemplare herstellen. Zerteilt ergeben die Rohlinge das Ausgangsmaterial für mehrere kleinere Nägel, Niete etc.

Mit Kat. 294 und 295 stimmt ein Berliner Rohling überein, der wie diese die Schläge des Hammers und das sich verjüngende Ende aufweist[155]. Ähnliche Stücke aus den hallstattzeitlichen Werkstattabfällen der Heuneburg werden als Stabbarren zur Fertigung von Nägeln und Niete verstanden[156], die ebenso die markanten Hammerabschläge wie an den samischen Stücken aufweisen. In einer korinthischen Gießergrube wurden gegossene Flicken geborgen, die dem samischen Ausgangsmaterial gleichen[157]. Solche Gussstücke konnten nicht nur als Reparaturmaterial für Großbronzen verwendet werden, sondern bildeten in gleicher Form Zulieferprodukte für die Nagelschmiede.

[154] Siehe: Produktion.

[155] Friederichs 1871, 355 Nr. 1765i Inv. Fr. 1765i.

[156] Drescher 1995, 276 Abb. 9. 10.

[157] C. C. Mattusch, Corinthian Bronze. Famous, but Elusive, in: C. K. Williams – N. Bookidis (Hrsg.), Corinth, the Centenary 1896–1996, Corinth 20 (Princeton 2003) 231 Abb. 13, 18.

2. GEBRAUCH

2.1. BEFESTIGUNG UND VERBINDUNG

2.1.a. Verbindung an Holzkonstruktionen

Die vielfältige Nutzung und Verarbeitung von Holz brachte die Entwicklung unterschiedlicher Berufe mit sich. Grundsätzlich unterschied man zwischen verfeinerten und schweren Holzarbeiten[158]. Schreiner fertigten zumeist Mobiliar und Ähnliches. An griechischen Möbeln bestanden Verbindungselemente fast immer aus Holz[159]. Die Vielfältigkeit der Verbindungen belegen Beispiele aus dem samischen Heraion selbst[160]. Nur selten wurden in diesem Zusammenhang Nägel nachgewiesen[161]. Erst in der römischen Kaiserzeit finden verstärkt Nägel im Schreinerhandwerk Verwendung[162]. Hingegen kamen andere Holz verarbeitende Gewerke nicht ohne metallene Befestigungstechnik aus: Neben den Nekropolen von Samos[163] lassen sich den Särgen weiterer frühgriechischer Gräber Nägel zuweisen[164]. Prunk- und Leichenwagen vermitteln einen Eindruck des vielfältigen Einsatzes von Nägeln in diesem Gewerbe[165]. Zimmerleute, Boots- und Brückenbauer hatten Holzkonstruktionen anderer Größenordnungen zu bewältigten. Entsprechend lang und dick sind die Schäfte derartiger Nägel dimensioniert[166]. Wie bereits erwähnt, ist aus dem Heraion ein Beispiel für die Nagelung von Türrahmen an Steinblöcken bekannt[167]. Ähnlich wurde in anderen Heiligtümern gearbeitet[168].

Die großen samischen Pilzknauf-Nägel (Kat. 2. 12. 13 Abb. 8) können sicher einer größeren Tür zugewiesen werden (Abb. 56). E. Künzl schreibt: »Die griechischen Türen bestanden aus längs geordneten Holzbrettern, die oben, unten und etwas oberhalb der Mitte von darauf genagelten Querbrettern zusammengehalten wurden. Eine entsprechende, innen angebrachte Querverstrebung ist ebenfalls anzunehmen. Es ist dies der Typus der Beschlagtür, welcher bis zum Hellenismus vorherrschend war«[169]. Die samischen Türen im Heraion werden sich nicht maßgeblich unterschieden haben. Erst in römischer Zeit wurde dieser Typ von Türblättern mit ausgefachtem Rahmen abgelöst. Vergleichbare Nägel wie die mittleren samischen Pilzknäufe (Kat. 7–11 Abb. 8) zierten in Olynth vermutlich kleinere Türen, Fensterverschlüsse, Mobiliar oder Kästen[170]. Ebenso war der kleine Zierknauf (Kat. 1 Abb. 5) eher an einer Innenraumtür oder einem Fensterverschluss als an einem Portal befestigt.

Die Montagetechnik von großen Schmucknägeln wurde zuletzt für den Bau Z aus Pergamon beschrieben[171] und ist in gleicher Form an anderen antiken Türen zu finden (Abb. 57)[172]. Man steckte an schweren Konstruktionen die massigen Nagelschäfte durch vorgebohrte Löcher. Auch bei samischen Nägeln mit dickem Schaft (z. B.: Kat. 41–46. 71–73 Abb. 14. 17) war die Anbringung nur auf diese Weise möglich. Ansonst war das Aufspalten des Holzes zu befürchten.

Verschiedene Einflüsse können Nagelverbindungen lockern. Den besonders an beweglichen und statisch beanspruchten Bauteilen unvermeidbaren Prozessen versuchten die Handwerker entgegenzuwirken. Sie schlugen vorerst die Spitze an einem auf der Rückseite der Holzkonstruktion herausragenden Schaft rechtwinklig um. Im zweiten Arbeitsgang trieben sie die Spitze und einen Teil des durchragenden Schaftteiles wie eine Klammer in das Holz zurück. An Portalen, Schiffen, Wagen etc. ist die wirksame Methode nachweisbar (Abb. 57. 58)[173] und auch für das Heraion belegen dies zwei Beispiele (Kat. 64. 92 Abb. 59). Doch auch das einfache Umschlagen des Schaftes erhöhte bereits die Festigkeit (Abb. 60). Neben einer Vielzahl von Funden anderer Grabungen zeigen Nägeln aus dem Tunnel des Eupalinos die Verbreitung der Methode auf Samos an[174]. Eine weitere wirksame Methode zur Sicherung im

[158] Zimmer 1982, 32.
[159] W. Gaitzsch, Konstruktion und Holzverarbeitung des Sarkophages von Elaia, in: W. Gaitzsch – P.-I. Kuniholm – W. Radt – S. Schiefer, Ein hölzerner hellenistischer Sarkophag aus Elaia bei Pergamon, IstMitt 35, 1985, 164.
[160] Kopcke 1967, 121. 123. 135 f. Abb. 7. 8. 15; Kyrieleis 1980, 107–110. 122. 132. 137–141. 145 Abb. 3. 4. 11. 12. 21. 25–29. 31 Taf. 26; 36, 1; D. Ohly, Holz, AM 68, 1953, 95 f. 107. 118–120 Abb. 5. 21. 34. 35.
[161] Furtwängler 1906, 421.
[162] Gaitzsch a. O. (Anm. 159) 164.
[163] Boehlau a. O. (Anm. 9) 19. 22. 36 Taf. 15, 3; Fabricius a. O. (Anm. 9) 108–112.
[164] z. B.: Gjerstad – Lindros – Sjöqvist – Westholm a. O. (Anm. 64) 244 Nr. 8–10. 24. 43. 44 Taf. 45.
[165] Karageorghis 1973, 60–75 Taf. 247–251.
[166] Brückenbau, z. B.: H. Cüppers, Die Trierer Römerbrücken, Trierer Grabungen und Forschungen 5 (Mainz 1969) 49 Abb. 34 (L bis 300 mm). – Bootsbau, z. B.: Ucelli 1950, 155 Abb. 160.
[167] Buschor – Schleif 1933, 156 Abb. 7.
[168] Lehmann – Lehmann 1962, 38 f. Abb. 35.
[169] Künzl a. O. (Anm. 25) 223.
[170] Robinson 1941, 260.
[171] Gaitzsch 2005, 55–59 Abb. 12. 13.
[172] Raeder 1983, 15 Textabb. 5; E.-L. Schwandner, Zu technischen und ökonomischen Problemen des griechischen Wohnungsbaus in klassischer Zeit, in: Wohnungsbau im Altertum, DiskAB 3 (Berlin 1978) 109 Abb. 2. 4.
[173] Bootsbau, z. B.: D. Ellmers, Keltischer Schiffbau, JbRGZM 16, 1969, 73–75 Abb. 2; Ucelli 1950, 154 Abb. 154. – Römische Schiffe, z. B.: A. Mees – B. Pferdehirt, Römerzeitliche Schiffsfunde (Bonn 2002) (mit weiterer Literatur). – Schmucknägel, z. B.: Gaitzsch 2005, 52 f. 193 Nr. N9. N12 Taf. 37; Künzl a. O. (Anm. 25) 225 Abb. 3; Raeder 1983, 5 Textabb. 5. – Nicht zugewiesene Nägel, z. B.: P. Orsi, Gela. Scavi del 1900–1905, MonAnt 17, 1906, 546 Abb. 375; E. Gjerstad – J. Lindros – E. Sjöqvist – A. Westholm, Finds and Results of the Excavations in Cyprus 1927–1931, SCE 3 (Stockholm 1937) 98 Nr. 158 c Taf. 45; Kilian-Dirlmeier 2002, 124 f. Nr. 1910 Taf. 115.
[174] Jantzen 2004, 132 f. Nr. 824. 829. 831 Taf. 25.

Baukörper stellte das Einrollen des herausragenden Schaftendes dar[175], das allerdings an samischen Stücken nicht zu beobachten ist. Neben den Hinweisen auf solche Sicherungsmaßnahmen ermöglichen derartige Funde ebenso die Ermittlung von Dickenmaßen der seinerzeit genagelten Bauteile[176]. Aus dem Heiligtum sind 15 umgeschlagene und vollständig erhaltene Nägel erhalten (Abb. 59. 60) und auch wenn bei Kat. 212 durch den fehlenden Kopf das Baumaß nicht genau ermittelt werden konnte, soll die Angabe hier zusätzlich aufgeführt werden:

Kat.	Typ	Baustoffdicke
181	Bleinagel	10 mm
172	Bleinagel	16 mm
178	Bleinagel	16 mm
193	Bleinagel	25 mm
173	Bleinagel	27 mm
123	Beschlagnagel	39 mm
64	Schirmkopf-Nagel	39 mm
80	Schirmkopf-Nagel	42 mm
20	Kegelkopf-Nagel	48 mm
116	Schirmkopf-Nagel	50 mm
83	Schirmkopf-Nagel	51 mm
49	Schirmkopf-Nagel	51 mm
104	Schirmkopf-Nagel	57 mm
II	Schirmkopf-Nagel	64 mm
92	Schirmkopf-Nagel	70 mm
66	Schirmkopf-Nagel	85 mm

Tabelle II Dicken genagelter Bauteile

Hammerabschläge hinterlassen unweigerlich Abdrücke an den Nagelköpfen. Solche aber fehlen an den Schmucknägeln wie auch an qualitätvollen Universalnägeln aus dem Heiligtum, so dass hier über eine andere Befestigungsart diskutiert werden kann. Wie gezeigt, werden gerade für die Schmucknägel vorgebohrte Montagelöcher angenommen, in die man die Schäfte eingesteckte und an der Rückseite umgeschlug[177], eine Verfahrensweise, die sicher keine ausreichend statisch belastbaren Verbindungen gerade an schweren Portalen herstellte. Vielmehr wird den antiken Handwerkern ein Hilfswerkzeug zur Verfügung gestanden haben, von dem O. L. Hartwig 1790 berichtet: »Soll der Kopf beym Einschlagen rund bleiben, so setzt man auf ihn das Schelleisen, einen eisernen Stab, der an einer Grundfläche eine runde Vertiefung nach der Grösse des Kopfs hat«[178]. Mit dem Schelleisen war demnach das feste Einschlagen ohne Beschädigung der Köpfe in stabilen Holzkonstruktionen an kleinen vorgearbeiteten Löchern oder sogar ohne Vorbohren möglich. Aus dem samischen Bestand wurden nur sehr wenige kleine und einige große Nägel mit dem Schelleisen eingeschlagen. Dagegen zeigen Verformungen und Grate an Köpfen einiger Universalnägel (z. B.: Kat. 45. 110. 108 Abb. 61) und vieler Funktionsnägel (z. B.: Kat. 93. 146. 147. 150. 152. 169) die Montage mit dem Hammer an.

Die Holzfunde aus dem Heraion, die G. Kopcke[179], H. Kyrieleis[180] und D. Ohly[181] publizierten, sind allesamt Produkte des feiner bearbeitenden Holzhandwerkes. Wie angedeutet, führten die Schreiner auch hier alle Verbindungen mit Nut und Feder oder mit Zapfen aus Holz aus. Selbst bewegliche Verbindungen wie Röhrenscharniere mit Stiften wurden aus Holz gefertigt[182]. Entsprechend sind nur wenige Hinweise auf Nagelungen zu finden, die sicher erforderlichen Nachbesserungen zugewiesen werden müssen: An der als Pferderumpf mit Hals und Kopf geformten Wange eines Schemels (Abb. 62) fielen bisher nur die Ast- und Zapfenlöcher auf[183]. Die beiden Nagellöcher am Hals und nahe der Schulter blieben unberücksichtigt, obwohl auf der Außenseite die tief in das Holz getriebenen Nagelköpfe als Abdrücke gut sichtbar sind. Der Abdruck am Pferdekopf[184] kann einem Bleinagel vom Typ Bl1 zugeordnet werden. Die Markierung am Körper[185] stammt von einem

[175] Ucelli 1950, 157 f. Abb. 16.

[176] Die Gesamtdicken von miteinander verbundenen Hölzern konnten auch bei anderen Funden gemessen werden. z. B.: Gaitzsch 2005, 53: Dachbalken waren von 70 mm × 120 mm bis 100 mm × 100 mm dick. Die Dicken byzantinischer Bretter werden mit 26–32 mm und an Hoftoren mit 45 mm angegeben. Die großen Türblätter mit Querriegel waren 80–90 mm dick. Andere Bretter hatten Querschnitte von bis zu 50 mm. – Ucelli 1950, 151–159 Abb. 152. 154. 160: An einem über 440 mm langen Nagel konnten die Maße vor Ort ermittelt werden. Die verbaute Holzkonstruktion misst hier annähernd 230 mm. – Klumbach a. O. (Anm. 93) 170: Die Holzinnenkonstruktion eines römischen Schildes mit Schildbuckel ist verloren. Der einfach umgeschlagene Bleinagel gibt die Dicke von 8 mm vor.

[177] Gaitzsch 2005, 55–59 Abb. 12. 13; Raeder 1983, 15 Textabb. 5; E.-L. Schwandner, Zu technischen und ökonomischen Problemen des griechischen Wohnungsbaus in klassischer Zeit, in: Wohnungsbau im Altertum, DiskAB 3 (Berlin 1978) 109 Abb. 2. 4.

[178] O. L. Hartwig, Handwerk und Künste in Tabellen, Messing- und Eisenarbeiter 5 (Berlin 1790) 163.

[179] Kopcke 1967, 100–148 Beil. 45–83.

[180] H. Kyrieleis, Neue Holzfunde aus dem Heraion von Samos, ASAtene 61 (1984) 395–302; Kyrieleis 1980, 87–147 Taf. 18–40 Beil. 7.

[181] Ohly a. O. (Anm. 160) 77–126 Beil. 13–41; D. Ohly, Neue Holzfunde aus dem Heraion. Befund und Rekonstruktion der Herastatuette,, AM 82, 1967, 89 f. Beil. 43–47.

[182] Kyrieleis 1980, 123–132 Abb. 13–20 Taf. 33, 1–35 (mit weiterer Literatur zu Scharnieren aus Holz).

[183] Kyrieleis 1980, 107–110 Abb. 3. 4 Taf. 26.

[184] Kopf rund ca. 12 mm; Schaft rund 2 mm.

[185] Kopf oval 10 mm × 15 mm; Schaft quadratisch 5 mm × 5 mm.

Beschlagnagel (Typ Be1). Die Nägel fixierten vielleicht einen Textil- oder Lederbezug für die Sitzfläche des Schemels. Auf der Außenseite einer anderen Schemelwange blieb das quadratische Loch mit dem Abdruck eines Nagelkopfes bisher unerkannt[186]. Die Abmessungen gleichen dem Bleinagel an der oben beschriebenen Wange. An der Unterseite des aus mehreren Teilen zusammengesetzten Tellers sind quadratische Löcher zu finden, die von Blei- oder Beschlagnägeln stammen könnten[187]. Vielleicht hatten sich die Holzverbindungen später gelöst, so dass eine Reparatur mit aufgenageltem Leder oder Gewebe er-forderlich geworden war. Ebenso verweisen an einer Pinax die kleinen quadratischen Löcher auf einst ein-geschlagene Blei- oder Beschlagnägel[188].

2.1.b Befestigung von Textil und Gewebe

Die Bildung von Azurit an archäologischen Bronzen kann vereinzelt das Vorhandensein organischer Materialien beim Korrosionsprozess anzeigen[189]. Nägel mit der blauen Patina können die Befestigung von Holz, aber auch von Leder, Textilien und Fellen andeuten (z. B. Kat. 10. 13. 122. 209). Insbesondere zur Befestigung weicher Materialien gab das Größenverhältnis von Schaft zu Kopf die Verwendung von Bleinägeln vor: Wie in der Typologie erwähnt, erzeugte der dünne Schaft ein kleines Loch im dem Material, das vom Kopf großflächig gehalten wurde. Hier sei auf die Textilverkleidung an den Schiffen vom Nemi-See verwiesen[190], die vielleicht mit Bleinägeln befestigt war. Mit den in Tabelle II aufgeführten fünf samischen Bleinägeln (Kat. 172. 173. 178. 181. 193 Abb. 29) können nur rund 1 mm dünne und leichte Materialien an entsprechend dünnen Leisten angenagelt gewesen sein. Am Beschlagnagel Kat. 126 (Abb. 23) ist unter dem Kopf der Rest einer schwarzen, vielleicht bitumenhaltigen Masse erhalten. Der Nagel kann einen damit getränkten oder verstärkten Werkstoff fixiert haben.

2.1.c Befestigung von Metallteilen

Am Kopf des Bleinagels Kat. 181 (Abb. 29) haben sich Reste weißer Bleikorrosion angelagert, die eine Befestigung des weichen Metalls andeuten. Die Gesamtdicke der Konstruktion misst 10 mm. Demnach kann damit lediglich eine Art Bleifolie an einer dünnen Holzleiste befestigt gewesen sein. Im Heraion wurde das Fundament für ein seetaugliches 25–30 m langes Schiff freigelegt, welches als Weihgabe am Weg vom Meer zum Altar aufgestellt war[191]. Vielleicht schützte auch dieses früharchaische Schiff eine Bleischicht wie bei den erwähnten römischen Funden aus dem Nemi-See. Hier unterstützten Zacken unter den Nagelköpfen die Festigkeit der Verbindung, allerdings sind Hinweise auf Blei an den ähnlich gearbeiteten samischen Nägeln (Kat. 189–195 Abb. 29. 31) nicht auszumachen. Mit den dünnen Schäften konnten ebenso dünne Bronzebleche durchschlagen werden. Ein Beispiel hierfür liefert der mit Blei ummantelte Sockelbereich eines spätgeometrischen oder früharchaischen Stabdreifußes. Die innere Holzkonstruktion des Fußes wurde mit profilierten Bronzeblechen umkleidet, die mit Bleinägeln am Trägermaterial fixiert wurden (Abb. 32. 33)[192].

Der größte Bestand der Beschlagnägel wurde sicherlich zur Befestigung von Bauteilen aus Metall verwendet. Gewiss beschränkte man sich hierbei nicht nur auf die Verwendung dieses Typs. Große und schwere Bronzebeschläge und -platten montierten die Handwerker auch mit anderen, größeren Nägeln. Der Schaft des Beschlagnagels Kat. 123 (Abb. 23) ist bei 39 mm umgeschlagen. Wird ein Metallbeschlag von 5–9 mm angenommen, so war das Holz 30–35 mm dick. Weitere Hinweise auf befestigte Bronzeteile sind an Nägeln dieses Typs nicht zu finden. Sekundäre Hinweise auf Nagelungen mit dem Beschlagnagel werden hier beispielhaft am erwähnten großen Fragment eines Sphyrelatons aus dem Heraion aufgeführt. In der Oberfläche sind neben den Nietlöchern quadratische Löcher von annähernd 5 mm Kantenlänge zu finden (Abb. 64)[193]. Die ungewöhnlich platzierten Nagellöcher stammen ganz sicher nicht von der Herstellung und verweisen vielleicht auf eine Reparatur. Bei den ebenso bereits aufgeführten zwei großen und massiven Bronzeeckstücken von Stühlen aus dem Hera-Heiligtum geben die Lochgrößen und die Dimensionen der Öffnungen an den Verbindungsstellen zur Holzkonstruktion Beschlagnagelungen vor[194].

An zwei Schirmkopf-Nägeln sind die ehemals befestigten Bronzeelemente erhalten (Abb. 63). Mit dem Nagel Kat. 95 wurde ein 7 mm dickes Bronzestück geborgen. Die Funktion des vollständig erhaltenen Bauteils bleibt unklar. Am Schaft des Nagels Kat. 101 liegen nur noch Reste des ehemals befestigten Metallstückes als Korrosion auf.

Für Nägel mit Rostspuren unter dem Kopf oder am kopfnahen Teil des Schaftes ist die Montage von Eisenbeschlägen anzunehmen. Die Eisenreste sind an Pilzknauf-Nagel Kat. 5, Kegelkopf-Nagel Kat. 44, Beschlagnagel Kat. 139 und Stauchnagel Kat. 197 zu finden.

Am Steckstift Kat. 234 spricht der anhaftende Rost für eine Installation in Verbindung mit Eisen. Der Stift ist

[186] Kopcke 1967, 127 Abb. 10 Beil. 67.
[187] Kopcke 1967, 120 f. Abb. 7 Beil. 62.
[188] Kopcke 1967, 141 Beil. 79.
[189] Für diese Information danke ich dem Metallrestaurator G. Jendritzki aus dem Vorderasiatischen Museum in Berlin.
[190] E. Peters, Funde, RM 11, 1896, 191; Ucelli 1950, 165–168.
[191] E. Buschor – O. Ziegenaus, Heraion 1959, AM 74, 1959, 2 Taf. 1.
[192] Einige der Nägel sind durch den Bleiverguss in der Verbauungssituation erhalten. Siehe: Bleinagel. Möglichkeiten der Datierung.
[193] Kyrieleis a. O. (Anm. 143) 187 Taf. 15, 2 Inv. B 2619.
[194] Furtwängler 1981, 87. 134 Abb. 6 Taf. 19, 3 Inv. B 575. 2106.

Kat. 235–238 (Abb. 39) sehr ähnlich, so dass wie erwähnt die gemeinsame Verbauung an derselben Baukonstruktion anzunehmen ist. Die Scharnierstifte Kat. 224–226 (Abb. 38) mit den identischen Durchmessern (3,5 mm) passen gut in die Röhren zweier Scharniere aus dem Heraion (Abb. 65. 66)[195]. Die Durchmesser der größeren Stifte Kat. 228 und 229 stimmen mit Resten des eisernen Stiftes an einem samischen Bronzescharnier überein (Abb. 67)[196]. Die drei großen Scharnierstifte Kat. 231–233 hielten große schwere Türen. Die Scharniere selbst waren mit Nägeln und Niete an Baukörpern, Mobiliar, Fenstern etc. befestigt (Abb. 65–67).

An fünf Unterlegscheiben sind Hinweise auf eiserne Stifte, Splinte oder Niete erhalten (Abb. 49). Bei der Scheibe Kat. 279 befindet sich im Loch das Fragment eines Eisenstiftes. Bei Kat. 280, 281, 283 und 284 zeigen Roststücke das Material Eisen an. Für die anderen Exemplare ist die Kombination mit Bronzeniete anzunehmen. Diese Verbindung ist durch die runde Unterlegscheibe am Vollniet Kat. 289 und das rechteckige Bronzestück am Niet Kat. 288 für das Heraion belegt (Abb. 53). Die ehemals vernieteten Teile waren an Kat. 288 rund 20 mm, an Kat. 289 ca. 55 mm und bei Kat. 290 immerhin fast 73 mm dick. Die Montage von Unterlegscheiben an Nietungen ist noch an deutlich größeren und massiven Konstruktionen zu finden. Es sei erneut auf den Niet vom Pantheon (Abb. 50. 51) verwiesen, dessen Unterlegscheibe ca. 120 mm groß gewesen sein muss[197].
Wie Experimente zeigen, nutzten die antiken Meister bei der Niettechnik Werkzeuge, die mit heutigen Standards vergleichbar sind. Neben den metallenen Kopfmachern ermöglichten Unterlagen aus Harthölzern eine Vernietung ohne Beschädigung der zu Kegeln geformten Nietköpfe[198]. Besonders wertvolle frühgriechische Bronzestatuetten[199] und -gefäße wurden bei Beschädigung repariert, so dass sie weiterhin in Gebrauch bleiben konnten. Die frühgriechische Reparaturtechnik ist die Nietung, eine Technik, die in Kombination mit Flicken sowohl an kleinen als auch an großen Gefäßen zu finden ist. Für das Heraion kann der immerhin 340 mm lange Bronzeflicken mit unzähligen Nietlöchern einem bemerkenswert großen Kessel zugewiesen werden (Abb. 68)[200].

[195] Unpubliziert, alter Bestand, aus der Grabung von T. Wiegand, Inv. B 2304, B 2355.
[196] Unpubliziert, alter Bestand, aus der Grabung von T. Wiegand, Inv. B 3577.
[197] Die Unterlegscheibe ist heute verloren, so dass die Maßangabe nach einer Zeichnung ermittelt wurde. Vgl.: Heres 1982, 197 Abb. 3 Taf. 30, 14 Inv. Fr. 1765p.
[198] Born 1997, 85–87 Abb. 42.
[199] Ein Beispiel an figürlichen Bronzen ist die geometrische Statuette der Berliner Antikensammlung aus Amorgos. Am Krieger wurde der vermutlich beim Guss misslungene linke Arm nachträglich mit einem Niet montiert. Vgl.: U. Gehrig – A. Greifenhagen – N. Kunisch, Führer durch die Antikenabteilung (Berlin 1968) 30 Inv. Misc. 10388.
[200] Unpubliziert, alter Bestand, aus der Grabung von T. Wiegand, Inv. B 417.

2.1.d Befestigung im Mauerwerk

Direkte Hinweise auf die Anbringung von Nägeln im Mauerwerk wie am erwähnten Quader vom Hekatompedos[201] sind am vorgelegten Bestand nicht zu finden. Die Verwendung von Nägeln als Haken in Hausmauern oder in Wänden von Grabkammern für die Anbringung von Beigaben wie Kränzen, Schalen oder Spiegeln[202] war üblich (Abb. 44). Die Biegung des Schaftes vom Stauchnagel Kat. 202 (Abb. 36) gleicht dem samischen Haken Kat. 267 (Abb. 45), so dass eher an eine funktional begründete Formgebung als an eine Deformation zu denken ist. Kleine Widerhaken am Schaft des Kegelkopf-Nagels Kat. 35 (Abb. 14. 16), die den Halt im porösen Putz oder im Mörtel einer Mauerfuge unterstützen, verweisen auf die Montage im Mauerwerk. Sicher werden auch an weiteren in den Mauern des Heraions eingeschlagenen Nägeln Weihgaben, Kultgeräte und gewöhnliche Gegenstände aufgehängt gewesen sein. Ähnlich dem konstruktiven Aufbau der Rabitz- oder Drahtputzwand des 19. Jhs. waren an einem hadrianischen Erweiterungsbau im Forum Romanum kleine Nägel eingeschlagen und anschließend mit Drähten verbunden worden. Diese Unterkonstruktion bildete den Haftgrund für den Putz[203]. Bisher ist diese Technik für das samische Hera-Heiligtum nicht nachgewiesen.

Die gespreizten Enden an den Haken vom Typ Ha4 (Kat. 273–276 Abb. 45. 46) und die Kerben an den Dübeln der Mauerringe Kat. 261, 263 und 264 (Abb. 41) unterstützten die Festigkeit im Mauerwerk. Die Dübel der Mauerringe Kat. 259, 261 und 262 wurden sicher bis zu den Schulterabsätzen im Mörtel eingelassen, wodurch man die Verankerung im Mauerwerk erhöhte. Kat. 258 war an dem Loch im Dübel zusätzlich mit einem Splint gesichert. Eine andere Funktion ist für die zur Hälfte erhaltene Bohrung nicht denkbar, so dass an kleinere Baukonstruktionen, sicher aber nicht an ein Mauerwerk zu denken ist. An den schweren eisernen Mauerringen aus Olynth wurden vermutlich Tiere angebunden[204] und so leinte man vielleicht an den samischen Stücken mit den dünnen Dübeln kleinere Tiere an. Ebenso gut ließen sich an durchgezogenen Ketten, Riemen und Seilen Geräte oder Weihgaben einhängen.

[201] Buschor – Schleif 1933, 156 f. Abb. 7.
[202] S. Y. Rodney, Three Great Early Tumuli, The Gordion Excavations. Final Report 1 (Philadelphia 1981) 100 Taf. 40 b; Kilian-Dirlmeier 2002, 124.
[203] R. Delbrück, Der Südostbau am Forum Romanum, JdI 36, 1921, 26 f.
[204] Robinson 1941, 522 f. Nr. 2626–2628 Taf. 168.

2.1.e Stift und Nagel als Werkzeug

Wie erwähnt wurde für den Stift Kat. 227 (Abb. 38) eine Zweitverwendung als metallbearbeitendes Instrument diskutiert[205] und mit dem breiten abgeflachten Stift ist hier an eine grobe Punze zu denken, der eine, jedoch sorgsamer umgearbeitete Parallele in einer Punze aus Samothrake findet, die ursprünglich als Nagel produziert worden war[206].

Nägel wurden einem Durchschlag gleich zur Herstellung von Löchern an Blechen, Gefäßen, Gerätschaften etc. verwendet[207]. Mit solchen Werkzeugen stellte man die Reibezacken an samischen Käsereiben[208] her, indem ein Nagel von der Rückseite in gleichmäßigen Abständen in das dünne Bronzeblech geschlagen wurde (Abb. 69). Die Nagelspitze erzeugte quadratische, dreieckige sowie runde Löcher und an der Vorderseite scharfkantige Grate, die als Reibe geeignet waren. Auf ganz ähnlich Weise machte man Weihgaben im Heraion, die in gewissen Abständen im Heiligtum abgeräumt werden mussten, für eine weitere Benutzung unbrauchbar. Solche Hinweise auf eine Entwertung weisen die Bronzeschalen durch Löcher am Boden auf, die mit quadratschaftigen Nägeln von der Innenseite eingeschlagen wurden (Abb. 70)[209].

Als eine Art Hilfswerkzeug verwendeten insbesondere die Bronzegießer eiserne Nägel mit quadratischem Schaft[210], die bekanntlich als Kernhalter beim Hohlguss nach dem Ausschmelzen des Wachses Gussmantel und Gusskern miteinander verbanden, so dass letzterer unverrückbar in seiner Position gehalten wurde. Sinnvoll platziert bestimmten damit Nägel maßgeblich den Erfolg einer komplexen und kostenintensiven Technologie.

2.1.f Demontage

Mit der Entnahme der Nägel aus ihrer Verbauung konnten die Verbindungen gelöst und die Nägel zurückgewonnen werden. Nagelzieher[211] glichen kurzen[212] oder langen[213] Stangen mit abgeflachten und V-förmig geteilten Enden (Abb. 71). Die gleiche Funktion erfüllten ähnlich eingeschnittene Finnen an Hämmern (Abb. 72)[214]. Mit solchen Werkzeugen entfernte Nägel weisen oft eine charakteristische Biegung des Schaftes auf, ein Merkmal, das auch an samischen Nägeln zu finden ist[215]. Auf andere Weise unsachgemäß entfernte Exemplare kennzeichnen oft verformte und aufgerissene Köpfe und Schäfte[216]. Vereinzelt hinterließen Meißel bei der Demontage tiefe Spuren (Abb. 73). Es ist anzunehmen, dass ebenso Zangen für die Demontage von Nägeln verwendet wurden.

2.2 NAGEL UND ›MAGIE‹

Quicumque hinc clavos exemerit in oculossibi figat (»Jeder, der die Nägel hier herausnimmt, der bohre (sie) sich (selbst) in die Augen«; kaiserzeitliche Grabinschrift)[217]

Magische Rituale waren in den antiken Jahrhunderten fester Bestandteil des täglichen Lebens. Im griechischen Raum fungierte der Magier spätestens in klassischer Zeit als Anlaufstelle und Umsatzpunkt für Wünsche und Verwünschungen aller Art sowie als Seelsorger für Hilfesuchende in schwierigen Lebenssituationen[218]. Hierfür fand man in Zauberbüchern und -sprüchen ausreichende Anleitungen. Die angewandte Magie unterstützten Geräte und Instrumente wie zum Beispiel Nägel. So wurde die Erlösung von Krankheiten durch rituelle Handlungen mit Nägeln den Patienten zugesichert[219]. Selbst Liebesschmerz konnte angeblich durch Nägel geheilt werden. Auf einem etruskischen Spiegel der Berliner Antikensammlung versucht Atropos, das Unglück der dargestellten Liebespaare durch Einschlagen eines Nagels zu lindern (Abb. 74)[220]. Der Informationsgehalt von Fluchtäfelchen wurde durch Festnageln oder Durchstechen mit Zaubernägeln[221] oder

[205] Furtwängler 1981, 134 Nr. I/13 Taf. 20, 4.
[206] Lehmann – Lehmann 1962, 160 f. Abb. 117.
[207] H. Born, Antike Bohrung in Metall, ActaPraehistA 21, 1989, 117–130.
[208] z. B.: unpubliziert, alter Bestand, Inv. B 687. Die Veröffentlichung wird von U. Gehrig vorbereitet.
[209] z. B.: alter Bestand, Inv. B 525. Die Veröffentlichung wird von U. Gehrig vorbereitet.
[210] Mattusch a. O. (Anm. 157) 230 Abb. 13, 16.
[211] H. Blümner, Technologie und Terminologie der Gewerbe und Künste bei Griechen und Römern 2 (Hildesheim 1969) 198 f. Abb. 34 h; W. Gaitzsch, Werkzeuge und Geräte in der römischen Kaiserzeit. Eine Übersicht, ANRW II 12, 3 (Berlin 1985) 185. 188 Tab. 204. – Man vermutet, dass Nagelzieher erst zum Werkzeugset römischer Handwerker zählten. Vgl.: W. Hübener, Die römischen Metallfunde von Augsburg-Oberhausen, Materialhefte zur Bayrischen Vorgeschichte 28 (Kallmünz 1973) 13 (mit weiterer Literatur).
[212] Hübener a. O. (Anm. 211) 47 Nr. 1447–1450 Taf. 19, 12. 14; Harnecker a. O. (Anm. 79) 13 f. 61 Nr. 281. 282 Taf. 23 (mit weiterer Literatur).
[213] N. Hanel, Vetera I. Die Funde aus den römischen Lagern auf dem Fürstenberg bei Xanten, Rheinische Ausgrabungen 35 (Köln 1995) 64 Nr. B.870 Taf. 52; A. Rieche – H. J. Schalles, Arbeit, Handwerk und Beruf in der römischen Stadt, Führer und Schriften des Archäologischen Park Xanten 10 (Köln 1994) 48 Abb.
[214] L. Jacobi, Das Römerkastell Saalburg bei Homburg von der Höhe (Homburg 1897) 210–216 Nr. 1. 2 Abb. 29; W. Gaitzsch, Römische Werkzeuge, Kleine Schriften zur Kenntnis der römischen Besetzungsgeschichte Südwestdeutschlands 19 (Aalen 1978) 17 Abb. 6.
[215] z. B.: Kat. 18. 30. 51. 72. 78. 90. 104. 108.
[216] z. B.: Kat. 22. 31. 43. 114–116. 118. 218; an Nägeln ohne Kopf: Kat. 217. 218; am Scharnierstift Kat. 188.
[217] F. Ceci, L'interpretazione di moneti e chiodi in contesti funerari: esempi dal suburbio romano, in: M. Heinzelmann – J. Ortalli – P. Fasold – M. Witteyer (Hrsg.), Römischer Bestattungsbrauch und Beigabensitten in Rom, Norditalien und den Nordwestprovinzen von der späten Republik bis in die Kaiserzeit, Palilia 8 (Wiesbaden 2001) 87–97.
[218] P. Busch, Antike Magier als Dienstleister, AW 37, 6, 2006, 20.
[219] Plin. nat. 28, 17.
[220] G. Zimmer, Spiegel im Antikenmuseum, Bilderhefte der Staatlichen Museen Berlin. Stiftung Preußischer Kulturbesitz 52 (Berlin 1987) 30 Abb. 19 Taf. 21.
[221] J. G. Gager, Curse Tablets and Binding Spells from the Ancient World (New York 1992) 19 Abb. 4 (mit weiterer Literatur).

auch einfachen Exemplaren (Abb. 75) bekräftigt[222]. Die Inschriften von Pyrgi belegen, dass nach der Demontage der Goldbleche selbst die Befestigungselemente sorgfältig verwahrt zusammen mit den Tafeln in das Grab gelangten[223]. Als Beigaben sollten Nägel mit den ihnen zugedachten magischen Kräften Grabräuber abschrecken. Zudem sollten sie helfen, böse Geister ab- und die Seele des Toten im Grab festzuhalten. Noch bis in die frühchristliche Zeit hinein vertraute man den Kräften von Nägeln in Gräbern. Das Einschlagen eines Nagels wurde als Ritual des ›Festmachens‹ oder des ›Bindens‹ verstanden – eben als Symbol für etwas, das zu Ende gebracht wird und zugleich den Beginn von etwas Neuem markiert[224]. Bis heute ist man in bestimmten Regionen von der heilenden Kraft des Nagels überzeugt[225].

Der Nagel als Reliquie erlangte im christlichen Glauben durch die Kreuzigung Jesu Christi besondere Bedeutung. Eine Legende berichtet, dass die Hl. Helena Partikel der Kreuznägel in die Waffen Konstantins zum Zwecke immerwährender Siege einschmieden ließ[226]. Im deutschsprachigen Raum lebt die symbolische Bedeutung in Redewendungen wie »Den Nagel auf den Kopf treffen« oder »Nägel mit Köpfen machen« fort[227].

Fünf samische Kegelkopf-Nägel der Größe VI (Kat. 36–40 Abb. 14. 76) sind in Form, Maßen und Gewicht identisch. Gleichermaßen sind an den größeren Stücken Kat. 41, 42 und 46 die Spitzen der Nägel unverändert erhalten und die massiven Schäfte gänzlich unberührt. Ihre Verwendung als Befestigungselement ist zwar nicht auszuschließen, doch fehlen Hinweise auf die Montage an einem Pfosten, einer Tür oder einer Mauer. Vielmehr gelangten diese acht Kegelkopf-Nägel mit hoher Wahrscheinlichkeit als Weihgaben[228] in das Hera-Heiligtum auf Samos, zumal Weihungen dieses Typs auch für das Heiligtum der Hera Limenia von Perachora diskutiert worden sind[229]. Die Weihung von Nägeln ist sicherlich mit denen persönlicher Votive und Alltagsgegenstände wie Schmuck, Webgewichte, Waffen etc. gleichbedeutend[230].

Die umfassende Beschreibung[231] von fünfzehn magischen Nägeln mit Zauberzeichen und -formeln berücksichtigte den Nagel des Berliner Zaubergerätes aus Pergamon mit jeweils zehn magischen Zeichen an den vier Seiten des Schaftes (Abb. 77)[232]. Man nimmt bisher an, dass er beim Gebrauch in einen Deckenbalken eingeschlagen wurde. Zwei weitere, heute verschollene Zaubernägel der Berliner Antikensammlung (Abb. 78) konnten nur beschrieben, aber nicht abgebildet werden[233]. Am kleineren der beiden Nägel ist der quadratische Schaft mit römischen Zahlen verziert[234]. Die vier Schaftseiten am größeren Stück sind mit Formeln beschriftet[235]. Bisher konnte hier nur der Name SALOMO gelesen werden. Die erwähnte Zusammenstellung kann außerdem um einen gänzlich unberücksichtigten Zaubernagel erweitert werden. Am Exemplar aus Kassel ist der Schaft mit unterschiedlichen Linienmustern verziert[236]. Von den sechzehn bekannten Zaubernägeln können der Kasseler, die drei Berliner und ganz sicher fünf weitere Nägel[237] als Kegelköpfe eingeordnet werden. Demnach war dieser Typ in der Antike als magisches Gerät besonders gefragt.

Es ist zu vermuten, dass nicht alle samischen Bleinägel mit Zacken an den Kopfunterseiten eine praktische Funktion erfüllten (Kat. 189–195 Abb. 29. 31). Hierfür kann ein Bleinagel aus Lametina (Calabrien) sprechen, bei dem die Kopfunterseite eine erhabene griechische Inschrift der Gottheit Aion (ΑΙΩΝΟΣ) trägt[238]. Entsprechend dem antiken Glauben kann mit dem Nagel in einer kultischen Handlung etwas fixiert, ja festgemacht worden sein. Gleiches ist möglicherweise innerhalb eines vergleichbaren Rituals im Heraion für einige samische Stücke mit dekorativem Zackenmuster anzunehmen.

---

[222] Unter den attischer Fluchtafeln (Defixiones) aus Blei befinden sich zahlreiche Stücke mit den markanten Nagellöchern. Aus diesem Bestand sind fünf Schirmkopfnägel erhalten, Inv. Misc. 8123.6. Vgl.: R. Wünsche, defixionum tabellae atticae (Berlin 1897) Nr. 8. 24. 29. 31. 46. 109. 129 (Beispiele. Abb. 75: Misc. 8123.31).

[223] Die Nägel befanden sich in einem der beiden gefalteten Goldbleche. Vgl.: L. V. Borrelli, Lamina con iscrizione etrusca più breve, in: Scavi nel Santuario Etusco di Pyrgi, ArchCl 16, 1964, 65 Taf. 36, 1.

[224] N. Reifarth – W.-R. Teegen – N. Boenke – J. Wiethold, Das spätantike Grab 279 aus St. Maximin in Trier, Funde und Ausgrabungen im Bezirk Trier 38 (Trier 2006) 58–70 (mit weiterer Literatur).

[225] E. Paszthory, Stromerzeugung oder Magie. Die Analyse einer außergewöhnlichen Fundgruppe aus dem Zweistromland, AW 16, 1, 1985, 6.

[226] A. Legner, Reliquien in Kunst und Kult zwischen Antike und Aufklärung (Darmstadt 1995) 83.

[227] L. Röhrich, Lexikon der sprichwörtlichen Redensarten 2 (Freiburg i. Br. 2006) 1070–1073 s. v. Nagel.

[228] An vielen Zaubernägeln sind die Schäfte mit Inschriften, symbolischen Figuren oder Zeichen ausgestattet, die an den samischen Stücken fehlen. Für Anregung und Gespräch danke ich dem ehemaligen Grabungsleiter von Samos und Bauforscher Herrn H. J. Kienast und Herrn U. Gehrig.

[229] Vgl.: Payne 1940, 181 Taf. 82, 8.

[230] Kilian-Dirlmeier 2002, 214–229 (mit weiterer Literatur).

[231] Bevilacqua 2001, 129–150 (mit weiterer Literatur).

[232] Bevilacqua 2001, 140 Abb. 2 Inv. Misc. 8612.7. – Zum Zaubergerät vgl.: A. Mastrocinque, The Divinatory Kit from Pergamon and Greek Magic in Late Antiquity, JRA 15, 2002, 173–187; G. Colonna, Divinazione e culto di Rath/Apollo a Caere. A proposito del santuario in località S. Antonio, ArchCl 52, 2001, 151–173 Abb. 2–4 (jeweils mit weiterer Literatur); umfassende Erstpublikation: R. Wünsch, Antikes Zaubergerät aus Pergamon, JdI Ergh. 6 (Berlin 1905). Die Neupublikation des Zaubergerätes durch K. Dzwiza ist in Vorbereitung.

[233] Bevilacqua 2001, 139.

[234] Friederichs 1871, 292 Nr. 1387 Inv. Fr. 1387: ca. 120 mm.

[235] Dieser Nagel befindet sich seit dem Ende des Zweiten Weltkrieges im Puschkin-Museum Moskau. Die Oberfläche weißt die für verbrannte Bronzen charakteristische Patina auf, so dass er sicher mit den Brandbronzen aus dem Zwischenlager im teilweise ausgebrannten Flakbunker Berlin-Friedrichshain am Ende des Zweiten Weltkrieges mit zahlreichen anderen Funden von Berlin nach Moskau gelangte und leider bisher nicht zurück überführt wurde. N. Franken identifizierte den Nagel 2009 in den unsortierten Magazinkisten im Moskauer Puschkin-Museum. Ich danke Herrn Franken für die Informationen. Vgl.: Friederichs 1871, 291 Nr. 1386 Inv. Fr. 1386: ca. 130 mm.

[236] U. Höckmann, Antike Bronzen, Kataloge der Staatlichen Kunstsammlungen Kassel 4 (Kassel 1972) 45 Nr. 131 Taf. 29.

[237] Nationalmuseum Rom; Sammlung Marchese Busca; Sammlung St. Giorgio, British Museum London; zwei Exemplare: Bibliothèque Nationale Paris, vgl. Bevilacqua 2001, 134–137 Abb. 4–7. 11.

[238] Die Inschrift datiert den als Weihgabe angesprochenen Nagel in das 4.–3. Jh. v. Chr. Vgl.: Lazzarini 2006, 150–153.

Auffällig sind an den Bleinägeln Kat. 174, 175 und 183 (Abb. 27) die langen dünnen Schäfte, die zum Einschlagen in einen Baustoff denkbar ungeeignet sind. Für Votivgaben an die Göttin Hera sprechen die vier Goldnägel aus dem Heiligtum der Hera Lemenia von Perachora, die ganz sicher keine praktische Funktion erfüllt haben und den samischen Nägeln auffällig ähneln[239]. Ergänzend sei auf den als Dekoration beschriebene silberne Bleinagel von Samothrake[240] verwiesen, der wohl auch eher als Weihgeschenk und weniger als Befestigungselement in das Heiligtum gelangte.

An einem Schirmkopf-Nagel (Typ S1a) vom Aphrodite-Heiligtum in Milet ist an der Unterseite des Kopfes die erhabene Inschrift ΚΑΛΟΣ zu lesen (Abb. 79)[241]. Die fünf Schriftzeichen sind zwischen den Strahlen eines fünfzackigen Sterns platziert, dessen Zentrum der Nagelschaft bildet. An griechischen Vasen wurde ab dem 6. Jh. v. Chr. mit der Inschrift die Schönheit von Personen öffentlich gepriesen[242]. Dies wird für den milesischen Nagel ebenso zutreffen, mit dem der Weihende die Schönheit eines geliebten Menschen hervorheben und gleichzeitig im Heiligtum beständig erhalten wollte. Anders als bei den Flüchen oder Wünschen, bei denen in einer zweiten rituellen Handlung der Schriftträger mit dem Nagel durchstochen wurde, vereinigt die Weihgabe aus Milet den Inhalt und seine Untermauerung in einer einzigen Weihgabe durch die Beschriftung des Nagels selbst. Ob dem eine Bedeutung beizumessen ist, erscheint möglich, bleibt aber unklar.

An den großen samischen Schirmköpfen Kat. 71 und 73 gleichen Typs (Abb. 17) wie an den bereits erwähnten Kegelkopf-Nägeln fehlen sämtliche Gebrauchsspuren. Die unberührten Schirmkopf-Nägel aus Perachora werden als Weihgaben angesehen[243], so dass eventuell auch die samischen Schirmköpfe als Weihgaben zu verstehen sind.

Selbst weniger dekorativ ausgeformte und gänzlich funktionslose Nägel konnten als Votive dienen. Nur so erklären sich die als Befestigungselement unbrauchbaren Nägel aus dem weichen Werkstoff Blei. Der Schirmkopf-Nagel aus Perachora wird daher richtig als Weihgeschenk verstanden[244]. Dagegen war für die Schirmköpfe aus Olynth[245] und das Exemplar aus dem Aphrodite-Heiligtum von Milet[246] die Niederlegung als Weihgabe nicht aufgeführt worden, die aber auch hier anzunehmen ist.

[239] Payne 1940, 184 Taf. 84, 26–29.
[240] Lehmann - Lehmann 1962, 158 f. Abb. 115.
[241] Unpubliziert, Inv. Z 05.109.8: Kopf rund 17 mm; Schaft rund 6 mm; erh. L 35 mm. Ich danke H. Donder sehr herzlich für die Erlaubnis, das einzigartige Stück publizieren zu dürfen.
[242] U. Kästner, Der Knabe ist schön - Antike Vasen als Informationsträger, in: M. Wullen (Hrsg.), Das abc der Bilder. Ausstellungskatalog Berlin (Berlin 2007) 28 (mit weiterer Literatur).
[243] Payne 1940, 181 Taf. 82, 1–4. 7.
[244] Payne 1940, 181 Taf. 85, 5.
[245] Robinson 1941, 328 f. Nr. 1541–1543 Taf. 96.
[246] Für diese Information danke ich H. Donder, die eine Publikation der Bleiobjekte aus Milet vorbereitet.

3. MÖGLICHKEITEN DER DATIERUNG

Die samischen Nägel, Niete, Mauerringe etc. unterscheiden sich oft nur wenig von den heute noch gebräuchlichen Befestigungselementen[247]. Zudem blieben die Fertigungsmethoden der antiken Nagelschmiede und damit eine durch die Funktionalität bestimmte Form bis zum Niedergang der Zunft am Anfang des 20. Jhs. unverändert erhalten[248]. Eine zeitliche Einordnung der samischen Befestigungselemente ist damit nur selten möglich.

Die Fundzusammenhänge von 73 Stücken der Ausgrabung von H. Kyrieleis (1980–1981) gestatten keine genaue zeitliche Eingrenzung; sie machen aber eine Entstehung im 7. oder 6. Jh. v. Chr. wahrscheinlich[249]. In dieselbe Zeit fällt die Blüte des Heraions auf Samos. Für die sechs Nägel aus der Grabung von H. J. Kienast (1996–1998) ist eine Datierung nicht möglich[250]. Die übrigen 212 Nägel, Stifte, Haken und Mauerringe etc. stammen oftmals aus den alten Grabungen ohne Fundangaben[251]. Hier fällt eine zeitliche Festschreibung besonders schwer, berücksichtigt man aber, dass in römischer Zeit Befestigungselemente zunehmend aus Eisen gefertigt wurden[252], könnten die samischen Bronzen durchaus in griechischer Zeit, wenn nicht sogar ebenso im 7. und 6. Jh. v. Chr. gefertigt worden sein, zumal sich der vorhandene Bestand eiserner Nägel aus dem Heraion auf Kat. I–III und die zwei Stücke aus dem Hekatompedos[253] beschränkt. Dennoch muss erwähnt werden, dass die Herstellung von Befestigungselementen aus Kupfer und seinen Legierungen bis in die römische Zeit ebenso auf Samos – wenn auch in geringerem Ausmaß – nicht auszuschließen ist.

Die Maße des früharchaischen Pilzknauf-Nagels Kat. 9 sind mit den Werten von Kat. 11 beinahe identisch, so dass beide aus gleicher Zeit stammen werden. Darüber hinaus sind die Proportionen aller sechs Pilzknäufe vom Typ 3 (Abb. 8) so ähnlich, dass ihre Fertigung in der früharchaischen Periode wahrscheinlich erscheint. Auch an den Typen 1 und 2 ist die schlichte Form wiederzufinden. Dekorativere Schmuckelemente setzten an griechischen Türen relativ spät ein und so ist der einfach geformte Pilzknauf überhaupt vorrangig an den archaischen und klassischen Türen anzutreffen[254]. Für ein römisches Produkt spricht an Kat. 4 der sehr hohe Bleianteil in der Legierung[255].

Der Zierknauf-Nagel (Kat. 1 Abb. 5) ist in dieser Form in griechischer, aber vorrangig in römischer Zeit zu finden[256]. Am samischen Stück wurden Schaft und Kopf durch den Überfangguss verbunden[257]. Die Befestigung des Schaftes mit Blei im hohlen Kopf ist wohl eine erst in römischer Zeit einsetzende Verbindungstechnik[258].

Die Köpfe der Kegelkopf-Nägel formten griechische Handwerker zumeist sorgfältiger als die römischen Nagelmacher. Die präzise Geometrie der Köpfe und der Schäfte an den großen samischen Kegelköpfen (Kat. 36–46 Abb. 14) kann also für frühgriechische Produkte sprechen. Auch an den kleinen Nägeln wiederholt sich das Proportionsverhältnis zwischen Kopf und Schaft, das sich später durch die vorherrschende Bearbeitung mit dem Hammer am Amboss verliert[259]. Ein Kegelkopf-Nagel aus der Bauzeit des Wassertunnels durch Eupalinos bestätigt, dass die samischen Handwerker den Typ bereits seit Mitte des 6. Jhs. v. Chr. verwendeten[260].

Der Schirmkopf Kat. 66 (Abb. 17) war in einer vorrhoikischen Schicht (vor 560 v. Chr.) und Kat. 99 (Abb. 19) in einer polykratischen Aufschüttung (538–522 v. Chr.) geborgen worden. Kat. 54 und 103 stammen ebenso aus archaischer Zeit (Abb. 17. 19). Die Fertigung eines beträchtlichen Bestandes an Schirmkopf-Nägeln im 6. Jh. v. Chr. ist anzunehmen. Die Verbreitung des Typs im archaischen Mittelmeerraum illustrieren bereits einige wenige Beispiele: Die Nägel aus den Heiligtümern und großen Gräbern von Lindos werden in das 6. Jh. v. Chr. datiert[261]. Hierzu zählen neben zwei Zierknauf-Nägeln einige Schirmköpfe vom Typ 1a und b sowie 2a. Die Schirmkopf-Nägel aus Tarsus[262] und aus Alexandria[263] wurden im annähernd demselben Zeitraum gefertigt.

Der Beschlagnagel Kat. 164 kam im archaischen Niveau und das Exemplar Kat. 137 in der römischen Straßen-

[247] Gleiches gilt für zahlreiche Gebrauchsgegenstände und Geräte. Vgl.: Klebinder-Gauß 2007, 192; Gaitzsch 2005, 2 (mit weiterer Literatur).
[248] Siehe: Ein Berufsstand und sein Produkt.
[249] Für diese Information danke ich Herrn H. Kyrieleis. Hierzu zählen: Kat. 16–19. 26. 31. 33. 47. 48. 52. 53. 55. 60. 62. 65. 74–76. 80. 83. 91. 132–140. 142–159. 165–171. 183–187. 193–197. 221–224. 261. 267. 289.
[250] Für diese Information danke ich Herrn H. J. Kienast. Hierzu zählen: Kat. 101. 141. 161–164.
[251] Für die Recherchen danke ich besonders Herrn U. Gehrig sowie Frau B. Konnemann.
[252] RE XVI 2 (1935) 1577 s. v. Nagel (A. Hug).
[253] Buschor – Schleif 1933, 156 f. Abb. 7.
[254] Künzl a. O. (Anm. 25) 225–228.
[255] Siehe: Produktion, Das Material – Kupferlegierungen von Nägeln und Niete.
[256] z. B.: U. Knigge, Der Bau Z, Kerameikos 17, 1 (München 2005) 78. 229 Kat. 985. 1017. 1018; U. Knigge, Der Bau Z, Kerameikos 17, 2 (München 2005) Abb. 58; Künzl – Künzl – Kaufmann-Heinimann a. O. (Anm. 39) 11; Robinson 1941, 260. 269–276 Nr. 1157–1163 Taf. 75.
[257] Siehe: Produkte – Nägel.
[258] Künzl – Künzl – Kaufmann-Heinimann a. O. (Anm. 39) 11.
[259] Der römische Zaubernagel aus Pergamon ist neben den magischen Zeichen mit Hammerabschlägen dekoriert. Wie eigene Untersuchungen zeigen, wurde das Verhältnis zwischen Kopf und Schaft an den Kegelkopf-Nägeln der Schiffe des Caligula gänzlich durch die Bearbeitung mit dem Hammer bestimmt.
[260] Jantzen 2004, 132 Nr. 824 Taf. 25.
[261] Blinkenberg 1931, 202 f. Nr. 626–629 b Taf. 26.
[262] G. M. A. Hanfmann – E. Porada – H. Goldman, The Iron Age, Tarsus 3 (Princeton 1963) 375 Nr. 49. 50 Taf. 175.
[263] F. Goddio – M. Clauss (Hrsg.), Ägyptens versunkene Schätze. Ausstellungskatalog Bonn (München 2006) 435 Nr. 301.

packung zu Tage (Abb. 23). Entstand Kat. 137 tatsächlich in römischer Zeit, lässt die Ähnlichkeit beider Stücke die gleichen Produktionsverfahren und Anforderungen an den Nageltyp über Jahrhunderte vermuten.

Gleiches gilt für die Bleinägel. Bereits die auffällige Gruppe des Typs Bl2 (Abb. 29) hatte sich vermutlich bereits früh durchgesetzt und von den zu Typ Bl1 zählenden Nägeln erscheint dies durch die an dem Fragment eines Stabdreifußes erhaltenen Exemplaren aus dem 8.–7. Jh. v. Chr. sehr wahrscheinlich[264]. Von den im Zweiten Weltkrieg verbrannten Schiffen des Caligula aus dem Kratersee bei Rom sind kistenweise Bleinägel mit Zacken unter den Köpfen erhalten[265]. Es ist davon auszugehen, dass bereits die erfahrenen samischen Schiffskonstrukteure den Rumpf mit Bleiplatten zu schützen wussten, die sie mit Bleinägeln vom Typ Bl2 befestigten. Gleiches ist für das im 7. Jh. v. Chr. geweihte, 25–30 m lange Schiff aus dem Heraion anzunehmen[266]. Auch an hellenistischen Nägeln sind die Zacken unter den Köpfen nachweisbar[267]. Die Inschrift des Nagels aus Lametina (Calabrien) datiert ihn in das 4.–3. Jh. v. Chr.[268] und der Bleinagel des Schildbuckels aus Aquincum mit der gravierten Büste entstammt der Mitte des 3. Jhs. n. Chr.[269]. Einen ähnlichen Entstehungszeitraum nimmt man für die dekorierten Bleinägel und Steckstifte[270] der Schildbuckel aus Mainz an[271]. Die Nägel der Buckel von Schilden aus der Provinz Dacia datieren in die Zeit zwischen 170–270 n. Chr.[272].

Kat. 202 vom Typ Stauchnagel entstand in hoch- bis spätarchaischer Zeit (Abb. 36). Gleiches ist für die anderen Stücke dieses Typs nicht auszuschließen.

Der Mauerring Kat. 264 wird als griechische Bronze[273] beschrieben (Abb. 41. 42). Ein Mauerring aus Lindos ähnelt Kat. 261 und 262 und datiert in das 6.–5. Jh. v. Chr.[274]. Die drei Ringe mit Absatz (Kat. 248–250) gleichen einer nachrömischen Bronze aus Straubingen[275].

Es bleibt offen, ob die Ähnlichkeit für eine unveränderte Formgebung über Jahrhunderte spricht oder aber diese samischen Mauerringe in einer römischen Werkstatt entstanden.

Als einziger Scharnierstift lässt sich Kat. 227 zeitlich als griechisches Produkt eingrenzen (Abb. 38)[276].
Der Haken Kat. 274 (Abb. 45) wurde in der polykratischen Aufschüttung (538–522 v. Chr.) an der westlichen Südhalle gefunden. Die sich gleichenden Haken des Typs Ha4 (Kat. 273–276) stammen wohl ebenfalls aus diesem Zeitraum. Die eisernen Parallelen zu Kat. 269 aus dem Athena-Itonia-Heiligtum bei Philia werden der klassischen bis hellenistischen Zeit zugewiesen. Gleiches gilt für einen Eisenhaken, der mit den samischen Stücken Kat. 265–267 vergleichbar ist (Abb. 45)[277].

An Schöpfern aus dem Heraion wurden die eisernen Henkel mit Hohlniete befestigt[278]. Diese Stücke waren wohl im 7.–6. Jh. v. Chr. in Gebrauch. Handelt es sich bei Kat. 287 tatsächlich um einen Hohlniet (Abb. 53), kann er in dieser Zeit entstanden sein.

Am Südbau wurden die Nägel Kegelkopf Kat. 23 und Schirmkopf Kat. 54 gemeinsam geborgen. Der Kegelkopf-Nagel Kat. 25 stammt mit dem Nagelschaft Kat. 204 vom selben Fundort. Die beiden Bleinägel Kat. 188 und 195 sowie der Beschlagnagel Kat. 160 zählen wie der Niet Kat. 288 zur selben Fundschicht. Die Beispiele verdeutlichen die zeitgleiche Verwendung vielfältiger Nageltypen und Niete im Heraion. Die ähnlichen Beschlagnägel Kat. 153 und 154 sowie Kat. 169 und 170 wurden jeweils zusammen gefunden und verweisen auf die verbreitete Verbauung zahlreicher Nägel gleicher Größe an derselben Baukonstruktion.

[264] Eine jüngere Reparatur kann nicht gänzlich ausgeschlossen werden, erscheint jedoch unwahrscheinlich. Siehe auch: Bleinagel. Befestigung von Metallteilen.
[265] Ucelli 1950, 158 f. Abb. 162.
[266] E. Buschor – O. Ziegenaus, Heraion 1959, AM 74, 1959, 2 Taf. 1.
[267] H. Goldman, The Hellenistic and Roman Period, Tarsus 1 (Princeton 1950) 389 Nr. 9–14 Taf. 264.
[268] Lazzarini 2006, 150–153.
[269] Klumbach a. O. (Anm. 95) 148 Abb. 1.
[270] Vgl.: Kat. 240.
[271] Klumbach a. O. (Anm. 93) 189.
[272] Petculescu 2004, 373.
[273] Furtwängler 1981, 134 Nr. I/10 Taf. 19, 5.
[274] Blinkenberg 1931, 203 Nr. 634 Taf. 26.
[275] Walker a. O. (Anm. 117) 162 Nr. 10 Taf. 133.
[276] Furtwängler 1981, 134 Nr. I/15 Taf. 20, 4.
[277] Kilian-Dirlmeier 2002, 124 f. Nr. 1910. 1911–1913 Taf. 115.
[278] Die Veröffentlichung wird von U. Gehrig vorbereitet.

4. PRODUKTION

4.1. EIN BERUFSSTAND UND SEINE ERZEUGNISSE

Wie der oben erwähnte Hortfund aus dem schottischen Römerlager Inchtuthil (Vindolanda) verdeutlicht, war der Bedarf an Nägeln in antiker Zeit hoch, auch deshalb, weil Schrauben für die Verbindung der verarbeiteten Holzmengen noch nicht zur Verfügung standen. Entsprechend der unterschiedlichen Eigenschaften der Metalle wurde in der römischen Antike grundsätzlich zwischen Kupfer- und Eisenschmied unterschieden[279]. Die Vielfältigkeit der Produkte brachte zudem eine Spezialisierung der Schmiede mit sich. Die Nagelschmiede nannte man im griechischsprachigen Raum ἡλοκόποι und in römischer Zeit waren sie als *clavarii* bekannt[280]. Auch diese Zunft organisierte sich in Vereinen[281]. Das Produkt Nagel war als γόμφος beziehungsweise *clavus* zu erhalten[282]. Es ist anzunehmen, dass die gegossenen Nägel, Mauerringe, Stifte, Unterlegscheiben und Niete im selben Werkstattkreis gefertigt wurden wie die geschmiedete Befestigungstechnik.

Der antike Schmied wird im Allgemeinen mit Hammer, Zange und Amboss dargestellt (Abb. 80)[283]. Diese Werkzeugauswahl entspricht den Attributen des Hephaistos[284]. Von den Arbeitsabläufen solcher Schmiede unterscheidet den Nagelschmied das Ausschmieden des Nagelkopfes. Das dazu erforderliche Werkzeug ist bis heute als Nageleisen bekannt und kann nur diesem Berufsbild zugeordnet werden[285]. Vor dem Einsatz des auch als Kopfmacher bekannten speziellen Werkzeuges formte der Nagelschmied aus dem Rohling den Schaft mit der Spitze. Der Schaft wurde im nächsten Arbeitsgang in das Nageleisen eingesteckt, wobei die konische Form die Einstecktiefe vorgibt. Mit wenigen geübten Hammerschlägen formte der Schmied das aus dem Nageleisen herausragende Schaftende auf der Oberfläche des Werkzeugs zum Nagelkopf. Die Form des Loches und der umliegenden Oberfläche am Nageleisen bestimmen den Querschnitt des Schaftes und die Ausformung der Unterseite des Nagelkopfes. Bei Eisennägeln wurde das Material immer warm verarbeitet. An Nägeln aus Kupfer und seinen Legierungen ist der Schmiedevorgang auch am kalten Werkstück möglich[286].

In antiken Quellen fehlen Auskünfte über das Nageleisen, jedoch sind einige wenige Fundstücke bekannt. Aus den römischen Schmieden des englischen Silchester (Calleva Atrebatum) stammen zwei Nageleisen (Abb. 81)[287] und unter den Werkzeugen aus Sardis befand sich ein ähnlich geformtes Exemplar aus byzantinischer Zeit[288]. In der im Jahre 260 n. Chr. von den Römern geräumten Saalburg fand man einen Amboss, bei dem eine Bohrung als Nageleisen verwendet worden sein soll[289]. Den Auswurf des fertigen Produktes ermöglicht wohl eine Öffnung an der Seite des Ambosses. Eine ähnliche, aber größere Bohrung in der Oberseite des schweren römischen Ambosses aus Augst (Augusta Raurica) soll zum Lochen von Metallteilen gedient haben[290]. Die Herstellung von Nagelköpfen wird aufgrund des hierfür zu weiten Loches gänzlich ausgeschlossen. Sicher wurden in der 16 mm messenden Öffnung keine Köpfe an Nägeln für den alltäglichen Bedarf ausgeschmiedet und doch ist diese Größe an Dachkonstruktionen durchaus denkbar. Für die serielle Produktion kleiner Nägel in der hallstattzeitlichen Heuneburg besaß der Schmied eine spezielle Vorrichtung[291]. Die Verwendung von Nageleisen wird dort aufgrund der beachtlichen Produktionsmenge vorausgesetzt. Die bislang dokumentierten unterschiedlichen Formen und Funktionsweisen von Nageleisen verdeutlichen die Bemühungen um effektive Fertigungsabläufe der Nagelschmiede südlich und nördlich der Alpen.

Wie erwähnt, ersetzten die Römer Kupferlegierungen verstärkt durch das härtere Eisen[292]. An dekorativen Verbindungen sind noch immer Kupfer-, Messing- oder Bronzenägel zu finden. Der Schmiedevorgang bei der Fertigung von Nägeln aus Eisen unterscheidet sich nicht wesentlich von dem aus Kupferwerkstoffen. Es verwundert daher nicht, dass bis zum Niedergang der

279 Vgl.: Zimmer 1982, 37–40. 179. 196.
280 H. Blümner, Technologie und Terminologie der Gewerbe und Künste bei Griechen und Römern 4 (Hildesheim 1969) 363.
281 C. Zimmermann, Handwerkervereine im griechischen Osten des Imperium Romanum, Monographien Römisch-Germanisches Zentralmuseum Mainz 57 (Mainz 2002) 137. 199. Auch hier hat sich die Organisation der Nagelschmieden über die Zeit der Klassischen Antike hinaus gehalten. Darstellungen mit Hinweisen auf die Werkstatteinrichtung treten häufiger ab dem Mittelalter auf. Vgl. z. B.: E. Brepohl, Theophilus Presbyter und die mittelalterliche Goldschmiedekunst (Leipzig 1987) Abb. 15, 2.
282 Blümner a. O. (Anm. 211) 222–226 Abb. 43.
283 Den Handwerker bei der Arbeit zeigt die Innendarstellung einer Schale der Antikensammlung Berlin. Vgl.: G. Zimmer, Antike Werkstattbilder, Bilderheft der Staatlichen Museen zu Berlin. Stiftung Preußischer Kulturbesitz 42 (Berlin 1982) 21 Farbtaf. 2 Inv. 1980.7.
284 Blümner a. O. (Anm. 280) 341; Gaitzsch a. O. (Anm. 214) 41; Zimmer 1982, 39.
285 Ich danke herzlich dem Schmied L. Waldner vom Mecklenburgischen Volkskundemuseum Schwerin für die eindrücklichen Vorführungen und Erläuterungen zur Nagelproduktion.
286 Siehe: Produkte – Schirmkopf-Nagel.
287 W. H. Manning, Blacksmith, in: D. Strong – D. Brown, Roman Crafts (Duckworth 1976) 151 f. Abb. 259.
288 Waldbaum 1983, 50 Nr. 145 Taf. 12.
289 L. Jacobi, Römerkastell Saalburg (Homburg 1897) 236 f. Abb. 35 Fig. 4; 4 a.
290 A. Mutz, Römisches Schmiedehandwerk, Augster Museumshefte 1 (August 1976) 24 f. Abb. 20.
291 Drescher 1995, 277 Abb. 14. 16.
292 Die bisher vorliegenden Legierungsanalysen lassen vermuten, dass in römischer Zeit zudem bei den Universal- und Funktionsnägeln vermehrt Kupfer und weniger Werkstoffe aus seinen Legierungen verwendet wurden. Siehe: Das Material – Kupferlegierungen von Nägeln und Niete.

Nagelschmiede im beginnenden 20. Jh. nicht zwischen Bronze- und Eisennagelschmied unterschieden wurde.

Noch immer wird angenommen, dass zur Fertigung von Nägeln, Niete etc. keine besondere Qualifikation erforderlich war[293]. Dem gegenüber stehen die Nennung dieses eigenständigen Berufsstandes seit der Antike[294] und die Aktenkundigkeit der sich im Mittelalter neu formierenden Zunft der Nagelschmiede[295]. Seitdem wurde die Arbeit an großen Werkstücken durch von Wasserkraft betriebene Hämmer erleichtert[296].

Geht man davon aus, dass ein geübter Nagelschmied annähernd drei Minuten zur Herstellung eines Nagels benötigt, sind für die Fertigung der über eine Million Nägel aus Inchtuthil (Vindolanda) 50.000 Mannstunden anzunehmen, so dass bei einer zehnstündigen täglichen Arbeitszeit und 350 Arbeitstagen innerhalb eines Jahres 14 Schmiede dauerhaft für den römerzeitlichen Fund zu beschäftigen gewesen wären[297]. Dem Bericht über das Nagelschmiedehandwerk von 1792 ist zu entnehmen, dass ein Schmied innerhalb eines dreizehnstündigen Arbeitstages an die 2.000 kleine Nägel fertigen konnte[298]. Im 18. Jh. produzierten die Berliner Schwarznagelschmiede 21 verschiedene Nageltypen. Dem Weißnagelschmied war die Fertigung von weiteren acht Sorten mit verzinnten oder mit Öl geschwärzten dekorativen Köpfen gestattet. Mit der Einführung der Gesenkschmiede in der Mitte des 19. Jhs. wurde es möglich, die Köpfe in einem maschinenbetriebenen Gesenk herzustellen.

Der antike Pilzknauf-Nagel hatte als Schmucknagel für Tore und Portale über Jahrhunderte Bestand gehabt und war Hartwig als so genannter ›Thorwegnagel‹ bekannt[299]. Mit dem Kegelkopf-Nagel verzierte man gern die Wappen der Zunft[300] und sein markanter Kopf ist im 18. Jh. am so genannten Spiecker zu finden, der wie sein antikes Vorbild in verschiedenen Größen als beliebter Nagel dokumentiert ist[301]. Bis in das 20. Jh. hinein wurden Nägel bevorzugt mit quadratischem Schaft gefertigt. Der heute dominierende runde Schaft ist Ergebnis der vereinfachten maschinellen Fertigungsmethoden seit der Industrialisierung. Das Gussverfahren bei der Herstellung von Nägeln aus Kupfer und seinen Legierungen hat sich bis in das 19. Jh. gehalten[302] und der antike Überfangguss zur Verbindung einzelner Bestandteile an Ketten, Haken etc. war wiederholt Gegenstand diverser Forschungen[303], wobei auch hier die technische Tradition sich bis in die nachchristlichen Jahrhunderte fortsetzt: bis in die Neuzeit werden Haken und Ringe durch diese Technik mit eisernen Dübeln verbunden[304]. Spätestens ab Mitte des 20. Jhs. verschwanden aufwändig gestaltete Nägel. Gleichzeitig wurde der Guss von Nagelköpfen aus der Produktion herausgenommen und durch maschinell zu fertigende Schmucknägel ersetzt.

Noch bis in die ersten Jahrzehnte des 20. Jhs. war der Nagelschmied neben anderen Schwarzschmieden (Hufschmied, Waffenschmied etc.) aus dem Alltag nicht wegzudenken. Die Spezialisierung seines Berufsstandes von der Antike bis in die Mitte des 20. Jhs. macht den durchgängigen Bedarf an seinen Produkten deutlich. Erzeugnisse wie Nägel, Haken, Dübel etc. bilden, obwohl nun maschinell gefertigt, noch immer in nahezu unveränderter Form wichtige Verbindungselemente und sind seither bis heute aus dem Alltag nicht wegzudenken.

4.2. DAS MATERIAL – KUPFERLEGIERUNGEN VON NÄGEL UND NIETE

Eine systematische Materialanalytik antiker Befestigungstechnik aus Bronze liegt bisher nicht vor. Am Bestand aus dem Heraion war die Untersuchung von 15 Proben an 14 Nägeln und einem Steckstift mit Zustimmung von Frau Dr. M. Viglaki von der Ephorie der Kykladen möglich. Die Legierungsanalyse von sechs Nägeln der Schiffe des Caligula vom Nemi-See (36–41 n. Chr.) hat Frau Dr. G. Ghini von der Soprintendenza per i beni Archeologici del Lazio unterstützt. Ergänzend wurden 16 Nägel und ein Niet der Berliner Antikensammlung untersucht, die insbesondere einen Einblick in das Material der Nagelschmiede aus Pergamon und Priene erlauben. Die Bohrproben untersuchte freundlicherweise Frau S. Schwerdtfeger vom Rathgen-Forschungslabor Berlin mit Hilfe der Atomabsorbtionsspektralanalyse[305]:

[293] Drescher 1995, 278.
[294] Blümner a. O. (Anm. 280) 363.
[295] M. Stappel, Informationsblatt Freilichtmuseum Hessenpark (Neu Ansbach 2004) 1.
[296] A. Paulinyi – U. Troitzsch, Propyläen Technikgeschichte – Mechanisierung und Maschinisierung (Berlin 1997) 187–198 Abb. 82; F. Höhne – C. W. Rösling, Das Kupferschmiedehandwerk (Weimar 1839) 100–105 Taf. 13.
[297] H. F. Cleere, Roman Iron-working Resufe, in: Pitts – Saint Joseph 1985, 301.
[298] Hartwig 1792, 11.
[299] Hartwig 1792, 12.
[300] J. Waldschmidt, Grüß dich Gott, Schmied!, in: Vom Handwerkerfleiß in der Mark Brandenburg, Die Mark Brandenburg 17, 1995, 5.
[301] Hartwig 1792, 11 f.
[302] H. Möhl, Grundriss der mechanischen Technologie (Kassel 1869) 88.
[303] E. Formigli, Übernommene und neu entwickelte Verbindungstechniken im etruskischen Metallhandwerk, Arbeitsblätter der Restauratoren 1, 1984, 138–160.
[304] Drescher 1958, 182 f.
[305] Der Kupferanteil wurde aus der Differenz zwischen der Summe der gemessenen Massenanteile der angegebenen Elemente und 100 % ermittelt.

Probe	Inv.	Cu	Sn	Pb	Zn	Fe	Ni	Ag	Sb	As	Bi	Co	Au	Cd
1	B 3168	99,13	<0,25	0,036	0,012	0,524	0,030	0,035	<0,05	0,229	<0,025	<0,01	<0,02	<0,002
2	B 3180	99,45	<0,25	<0,04	0,016	0,262	0,028	0,024	<0,05	0,223	<0,025	<0,01	<0,02	<0,002
3	B 3178	68,62	5,98	25,12	0,005	0,028	0,024	0,028	<0,05	0,181	<0,025	0,013	<0,02	<0,002
4	B 3174	98,63	0,35	0,15	0,003	0,024	0,146	0,074	0,159	0,459	<0,025	<0,01	<0,02	<0,002
5	B 3239	97,64	1,00	1,19	0,011	0,028	0,022	0,051	0,053	<0,10	<0,025	<0,01	<0,02	<0,002
6	B 3229	99,19	<0,25	<0,04	0,015	0,149	0,045	0,016	<0,05	0,176	<0,025	0,405	<0,02	<0,002
7	B 3200	99,79	<0,25	0,13	0,004	0,020	0,012	0,053	<0,05	<0,10	<0,025	<0,01	<0,02	<0,002
8	B 3176	86,30	7,76	5,86	0,005	0,019	0,013	0,035	<0,05	<0,10	<0,025	<0,01	<0,02	<0,002
9	B 3194	96,51	2,28	0,73	0,006	0,205	0,037	0,015	<0,05	0,187	<0,025	0,024	<0,02	<0,002
10	B 3157	85,72	4,72	9,07	0,250	0,038	0,048	0,063	0,094	<0,10	<0,025	<0,01	<0,02	<0,002
11	B 3152	85,38	6,63	6,74	0,624	0,371	0,056	0,123	0,072	<0,10	<0,025	<0,01	<0,02	<0,002
12	B 3154	84,35	10,61	4,51	0,239	0,050	0,064	0,184	<0,05	<0,10	<0,025	<0,01	<0,02	<0,002
13	B 3155	88,06	4,89	6,47	0,303	0,070	0,046	0,068	0,091	<0,10	<0,025	<0,01	<0,02	<0,002
14	B 3156	82,76	6,62	9,72	0,486	0,078	0,040	0,081	0,108	0,101	<0,025	<0,01	<0,02	<0,002
15	B 3188	97,00	2,86	0,05	0,003	0,036	0,027	0,012	<0,05	<0,10	<0,025	0,011	<0,02	<0,002

Tabelle III Objekte aus dem Heraion von Samos (Angaben in Prozent)

Probe	Inv.	Cu	Sn	Pb	Zn	Fe	Ni	Ag	Sb	As	Bi	Co	Au	Cd
ANT 1	Fr. 1765p	91,47	8,33	0,041	0,004	0,026	0,023	0,043	0,066	<0,10	<0,025	<0,01	<0,02	<0,002
ANT 2	Fr. 1765p	90,78	9,01	0,043	0,003	0,022	0,022	0,048	0,064	<0,10	<0,025	<0,01	<0,02	<0,002
ANT 3	P 30.12	78,71	6,72	14,14	0,013	0,096	0,137	0,054	0,109	<0,10	<0,025	0,013	<0,02	<0,002
ANT 4	P 399x	99,27	<0,25	0,084	0,010	0,066	0,336	0,047	<0,05	0,148	<0,025	0,043	<0,02	<0,002
ANT 5	P 1063	99,56	<0,25	<0,04	0,007	0,053	0,330	0,035	<0,05	<0,10	<0,025	0,012	<0,02	<0,002
ANT 6	P 1064	98,65	<0,25	<0,04	0,005	0,083	0,243	0,069	<0,05	0,930	<0,025	0,020	<0,02	<0,002
ANT 7	P 1065	99,35	<0,25	<0,04	0,005	0,047	0,436	0,042	<0,05	<0,10	<0,025	0,117	<0,02	<0,002
ANT 8	P 1062	99,48	<0,25	<0,04	0,011	0,143	0,319	0,031	<0,05	<0,10	<0,025	0,014	<0,02	<0,002
ANT 9	P 69.1	50,42	4,55	12,57	0,132	32,11	0,030	0,036	0,136	<0,10	<0,025	0,012	<0,02	<0,002
ANT 10	P 69.5	81,08	3,97	14,00	0,446	0,188	0,035	0,090	0,180	<0,10	<0,025	0,012	<0,02	<0,002
ANT 11	P 1075	77,13	4,64	10,23	7,347	0,458	0,044	0,070	0,075	<0,10	<0,025	<0,01	<0,02	<0,002
ANT 12	Misc. 10007	90,26	9,23	0,267	0,003	0,108	0,053	0,030	<0,05	<0,10	<0,025	0,040	<0,02	<0,002
ANT 13	Misc. 9091	99,36	<0,25	0,045	0,005	0,222	0,196	0,031	<0,05	0,109	<0,025	0,034	<0,02	<0,002
ANT 14	Misc. 9092	91,67	5,39	2,139	0,104	0,512	0,085	0,0623	<0,05	<0,10	<0,025	0,027	<0,02	<0,002
ANT 15	Misc. 9093	99,43	<0,25	<0,04	0,012	0,471	0,021	0,025	<0,05	<0,10	<0,025	0,019	0,022	<0,002
ANT 16	Misc. 7164	76,98	0,90	2,416	18,81	0,274	0,393	0,060	0,163	<0,10	<0,025	<0,01	<0,02	<0,002
ANT 17	Misc. 8612.7	98,05	<0,25	1,77	<0,002	<0,01	0,031	0,075	0,073	<0,10	<0,025	<0,01	<0,02	<0,002

Tabelle IV Objekte der Antikensammlung Berlin (Angaben in Prozent)

Probe	Inv.	Cu	Sn	Pb	Zn	Fe	Ni	Ag	Sb	As	Bi	Co	Au	Cd
N 1	ohne	99,77	<0,25	0,08	0,013	0,040	<0,01	0,045	0,053	<0,10	<0,025	<0,01	<0,02	<0,002
N 2	ohne	98,28	0,92	0,53	0,003	0,141	<0,01	0,032	0,091	<0,10	<0,025	<0,01	<0,02	<0,002
N 3	ohne	99,69	<0,25	0,08	0,003	0,104	<0,01	0,031	0,086	<0,10	<0,025	<0,01	<0,02	<0,002
N 4	ohne	99,75	<0,25	<0,04	0,002	0,182	<0,01	0,062	<0,05	<0,10	<0,025	<0,01	<0,02	<0,002
N 5	ohne	99,81	<0,25	<0,04	0,002	0,108	<0,01	0,028	0,050	<0,10	<0,025	<0,01	<0,02	<0,002
N 6	ohne	99,50	<0,25	<0,04	0,002	0,356	<0,01	0,144	<0,05	<0,10	<0,025	<0,01	<0,02	<0,002

Tabelle V Objekte der Schiffe des Caligula vom Nemi-See (Angaben in Prozent)

Der Werkstoff der zehn samischen Kegelkopf-Nägel besteht aus nahezu reinem Kupfer sowie aus Zinn-Blei-Bronzen mit Zinnanteilen zwischen 1 % und 10 % und vergleichbaren Bleigehalten (Proben 5–14). Der Kupferanteil schwankt entsprechend zwischen 97 % und 82 %. Bemerkenswert ist, dass die Legierungen der in den Maßen identischen Stücke (Proben 11–14) abweichen. Die Nägel entstanden demzufolge nicht in einem Gussvorgang. Vielmehr spricht der heterogene Befund für die groß angelegte serielle Fertigung von Kegelköpfen dieser Größe in präziser Übereinstimmung. Wie erwähnt, unterscheiden sich Kat. 36–40 nur geringfügig am Kopf. Der Berliner Kegelkopf-Nagel besteht aus Messing mit hohem Zink- und geringem Bleigehalt (Probe ANT 18). Der Werkstoff des in den Proportionen von den samischen Stücken erheblich abweichenden Nagels spricht für eine Anfertigung in römischer Zeit. Den kleinen pergamenischen Kegelkopf-Nagel (Probe ANT 10) kennzeichnet der hohe Bleianteil. Der zum Zaubergerät aus Pergamon[306] gehörige magische Nagel (Probe ANT 17) besteht mit geringem Bleizusatz von 1,77 % aus einem gut gießbaren Kupferwerkstoff. Das Material ähnelt den Schirmkopf-Nägeln aus Pergamon (Proben ANT 4–8) und war demnach als Werkstoff in den pergamenischen Nagelschmieden sicherlich beliebt. Die sechs unterschiedlich großen Kegelkopf-Nägel (L 39–440 mm) von den Schiffen aus dem Nemi-See wurden alle aus beinahe reinem Kupfer hergestellt (Proben N 1–6). Die größten Anteile an Spurenelementen weist die Probe N 2 auf. Hier liegen die Prozentanteile von 0,92 % bei Zinn und 0,53 % bei Blei und sind als Verunreinigung zu bewerten. Bereits unmittelbar nach der Bergung der Schiffe ermittelte man von einem Nagel die Legierung mit den damaligen Möglichkeiten[307]. Die Werte von 99,64 % Kupfer, 0,05 % Blei und 0,22 % Eisen gleichen den neuerlichen Untersuchungsresultaten.

Die Ergebnisse an den sich ähnelnden samischen Schirmkopf-Nägeln sind nahezu identisch (Probe 1 und 2), so dass beide aus reinem Kupfer gefertigt wurden. Zu der Gruppe der Kupfernägel kann der Steckstift mit der Kennzeichnung ›Σ‹ auf dem Kopf mit beinahe 99 % Kupfer gezählt werden. Nahezu reines Kupfer war in antiken Nagelschmieden verbreitet, dies belegen die Untersuchungsergebnisse an fünf Schirmkopf-Nägeln aus Pergamon (Probe ANT 4–8) und an zwei Stücken aus Priene (Probe ANT 13–15). Der dritte Schirmkopf-Nagel aus Priene besteht aus einem anderen Werkstoff (Probe ANT 14). Als Unterschied zwischen den Werkstätten ist der höhere Nickelanteil bei den Nägeln aus Pergamon zu nennen.

Die Werkstoffe der beiden Pilzknauf-Nägel aus Samos könnten unterschiedlicher kaum sein. Der eine (Probe 3) weist von allen Analysewerten mit 25 % den höchsten Bleianteil auf. Der andere Nagel (Probe 15) hat mit 0,05 % einen sehr niedrigen Wert. Beide Legierungen werden sich erheblich in der Farbigkeit unterschieden haben. Vom Berliner Bestand wurden drei Schmucknägel vom Typ Zierknauf untersucht (Proben ANT 3. 9. 12). Die Probe 9 ist mit einem Eisenanteil von 32 % vermutlich verunreinigt. Das zweite Stück aus Pergamon (Probe 3) unterscheidet sich durch seinen hohen Bleiwert und den mittleren Zinnanteil von dem Stück aus Priene (Probe 12). Dieser Nagel wurde mit höheren Zinnanteilen aus einer reinen Zinnbronze gefertigt.

Aus vergleichbarem Material war der große Niet vom Pantheon der Berliner Sammlung gegossen worden (Probe 1 und 2)[308]. Bemerkenswert sind hier die Differenzen zwischen den Proben von Schaft und Kopf, die auf einen inhomogenen Guss verweisen.

Ein speziell geformter Nagelkopf aus Pergamon ist nicht mit samischen Stücken vergleichbar und besteht aus einer Kupferlegierung mit Blei, Zinn und Zink (Probe ANT 11).

Auch andere Legierungsanalysen von Nägeln und Niete belegen den heterogenen Materialquerschnitt[309]. Bereits

[306] Siehe: Nagel und Magie.

[307] Ucelli 1950, 272.

[308] Siehe: Niete.

[309] Technologisch sind Nadeln den Nägeln ähnlich, die also gleichermaßen mit bedacht werden können. Obwohl die Nagelschmiede wie die Nadelmacher eigenständige Berufsstände bildeten, ist die Belieferung mit gleichen Rohmaterialien anzunehmen. Eine Nadel aus der Fibelwerkstatt von Napoca hat einen Zinnanteil von 5,04 %. Der Bleigehalt ist mit 0,24 % als Verunreinigung zu werten und wie auch die anderen Elemente zu vernachlässigen. Die Analysewerte von 21 Nähnadeln aus dem Tiber weisen ebenso heterogene Blei- und Zinngehalte auf. Hier diente als Werkstoff reines Kupfer bis hin zu Zinngehalten von 8,6 %. Die Bleiwerte liegen bei wenigen Stücken bei

1875 wurden mit den damaligen Methoden mykenische Nägel aus dem Schatzhaus von Atreus untersucht. Es konnte eine Zinnbronze mit 12 % nachgewiesen werden[310]. An vier im Tiber geborgenen größeren Nägeln aus dem 2.–3. Jh. n. Chr. wurde die Legierung ermittelt[311]. Bei den nicht näher beschriebenen Stücken kann es sich den Abbildungen nach um Kegelkopf-Nägel handeln. Zwei Exemplare bestehen aus nahezu reinem Kupfer. Bei den beiden anderen Nägeln wurde neben Verunreinigungen ein geringer Anteil von 1,1 % Zinn nachgewiesen. Selbst die zehn Analysewerte von den in einer Werkstatt für dasselbe Portal gefertigten Zierknauf-Nägeln aus Ladenburg ergaben eine heterogene Verteilung von Blei (5,2–11,4 %), Zinn (2,9–7,0 %) und Zink (5,1–13,2 %). Bemerkenswert sind die relativ hohen Anteile der Spurenelemente Eisen (0,2–0,9 %) und Arsen (0,1–0,2 %)[312]. Ein Nagel eines Scharniers aus Haltern besteht aus nahezu reiner Zinnbronze mit einem hohen Zinngehalt von beinahe 11 %[313]. Am Sarkophag aus Nimrud (858–824 v. Chr.) des Berliner Vorderasiatischen Museums wurden die vier untersuchten Niete aus reiner Zinnbronze mit rund 10 % Zinn gefertigt[314]. Die vier Niete des 8. Jhs. v. Chr. aus Kalapodi weisen unterschiedliche Legierungen auf[315]. Ein Exemplar ist mit 99,25 % ein reiner Kupferniet. Bei den übrigen schwanken die Zinnwerte zwischen 0,2 % und 6,32 % und der Bleianteil reicht von 0,47 % bis 2,66 %. Charakteristisch ist bei den letztgenannten Niete der Eisengehalt von 2,85–5,56 %. Vier der sieben untersuchten römischen Niete aus Phyn in der Schweiz folgen beinahe einem Schema[316]. Mit vergleichbaren Bleianteilen von 0,47–1,36 % und bei Zinn von 0,84–1,58 % liegt der Kupferanteil immer bei 97 %. Drei Niete weisen neben den Zinn- und Bleianteilen Zinkwerte von 6,09 %, 16,50 % und 21,22 % auf. Aus nahezu reinem Kupfer mit über 99 % Massenanteil wurden zwei römische Niete aus Ladenburg produziert[317]. Ein weiteres Stück besteht aus einer Legierung mit 5 % Zinn und 14 % Blei. Ein Niet eines Gefäßes aus dem Saalegebiet ist aus Zinnbronze mit 11,5 % Anteilen des weißen Metalls gegossen worden[318].

Die Vielfältigkeit der Legierungen zur Fertigung von Nägeln und Niete setzte sich in den nachantiken Jahrhunderten fort. Von der 1790 gesunkenen ›Bounty‹, deren Metallteile 1998 geborgen werden konnten, und von drei weiteren Schiffswracks aus der Zeit zwischen 1790 und 1918 wurden insgesamt 19 Nägel analysiert[319]. Wieder sind Nägel aus beinahe reinem Kupfer neben Stücken aus Kupfer-Zinn-Legierungen mit bis zu 8 % Zinn sowie solchen aus Kupfer-Zinn-Zink-Legierungen unterschiedlicher Zusammensetzung zu finden. Allerdings war in allen Fällen kein Blei vorhanden.

Eine Vereinheitlichung und Normierung der Werkstoffe erfolgte erst nach der Industrialisierung im 19. Jh. In seiner Mitte wurde zur Herstellung von Nägeln für die Befestigung von Schiffsbeschlägen ein Material aus 63,6 % Kupfer, 25 % Zink, 2,6 % Zinn und 8,8 % Blei empfohlen[320].

4.3 PRODUKTE

Samos gilt seit frühgriechischer Zeit als bedeutendes Zentrum der Bronzeverarbeitung[321]. Nahe dem Heraion waren Werkstätten angesiedelt, die einfachen Schmuck, Zierrat, Waffen etc. rationell und seriell produzierten[322]. Derzeitig wird die Lokalisierung von Gießereien und Toreuten direkt in den griechischen Heiligtümern diskutiert[323]. Aus dem Heraion von Samos stammen einige Werkstattabfälle, die auch hier für die Ansiedlung von Handwerkern sprechen[324].
Die Methoden zur Herstellung der samischen Befestigungstechnik können in drei Gruppen unterteilt werden. Grundsätzlich ist zwischen gegossenen Nägeln, Niete, Stiften etc. und solchen, die anschließend teilweise umgeformt wurden, sowie denjenigen, die vollständig im Umformverfahren hergestellt wurden, zu unterscheiden. Die mikroskopische Autopsie hat H.-H. Cloeren[325] naturwissenschaftlich bestätigt. Er untersuchte das Metallgefüge an vier Nägeln: Drei Exemplare stammten aus dem römischen Carnuntum bei Petronell in Österreich und ein neuzeitlicher Nagel fand sich in Mecklenburg[326]. Den noch zu besprechenden Ergebnissen

---

maximal 2,2 %, so dass deutlich häufiger Kupfer-Zinn-Legierungen als Gussmetall verwendet wurden. Vgl.: Riederer 2001, 257 f.

310 H. Schliemann, Mykenae (Leipzig 1878) 49.

311 J. Riederer – E. Briese, Metallanalysen römischer Gebrauchsgegenstände, JbRGZM 19, 1972, 84–86.

312 J. Riederer, Die chemische Analyse der Metallteile der Tür von Ladenburg, in: Künzl – Künzl 2003, 90 Tab. 10.

313 Riederer 2001, 249.

314 Zur Metallanalyse des Bronzesarkophages durch J. Riederer s. G. Jendritzki – L. Martin, Badewanne oder Sarkophag?, in: J.-W. Meyer – M. Novak – A. Pruß (Hrsg.), Beiträge zur Vorderasiatischen Archäologie. Manfred Orthmann gewidmet (Frankfurt a. M. 2001) 185.

315 J. Riederer, Berliner Datenbank von Metallanalysen kulturgeschichtlicher Objekte IV. Objekte der mitteleuropäischen Bronzezeit sowie etruskische, sardische, griechische, ägyptische und vorderasiatische Objekte, BerlBeitrArchäom 19, 2002, 159.

316 Riederer 2001, 254.

317 W. Scharff – I. Huesmann, Die Funde von den ländlichen Grabungen, in: W. Scharff – C. Arnold – W. Gerschwin – I. Huesemann – K. Menzel – A. Pötzsch – E. Tolksdorf-Lienemann – A. Tröller-Reimer, Schutz archäologischer Funde aus Metall vor immissionsbedingter Schädigung (Stuttgart 2000) 270 Tab. 4.2.1/16.

318 Born 1997, 85.

319 A. Viduka – S. Ness, Analysis of Some Copper-Alloy Items from HMAV BOUNTY Wrecked at Pitcairn Island 1790, in: J. Ashton – D. Hallam (Hrsg.), Metal 2004. Proceedings of the International Conference on Metal Conservation, Canberra 2004 (Canberra 2004) 163 f. Tab. 2.

320 C. Bischoff, Das Kupfer und seine Legierungen (Berlin 1865) 215.

321 U. Gehrig, Frühe griechische Bronzegußtechniken, AA 1979, 553.

322 C. Reinholdt, Arbeitszeugnisse geometrischer und archaischer Schmuckwerkstätten, AA 1992, 230.

323 Buchholz 2003, 118.

324 Zahlreiche unpublizierte Blechabfälle aus der Grabung T. Wiegands sprechen für diese Annahme. Vgl.: G. Schmidt, Heraion von Samos. Eine Brychon-Weihung und ihre Fundlage, AM 87, 1972, 179.

325 Firma Cloeren Technology GmbH, Wegberg. Ich danke Herrn H.-H. Cloeren vielmals für seine Untersuchungen und ausführliche Interpretation der Messergebnisse. Vgl. Cloeren 2006.

326 Bei metallographischen Analysen an archäologischen Metallfunden in den ersten chemischen Laboratorien zu Beginn des 20. Jhs. wurden auch Bronzenägel wohl als weniger bedeutungsvolle Antiken

sollen bereits an dieser Stelle andere Forschungsresultate vorangestellt werden: Die Gefügestruktur eines Nietes des oben erwähnten ägyptischen Sphyrelata (Pepi I.) verweist auf ein vollständig durch Umformung hergestelltes Werkstück[327]. An Bronzenägeln aus der hallstattzeitlichen Heuneburg wurde metallographisch das Gussverfahren nachgewiesen[328]. Ein Kupfernagel von den Schiffen des Caligula weist im Anschliff eine bemerkenswert hohe Dichte mit wenigen Einschlüssen und gleichmäßiger Kristallbildung durch den Schmiedevorgang auf[329]. Mit gleicher Analytik hat man an einem eisernen Nagel der Römerbrücke in Trier festgestellt, dass das Material heutigen Standards nur annähernd gerecht wird[330].

4.3.a. Nägel

Bei den samischen Nägeln stehen die erwähnten Fertigungsverfahren in enger Beziehung zu den aufgeführten Typen.

Typ	gegossen	vorgegossen und weiter durch Schmieden bearbeitet	geschmiedet	Bemerkung
Zierknauf	X			Im Überfangguss mit dem Schaft verbunden
Pilzknauf	X			Schaft oft getrennt gefertigt
Kegelkopf	X	X Evtl. einige kleine Nägel		
Schirmkopf		X Typ 1a und 1b	X Typ 2a und 2b	
Beschlagnagel			X	
Bleinagel			X	
Stauchnagel			X	

Tabelle VI Zuordnung der Herstellungsverfahren der samischen Nägel

Der Einzelguss einfach geformter Nägel ist möglich, erscheint aber unwahrscheinlich. Eine der beiden bronzenen Formhälften aus dem Heraion von Samos, die den Guss mehrerer Pfeilspitzen in einem Arbeitsgang belegt, spricht dafür, dass serielle Produktionsverfahren bekannt waren (Abb. 82)[331]. Der effektive Aufbau von Gussformen beschränkte sich gewiss bereits in frühgriechischer Zeit nicht nur auf die Fertigung von Pfeilspitzen, sondern ist gleichermaßen für andere einfache Gusswerkstücke wie zum Beispiel Nägel vorauszusetzen.

Bei der archaischen Hälfte einer Gussform aus Ägina, die zu einer dreiteiligen Form rekonstruiert wurde, fand in der neuerlichen Diskussion nur noch der kleine Aryballos Beachtung (Abb. 83)[332], hingegen blieben die beiden konischen Hohlräume unberücksichtigt. Anfänglich nahm man hier den Guss von ›Schrötlingen‹ an, die durch Umformung zu Draht weiterverarbeitet werden konnten[333]. Vielmehr lassen sich die ›Schrötlingen‹ mit den konischen Schäften und den trichterförmigen Köpfen als Nagelrohlinge interpretieren, die der Nagelschmied mit dem Hammer zu Endprodukten ausformen konnte. Dies ist um so wahrscheinlicher, da vorgegossene Nagelrohlinge zum Beispiel zum Abfall einer spätklassischen Gießerei in Kassope gehörten[334].

Unter den Werkstattabfällen der hallstattzeitlichen Heuneburg befanden sich in Lehm- und Steinformen gegossene Stabbarren, die, anschließend zerteilt, als Rohstücke von Nägeln verstanden werden[335]. Form, Größe und die zahlreichen Hammerabschläge sind mit den samischen Rohlingen vergleichbar (Kat. 294–296 Abb. 54).

Bei der Herstellung der Köpfe im Nageleisen erzeugte selbst ein geübter Schmied leicht exzentrisch gearbeitete Köpfe. Viele samische Nägel und Stifte mit diesem Qualitätsmangel, der an den eingesetzten Befestigungselementen nicht mehr zu sehen war, wurden daher dennoch verwendet (Abb. 84).

Zierknauf-Nägel

Am einzigen samischen Zierknauf-Nagel (Kat. 1 Abb. 5) ist die gängige antike Fertigungstechnik für diesen Typs zu beobachten. Die Köpfe entstanden im Überfangguss direkt an zuvor im Schmiedevorgang gefertigten Eisenschäften. Die Wachsmodelle der Köpfe ließen sich in wiederverwendbaren Formen herstellen oder mit den Rillen im rotierenden Verfahren modellieren. Der Gießer verband die Wachsmodelle und Schäfte, um dann Tonformen zu bilden, die er nach dem Ausschmelzen des Wachses mit Bronze füllte (Abb. 85). Am samischen Zierknauf-Nagel verrutschte der Schaft in der Gussform und war am fertigen Kopf in einem Teilstück der

aufgetrennt und untersucht. Vgl. F. G. Bewer, A Laboratary for Art. Harvard's Fogg Museum and the Emergency of Conservation in America, 1900–1950 (Cambridge 2010) 139 Abb. 4, 1.
[327] Eckmann – Shafik a. O. (Anm. 141) 9 Abb. 19.
[328] Drescher 1995, 278.
[329] Ucelli 1950, 272–274 Abb. 306.
[330] Cüppers a. O. (Anm. 166) 211 Abb. 180.
[331] Buchholz 2003, 118 Abb. 5 b. c Inv. B 46. 644 (mit weiterer Literatur).
[332] Buchholz 2003, 130 f. Abb. 10 a–f.
[333] Reinholdt a. O. (Anm. 322) 215 f. Abb. 1. 2. 4. 5.
[334] G. Zimmer, Griechische Bronzegußwerkstätten. Zur Technologieentwicklung eines antiken Kunsthandwerkes (Mainz 1990) 88.
[335] Drescher 1995, 256 f. 276–278.

Außenseite auszumachen, an dem sich während der Bodenlagerung eine Rostauflage bildete (Abb. 86).

Der Überfangguss zur Verbindung von Schaft und Kopf wird auch für weitere griechische Werkstätten diskutiert[336]. Das Abdrehen der Wachsmodelle belegen jene mit gegossenen Rillen an einem Rohguss aus Olympia[337]. An großen Zierknäufen aus babylonischer Produktion lassen sich an der Kopfunterseite erhaltene Verdickungen als Ansätze der Gusskanäle interpretieren[338]. Die Tutuli aus Thorsberg, die mit Sicherheit Köpfe von Zierknauf-Nägeln sind, entstanden ebenso im Überfangguss[339]. In römischer Zeit wurden Köpfe und Schäfte auch mit Weichlot oder mit Bleifüllungen verbunden[340]. Diese Technik war bis in das 19. Jh. gebräuchlich[341].

Bei den eisernen archaischen Zierknauf-Nägeln (Typ Z2b) eines Portals aus Sybaris nimmt man an, dass der Schmied vorerst nur die Köpfe formte, um sie im nächsten Arbeitsgang mit den eisernen Schäften zu verschweißen[342].

Pilzknauf-Nägel

Bei den Pilzknäufen Kat. 2, 7–9 und 11–13 fertigte der Nagelschmied Köpfe und Schäfte getrennt. Ihre Verbindung war mit unterschiedlichen Techniken möglich (Abb. 1 a). Die gemeinsame Herstellung von Schaft und Kopf in einem Arbeitsgang erfolgte bei sechs Nägeln (Kat. 3–6. 10. 14). Die Gussgrate und die Gussoberfläche im unten hohl geformten Pilzknauf-Nagel Kat. 5 (Abb. 87) verweisen auf einen Bronzeguss in dreiteiliger und wiederverwendbarer Form (Abb. 88). Der zweiteilige Bereich der Form für den Schaft ragte an der Oberseite in den hohl gearbeiteten Kopf. Die Pilzform des Kopfes enthielt das dritte Formteil. Die Formenhälften für den Schaft schlossen im Kopfbereich nicht vollständig, so dass der Gussgrat entstehen konnte. Den Gusskanal bildete sicher die Verlängerung des Schaftes. Eine solche dreiteilige Form ist durchaus für die samischen Werkstätten denkbar. Berücksichtigt man, dass hier seit frühgriechischer Zeit der qualitätvolle Guss einfacher Werkstücke in zweiteiligen Formen ohnehin beherrschten wurde, kann auch die Gussform für Pilzknauf-Nägel ähnlich wie die erwähnte dreiteilige Form aus Ägina[343] aufgebaut gewesen sein. Zudem zählte der komplexe Formenbau in den samischen Gießereien ohnehin zum Alltag, wie die mehrteiligen Formen für die serielle Fertigung der Greifenprotomen verdeutlichen[344].

[336] Robinson 1941, 260.
[337] P. C. Bol, Großplastik aus Bronze in Olympia, OF 9 (Berlin 1978) 81 Taf. 65.
[338] Die Restaurierung und die technologischen Untersuchungen führte Gert Jendritzki durch, dem ich für die Informationen danke. Vgl.: Wartke a. O. (Anm. 40) 268 f. Abb. 187.
[339] Drescher 1958, 110 Taf. 26.
[340] Künzl - Künzl - Kaufmann-Heinimann a. O. (Anm. 39) 21.
[341] Drescher 1958, 182 f.
[342] J. Heiden, Eine archaische Tür aus Sybaris, RM 106, 1999, 241.
[343] Buchholz 2003, 130 f. Abb. 10 a–f.
[344] Gehrig a. O. (Anm. 137) 119–133 Abb. 1–10.

Hingegen lässt die unbearbeitete Oberflächenstruktur an der Unterseite des Kopfes von Kat. 2 das Wachsausschmelzverfahren vermuten. An weiteren Pilzknäufen fehlen vergleichbare Werkspuren und dennoch ist für solche Nägel der Guss in verlorenen Formen nicht auszuschließen, da man solche Hinweise auf das eine oder auch andere Gussverfahren gründlich bei den Kaltarbeiten an den Rohgüssen entfernte.

An einigen Pilzknauf-Nägeln wurden die Schäfte in durchgängige Löcher (Kat. 2. 9) oder nicht durchgängige Löcher (Kat. 7. 8. 11–13) in den Köpfen eingesetzt. An Nägeln mit Durchgangsloch musste zusätzlich die Kopfoberseite dieser Schmucknägel abschließend überarbeitet werden (Abb. 89).

An einem kleinen Nagel aus Carnuntum wurden wie bei den samischen Pilzknauf-Nägeln Kat. 3–6, 10 und 14 Kopf und Schaft gemeinsam gefertigt. Der metallographische Anschliff zeigt das in nahezu allen Bereichen in verschiedenen Phasen erhaltene Gussgefüge. Sehr wahrscheinlich wurde die Oberfläche nach dem Guss nicht durch Hammerschläge beeinflusst. Allerdings kann in vorsichtig umgeformten Oberflächenbereichen durch Korrosion die charakteristische Gefügestruktur verlorengegangen sein[345].

Kegelkopf-Nägel

Die samischen Kegelkopf-Nägel wurden im Gussverfahren hergestellt[346]. In der Oberfläche der großen Nägel Kat. 22, 42 und 45 sind noch einige Gussfehler sichtbar (Abb. 90). An den kleinen Nägeln hat der Schmied hin und wieder die Form des Schaftes nach dem Guss mit dem Hammer korrigiert. Bemerkenswert sind die Bruchflächen an den Schaftspitzen der großen nicht benutzten Stücke (Kat. 36–39. 41. 42), so dass hier die Anbringung dünner Gusskanäle umso wahrscheinlicher erscheint, wenn man die oben besprochenen samischen Formenhälften für Feilspitzen heranzieht, bei denen die Kanäle ebenso an den Spitzen angesetzt waren (Abb. 82)[347]. Wie hier müssen auch die Nägel wohl weniger im Einzelguss, sondern vielmehr gleich mehrere zu eine Art ›Gussbaum‹ formiert (Abb. 91) mit dem Kopf nach unten hergestellt worden sein. Andererseits lässt die nicht ganz vollständige Formenhälfte klassischer Zeit von der Athener Agora auch den Einzelguss für diesen Nageltyp vermuten[348].

[345] Cloeren 2006, 2 Taf. 3. 4.
[346] Vermutlich wurden in römischer Zeit selbst große Kegelkopf-Nägel verstärkt aus dem leicht umzuformenden Kupfer hergestellt. Hierfür sprechen auch die wiederholt nachgewiesenen kleineren Köpfe.
[347] Buchholz 2003, 118 Abb. 5 b. c Inv. B 46. 644 (mit weiterer Literatur).
[348] C. C. Mattusch, Bronzeworkers in the Athenian Agora, AgoraPB 20 (Princeton 1982) 30–32 Abb. 61.

Schirmkopf-Nägel
Die Schirmkopf-Nägel wurden mit unterschiedlichen Methoden und daher mit abweichend geformten Köpfen gefertigt.

Bei den Typen S1a und S1b entstanden vorerst im Gussverfahren Nagelrohlinge mit unbestimmt geformten Schäften, aber fertigen Köpfen, die vereinzelt an den Unterseiten noch die raue Gussoberfläche aufweisen. Im zweiten Arbeitsgang formte der Nagelschmied mit dem Hammer den Schaft. Vereinzelt wurde auch der Kopf nachgearbeitet. Diese Technik verdeutlicht ein Gussrohling aus dem Artemision von Ephesos, der den größeren samischen Schirmkopf-Nägeln ähnelt und die Verbreitung des Herstellungsverfahrens für den Nageltyp verdeutlicht[349].

Die metallographische Untersuchung des kleinen römischen Schirmkopf-Nagels aus Carnuntum belegt ebenso die beschriebene Verfahrensweise[350]. Im Inneren des Kopfes ist das nahezu unberührte Gussgefüge erhalten und in den Randzonen und am Schaft das kalt verformte Gefüge nachgewiesen.

Die Typen S2a und S2b entstanden vollständig aus Rohlingen im Umformverfahren[351]. An den Köpfen entfällt der breite Rand und die Wölbung ist weniger deutlich ausgeformt. Die Formgebung verweist auf das Ausformen des Kopfes mit dem Hammer im Nageleisen. Kat. 111–117 lassen sich mit dem gleichen Schaftquerschnitt (8,5 mm) und Kopf (24–26 mm) sowie der gleichen Kopfwölbung einer Werkstatt zuweisen, in der man diese Nägel im selben Nageleisen fertigte.

Nägel des Typ S2b wurden in unveränderter und demnach bewährter Form mit gleicher Technik bis in das 20. Jh. hinein aus Kupfer hergestellt. Als Beispiel sollen hier die Nägel eines zeitgenössischen Ruderbootes aus Mecklenburg genügen, die in den Proportionen mit den samischen Schirmköpfen Kat. 111–117 übereinstimmen. Die Gefügeanalyse eines Nagels vom Ruderboot verdeutlicht die Herstellung von Kopf und Schaft durch Kaltverformung[352]. Ebenso ist am antiken Stück aus Carnuntum das Rekristallisationsgefüge zu finden. Beide Nägel waren nach dem Schmieden geglüht und im Wasser abgeschreckt worden. Dieses bereits in der Antike bewährte Verfahren wurde demnach bis zum Niedergang der Zunft unverändert in den Nagelschmieden beibehalten.

Beschlagnägel
Beschlagnägel illustrieren eindrücklich die effektiven Fertigungsabläufe der samischen Nagelschmiede. Zuerst formten die Handwerker am Amboss die quadratischen Schäfte aus Rohlingen[353]. Manchmal wurden dann die Kanten mit geübten Hammerschlägen gerundet oder facettiert (Abb. 92). Der schnelle und nachlässige, damit aber effektive Schmiedevorgang wird an den gerissenen Schaftspitzen deutlich, die auf Störungen im Metallgefüge verweisen (Abb. 93). Das Schaftmaß beträgt oft 4–7 mm. Bei 17 Exemplaren sind die annähernd quadratischen Schäfte 5,5 mm, bei zwölf Nägeln 6 mm und bei neun Stücken 5 mm dick[354]. Bei diesen können standardisierte Nageleisen angenommen werden. Vermutlich bildete ein Schaftmaß zwischen 5 mm und 6 mm den samischen Standard. Normierte Nägel waren für die Herstellung von Beschlägen von Bedeutung. Nur so ließen sich die Befestigungslöcher gleich bei der Fertigung in der erforderlichen Größe angelegen, so dass die Nagelschäfte sich gut einpassten. Beim Ausschmieden des Kopfes wurde der im Nageleisen befindliche Teil des Schaftes etwas verformt. Dieser Bereich zeichnet sich bei den Nägeln aus dem Heraion durch einen 4 mm langen Absatz ab, der damit dem Dickenmaß des Nageleisens entsprochen haben wird.

An der Unterseite des Kopfes von Kat. 125 stellte der Nagelschmied die Zacken wie bei den Bleinägeln Typ Bl2 in einem entsprechenden Nageleisen bei der Formung des Kopfes her[355].

Beinahe alle Nägel vom Typ Be1 (Kat. 122–160) weisen ungleichmäßig geschmiedete Köpfe auf (Abb. 94). Ausnahmen bilden die Typen Be2 und Be3 (Kat. 165–171) mit gleichmäßig geformten rhombischen und quadratischen Köpfen (Abb. 26–28). Hier bewies der Schmied, dass er selbst kleine Köpfe im Nageleisen gleichmäßig und dekorativ formen konnte.

Bleinägel
Die Köpfe aller Bleinägel formte der Nagelschmied annähernd rund im Nageleisen aus. Über die Beschaffenheit der Nageleisen aus preußischen Nagelschmieden des 18. Jhs. für Nägel mit Zacken unter den Köpfen wie bei Typ Bl2 (Kat. 189–195 Abb. 29–31) informiert D. L. Hartwig. »Daher hat das Bleinageleisen [...] einen runden Kreis um das Loch, nach der Größe des Bleinagels und in dem Kreise sind hin und wieder Vertiefungen, worin die Zapfen (Zacken) unter dem Kopf entstehen«[356]. Die samischen Nageleisen hatten unterschiedliche Vertiefungen, denn an allen sieben Bleinägeln und dem Beschlagnagel Kat. 125 ist die Anordnung der Zacken anders gestaltet.

[349] Klebinder-Gauß 2007, 192 Nr. 980 Taf. 99.
[350] Cloeren 2006, 3 Taf. 8.
[351] Siehe: Rohlinge.
[352] Cloeren 2006, 2 Taf. 1. 2. 5. 6.
[353] Siehe: Rohlinge.
[354] Mit 5,5 mm Schaft: Kat. 123. 124. 126–129. 131. 145. 146. 149. 151. 155. 159. 163. 165. 166. 168. Mit 6 mm Schaft: Kat. 132. 141. 147. 148. 150. 153. 154. 156–158. 164. 167. Mit 5 mm Schaft: Kat. 125. 134. 137. 140. 142. 152. 161. 170. 171.
[355] Siehe: Produkte – Bleinagel.
[356] Hartwig 1792, 5 f.

Stauchnägel
Die Umformung der Köpfe an den Stauchnägeln aus dem Heraion erfolgte nicht immer im Nageleisen. Die kleinen Köpfe entstanden bei Kat. 198 und 200–202 beim Einschlagen der Nägel. Bei den übrigen Stücken waren nur wenige Hammerschläge zur Herstellung des Kopfes erforderlich. Die Schäfte formte der Schmied zuvor am Amboss.

4.3.b. Stifte

Die meisten Scharnierstifte wurden wie Pilzknauf-Nägel im Gussverfahren hergestellt und die beiden Ausnahmen (Kat. 225. 230) formte der Nagelschmied im Nageleisen am Amboss.

Im gleichen Werkprozess, d. h. im Gussverfahren, entstanden die Steckstifte. An Kat. 234–238 fallen die vergleichbaren Stiftgrößen und Kopfformen auf. Die Übereinstimmung und die präzise Formgebung sprechen für dieselbe Werkstatt. Bei Kat. 234 und 235 kann sogar vom selben Meister ausgegangen werden, der gleiche Stifte und identische Köpfe mit gekonnten Hammerschlägen im Nageleisen fertigte. Für die erfahrene Hand spricht auch das präzise rechteckig geformte Splintloch an Kat. 234 (Abb. 95). Der bereits bei den Beschlagnägeln besprochene Absatz am Schaft unmittelbar unter dem Kopf verweist auf den Querschnitt des Loches im Nageleisen und dessen Dicke. Die Köpfe der fünf Steckstifte waren in einem Nageleisen mit runder Aufnahmeöffnung von annähernd 10 mm geformt worden. Die Kennzeichnungen ›A‹ und ›∑‹ (Kat. 235. 234 Abb. 39. 40) wurden wenig tief mit dem Meißel eingeschlagen. Die nachlässigen Markierungen sprechen gegen die Sorgfalt des Nagelschmiedes und für ihre sekundäre Anbringung, vielleicht während der Benutzung der Stifte. Bei Kat. 240 handelt es sich um einen Steckstift, der vollständig am Amboss entstand. Dagegen sind Kat. 239 und 241–243 gegossene Exemplare. Die Splintlöcher an Kat. 239 und 240 wurden gebohrt[357].

4.3.c. Mauerringe

Bei den Mauerringen Kat. 244–247 vom Typ Mr1 wurden die Dübel nach dem Guss des Ringes eingesetzt (Abb. 96: dritter Ring von oben). An Kat. 248–252 erfolgte die Verbindung wie bei einigen Schmucknägeln im Überfangguss. Bei Kat. 251 und 252 war der vorgefertigte Metalldübel in die Wachsmodelle der Ringe eingesetzt. Hierbei verformten die rechteckigen Dübel das weiche Wachs zu kleinen Rändern (Abb. 96: zweites Stück von oben), die nach dem Guss als Bronze die Verbindung erhöhten. Eine noch solidere Montage sicherten die an Kat. 248–250 mit der gleichen Technik hergestellten dicken und langen Dübelansätze (Abb. 96: unten). Die Löcher an Kat. 253 (Abb. 96: oben) und Kat. 254 lassen eine heute verlorene Nietverbindung zwischen Ring und Dübel vermuten. Bei Kat. 254 ist das Fragment des Dübels erhalten, das an der Innenseite umgeschlagen wurde. Nur an Kat. 250 und 254 wurden beim Typ Mr1 Bronzedübel verwendet. Fragmente oder Rostspuren verweisen bei allen anderen auf eiserne Dübel.

Die Mauerringe vom Typ Mr2 (Kat. 255–264) konnte der antike Handwerker als gesamtes Werkstück in verlorenen oder wiederverwendbaren Formen gießen. Der Guss mehrerer Exemplare in einem Arbeitsgang ist durchaus denkbar[358]. Erst nach dem Guss hatte man die Kerben an den Dübeln von Kat. 261, 263 und 264 mit Gravierstichel, Feile oder Meißel angebracht.

4.3.d. Haken und Kettenglied

Die einfachen Haken vom Typ Ha1 (Kat. 265–267 und IV) formte der Nagelschmied mit wenigen Hammerschlägen aus Rohlingen am Amboss[359]. An Kat. 267 sind die Werkspuren noch gut im Material auszumachen. Die gerundeten Haken beim Typ Ha2 (Kat. 268–270) entstanden am so genannten Hörnchen, ein im Amboss montierbares kegelförmiges Werkzeug (Abb. 97)[360]. Beim Typ Ha4 (Kat. 273–276) mussten zuvor die Enden mit dem Meißel gespalten und zugerichtet werden (Abb. 44)[361].

Als Ausgangsmaterial für das Kettenglied (Kat. 274) diente ebenso ein Rohling. Am Hörnchen (Abb. 97) wurde der quadratische, konische Stab zum Kettenglied geformt.

4.3.e. Unterlegscheiben

Gerundete Außenkanten, unbearbeitete Mittellöcher und Gussunregelmäßigkeiten kennzeichnen die gegossenen samischen Unterlegscheiben Kat. 282–287. Die Form der Gussstücke lässt das Wachsausschmelzverfahren vermuten. Auch wenn die Platzierungen der Löcher an den sich gleichenden Stücken Kat. 285–287 abweichen, entstanden die Wachsmodelle vermutlich bei der sicher auch für die Unterlegscheiben anzunehmenden seriellen Fertigungsmethode im selben Model. Bei Kat. 282–284 beeinträchtigt die krustige Korrosion die Überprüfung ihrer maßlichen Übereinstimmung. Von der Fertigung im Gussverfahren ist hier allerdings ebenso auszugehen.

Bei Kat. 288 und 289 lassen der präzise Formverlauf der Außenkante und im Loch bei den 3 mm dicken Unterlegscheiben die Herstellung aus Blech vermuten. Im

---

[357] Die Verwendung von Bohrern war den antiken Metallhandwerkern hinlänglich bekannt. Vgl.: Born a. O. (Anm. 207) 117–129.

[358] Siehe: Produkte – Kegelkopf.
[359] Siehe: Rohlinge.
[360] H. Hundeshagen, Der Schmied am Amboss (Hannover 2001) 96. 115–117 Abb. 2, 21.
[361] Hundeshagen a. O. (Anm. 360) 96. 115–117 Abb. 3, 91. 110.

ersten Arbeitsgang entstanden die groben Formen mit einem Meißel, um anschließend mit Hilfe der Feile die Kanten der Werkstücke geglättet zu werden. Die Löcher wurden präzise gebohrt oder durchgeschlagen und nachgearbeitet. Ebenso gleichmäßig ist Kat. 281 geformt. Die Maße von Kat. 288 und 289 sind mit neuzeitlichen Unterlegscheiben für 12 mm dicke Schrauben und bei Kat. 281 für solche mit einem Gewinde von 8 mm vergleichbar. Weit weniger exakt arbeitete der Handwerker bei den Unterlegscheiben Kat. 278–280. Die Außenformen wurden noch annähernd rund mit dem Meißel aus Blechen und die Löcher nachlässig mit Nägeln hergestellt.

4.3.f. Niete

Die Herstellung der Vollniete Kat. 291–293 ist mit der von geschmiedeten Nägeln vergleichbar. Die Setzköpfe entstanden wie Nagelköpfe im Nageleisen. Für die Fertigung der Schließköpfe wurde kein Kopfmacher verwendet. Ihre ungleiche Form ist auf Hammerschläge zurückzuführen. Es ist denkbar, dass weitere Funde aus dem Heraion die Gusstechnik für Niete belegen, wie es für hellenistische Werkstattabfälle in Kassope[362] und für Werkstätten nördlich der Alpen der Fall ist[363].

Für den Hohlniet (Kat. 290) wurde ein 0,6 mm dünnes Blech über einen annähernd 6,0 mm dicken runden Stift gerollt und im zweiten Arbeitsgang der schwach ausgebildete Setzkopf durch Börteln des Bleches vorbereitet. Der Schließkopf ist nicht erhalten.

4.3.g. Rohlinge

Rohlinge entstanden im Gussverfahren. Für den enormen Bedarf an Stabbarren bzw. Rohlingen in den antiken Schmieden ist der Guss in häufig verwendbaren Formen nahe liegend. Als stabartige Gegenstände von 55 mm Länge ohne weitere Benennung werden die Gussstücke aus einer assyrischen Form aus Kalkstein verstanden[364], doch es könnte sich auch hier um Rohlinge handeln. Abschließend sei an dieser Stelle noch einmal auf die besprochenen Ausarbeitungen für Rohlinge in der archaischen Formenhälfte aus Ägina verwiesen (Abb. 83)[365].

[362] Zimmer a. O. (Anm. 334) 88 Abb. 34.
[363] Drescher 1995, 256 f. 276–278; Born 1997, 85 f.
[364] R. B. Wartke, Vorderasiatische Gußformen aus den Staatlichen Museen zu Berlin, FuB 20, 1980, 226 f. Abb. 3.
[365] Siehe: Produkte – Nägel.

ZUSAMMENFASSUNG

In mehreren Restaurierungskampagnen wurden die bisher unberücksichtigten Bronzen früherer Grabungen aus dem samischen Heraheiligtum im Archäologischen Museum in Samos-Stadt bearbeitet.

Zu den Funden zählen auch Nägel, Niete, Stiften, Unterlegscheiben, ein Kettenglied, Mauerringe und Haken, die Grundlage für eine systematische Klassifizierung der antiken Befestigungselemente darstellen. Diese lassen sich in Hauptgruppen einteilen, in denen jeweils eine weitere Untergliederung nach Typen möglich ist. Die Typologie beruht auf dem derzeitigen Forschungsstand, kann jederzeit aktualisiert und erweitert werden.

Das breite Anwendungsspektrum antiker Befestigungselemente unterscheidet sich kaum von heutigen Einsatzbereichen und ist dennoch durch Demontage und Weiterverwendung verbindender und befestigender Bauteile an den Antiken weniger häufig nachweisbar.

Als Weihgaben und magisches Instrument wurden insbesondere Nägel geschätzt.

Die Herstellung der Befestigungselemente erfolgte in eigenen Handwerkerbetrieben im Gussverfahren, durch Ausschmieden und in einer Kombination beider Methoden.

SUMMARY

Several earlier restoration campaigns focused on the previously neglected bronzes from earlier digs at the Temple of Hera in Samos, which are housed in the Archaeological Museum in Samos City, Greece.

The findings also include nails, rivets, pins, washers, a link of a chain, wall rings and hooks, which form the basis of a systematic classification of ancient fastening elements. They can be arranged into main groups, under which they can be sub-divided further by type. The typology is based on research to date and may be updated and expanded at any time.

The broad spectrum of applications of ancient fastening elements hardly differs from today, but their usage in ancient constructions is, however, less easy to verify, due to the dismantling and re-using of joining and securing components.

Nails in particular were highly valued as a temple offering and magical instrument.

Fastening elements were produced using the casting process, by forging or through a combination of both these methods.

KATALOG

Der Katalog der samischen Befestigungstechnik wurde in Datenbanken erfasst[366]. Die Datensätze ermöglichen vergleichende Auswertungen der erfassten Parameter. Die über 25 Informationen zu jeweils einem Nagel, Niet, Stift etc. wurden hier auf die wichtigsten Angaben beschränkt.

Die Stücke mit der Fundortbezeichnung AB (alter Bestand) stammen aus der Grabung von Theodor Wiegand in den Jahren 1910–1914.

Alle Maße werden in Millimeter angegeben. Die Maßangaben für die Querschnitte von Kopf, Schaft und Stift beziehen sich bei »rund« auf den Durchmesser und bei »quadratisch« auf die Kantenlänge. Die Höhe des Kopfes und des Kopfrandes (R) wurde bei Nägeln, Niete und Stiften nur dann ermittelt, wenn ein Informationsgewinn erwartet wurde. Gleiches gilt für die Gewichtsangaben. Das Maß für den Schaft und den Stift entspricht dem größten Querschnitt, der immer direkt unterhalb des Kopfes ermittelt werden konnte.

BRONZE

Kat. 1
Inv.-Nr.: B 2358
Zierknauf-Nagel, Typ Z1
Zierknauf erhalten. Schaft verloren, nur als Rostablagerung erhalten.
Kopf rund 19,5; H 18,0; Schaft quadratisch 6,0; erh. L 18,0.
Glatte hellgrüne bis grüne Patina. Geglättete Oberfläche. Am Kopf ist Eisenkorrosion vom fehlerhaft montierten Schaft zu erkennen. FO: 1977, RB 77-284 8/3. 7.9.1977.

Kat. 2
Inv.-Nr.: B 2145
Pilzknauf-Nagel, Typ P1-C
Schaft nur als kleines Stück erhalten.
Kopf rund 42,0; H 20,0; Schaft rund 7,0; erh. L 23,5; 121,3 g.
Hellgrüne glatte Patina. FO: AB.

Kat. 3
Inv.-Nr.: B 2504
Pilzknauf-Nagel, Typ P1-A
Teil des Schaftes fehlt.
Kopf rund 24,5: H 12,5; Schaft rund, nur letztes Stück quadratisch 9,0; erh. L 47,0; 45,3 g.
Glatte bis leicht krustig hellgrüne Patina mit einzelnen Sinterauflagen. FO: 1983 SO, Fl. VI, Oberfläche. 8.7.1983.

Kat. 4
Inv.-Nr.: B 3178
Pilzknauf-Nagel, Typ P1-A
Teil des Schaftes fehlt.
Kopf rund 23,0; H 15,0; Schaft rund 7,0; erh. L 53,0.
Glatte grüne Patina, die vereinzelt am Kopf rot ist. FO: AB.

Kat. 5
Inv.-Nr.: B 3188
Pilzknauf-Nagel, Typ P1-A
Spitze fehlt. Schaft etwas verformt.
Kopf rund 23,0; H 11,0; Schaft quadratisch 5,5 × 6,0; erh. L 87,0.
Zumeist olivgrüne glatte Patina. In einigen Bereichen Abplatzung bis unter die antike Oberfläche mit hellgrüner Chloridbildung. FO: AB.

Kat. 6
Inv.-Nr.: B 3240
Pilzknauf-Nagel, Typ P1-B
Kleiner Teil des Schaftes fehlt.
Kopf rund 16,5; H 9,0; Schaft quadratisch 5,5; erh. L 37,0.
Grüne krustige Patina mit Schichtpocken. FO: AB.

Kat. 7
Inv.-Nr.: B 2149
Pilzknauf-Nagel, Typ P2-D
Schaft nur teilweise erhalten.
Kopf rund 28,0; H 13,0; Schaft rund 6,0–7,5; erh. L 22,0; 29,9 g.
Leicht krustig grüne bis hellgrüne Patina. FO: AB.

Kat. 8
Inv.-Nr.: B 2150
Pilzknauf-Nagel, Typ P2-C
Schaft fehlt vollständig.
Kopf rund, 28,5; H 12,5; Schaft rund 5,5; erh. L 12,5; 26,3 g.
Glatte bis leicht krustig grüne bis blaue Patina mit vereinzelten Sinterauflagen. FO: AB.

Kat. 9
Inv.-Nr.: B 506
Pilzknauf-Nagel, Typ P3-C
Schaft nur als Fragment erhalten.
Kopf rund 33,0; H 7,0; Schaft rund 4,0; erh. L 11,0; 35,6 g.
Grüne bis dunkelgrüne leicht krustige Patina. FO: 1938, Südpodium (früharchaische Schicht).

Kat. 10
Inv.-Nr.: B 581
Pilzknauf-Nagel, Typ P3-B
Schaft nicht vollständig erhalten.
Kopf rund 28,5; H 10,0; Schaft rund 5,0; erh. L 18,0; 21,7 g.
Leicht krustig grüne Patina mit Sinter. An der Unterseite ist Azurit vorhanden. FO: 1938, S. Bad +146/+124.

Kat. 11
Inv.-Nr.: B 2147
Pilzknauf-Nagel, Typ P3-D
Schaft nur als Fragment erhalten.
Kopf rund 34,5; H 10,5; Schaft quadratisch 4,0; erh. L 10,5; 41,1 g.
Braune glatte Patina mit einzelnen Chloriden. FO: AB.

[366] Die drei Datenbanken wurden mit viel Engagement von J. Gernentz mit dem Programm Filemaker Pro entwickelt.

Kat. 12
Inv.-Nr.: B 2146
Pilzknauf-Nagel, Typ P3-D
Schaft nur als Fragment erhalten.
Kopf rund 46,0; H 14,5; Schaft rund 4,5; erh. L 14,5; 102,4 g.
Grüne leicht krustige Patina mit vereinzelt blauem Azurit. Partiell mit Sinter. FO: AB.

Kat. 13
Inv.-Nr.: B 2148
Pilzknauf-Nagel, Typ P3-D
Schaft nur als kleines Fragment im Kopf erhalten.
Kopf rund 40,5; H 12,5; Schaft annähernd rund 5,5; erh. L 12,5; 54 g.
Glatte grüne bis blaue Patina. FO: AB.

Kat. 14
Inv.-Nr.: B 2151
Pilzknauf-Nagel, Typ P3-B
Nur kleines Stück des Schaftes erhalten.
Kopf rund 22,0; H 7,0; Schaft rund 6,0; erh. L 9,0; 5,8 g.
Leicht krustig grüne Patina mit zahlreichen Sintereinschlüssen. FO: AB.

Kat. 15
Inv.-Nr.: B 3239
Kegelkopf-Nagel, Typ K
Teil des Schaftes fehlt.
Kopf annähernd rund 13,0; H 4,5; R 1,5; Schaft quadratisch 5,0; erh. L 45,0.
Glatte dunkelgrüne Patina, die an Abplatzungen hellgrün ist. FO: AB.

Kat. 16
Inv.-Nr.: B 3410
Kegelkopf-Nagel, Typ K
Kleiner Teil der Spitze fehlt. Etwas gebogen. Verformter Kopf.
Kopf annähernd rund 11,5–12,0; H 3,0; R 1,0; Schaft quadratisch 4,5; erh. L 65,0; 6,8 g.
Leicht krustig grüne Patina. In vielen Bereichen ist das Grundmetall zu erkennen. FO: 1981 HS, 972. Raum 0/7. 28.9.1981.

Kat. 17
Inv.-Nr.: B 3418
Kegelkopf-Nagel, Typ K
Teile des Schaftes fehlt. Kopf etwas verformt. Etwas gebogen.
Kopf annähernd rund 12,0; H 4,0; R 1,0; Schaft quadratisch 5,0; erh. L 52,0; 7,0 g.
Glatte schwarze Patina. In einigen Bereichen ist das Grundmetall zu erkennen. FO: 1980 HS, 114. 13/6. 13.9.1980.

Kat. 18
Inv.-Nr.: B 3435
Kegelkopf-Nagel, Typ K
Teile des Schaftes und des Kopfes fehlen. Wohl antik gebogen.
Kopf annähernd rund 13,0; H 3,0; Schaft quadratisch 5,0; erh. L 37,0; 6,0 g.
Glatte grüne bis braune Patina. FO: 1980 HS, 121. 13/3. 10.9.1980.

Kat. 19
Inv.-Nr.: B 3456
Kegelkopf-Nagel, Typ K
Nur Teil des Schaftes erhalten. Gebogen.
Schaft quadratisch 4,0; erh. L 46,5.
Glatte braune Patina. FO: 1981 HS, 28/4a. 190. 8.6.1981.

Kat. 20
Inv.-Nr.: B 3200
Kegelkopf-Nagel, Typ K
Spitze fehlt. Kopf verformt. Schaft rechtwinklig gebogen.
Kopf beinahe quadratisch 14,0; H 6,0–7,0; R 1,5; Schaft quadratisch 6,0; erh. L 56,0; abgerollte L 75,0.
Zumeist glatte dunkelgrüne Patina. Vereinzelt leicht krustig. FO: AB.

Kat. 21
Inv.-Nr.: B 3229
Kegelkopf-Nagel, Typ K
Teil des Schaftes fehlt. Kopf verformt.
Kopf annähernd rund 14,5; H 6,0; R 1,0–2,0; Schaft quadratisch 6,5; erh. L 49,0; 9,3 g.
Glatte braune bis grüne Patina. Partiell krustiges blaues Azurit. FO: AB.

Kat. 22
Inv.-Nr.: B 3230
Kegelkopf-Nagel, Typ K
Spitze fehlt. Kopf verformt. Schaft etwas gebogen.
Kopf annähernd rund 18,5; H 6,5; R 1,5; Schaft quadratisch 6,5; erh. L 62,0.
Leicht krustig dunkelgrüne Patina. FO: AB.

Kat. 23
Inv.-Nr.: B 1385
Kegelkopf-Nagel, Typ K
Spitze fehlt. Schaft etwas gebogen.
Kopf annähernd rund 12,5–13,0; H 6,0; Schaft quadratisch 7,0; erh. L 45,0; 9,3 g.
Dunkelgrüne leicht krustige Patina mit Sintereinschlüssen. FO: 1957, Südbau. Im Kanal unter N-Schiff. +45 – +55 (derselbe Fundort wie Kat. 54).

Kat. 24
Inv.-Nr.: B 1356
Kegelkopf-Nagel, Typ K
Spitze fehlt. Gebogen.
Kopf annähernd rund 12,5–13,0; H 6,0; Schaft quadratisch 7,0; erh. L 45,0; 9,3 g.
Dunkelgrüne leicht krustige Patina mit zahlreichen Sinterauflagen. FO: 1960, Streufund.

Kat. 25
Inv.-Nr.: B 3041
Kegelkopf-Nagel, Typ K
Teil des Schaftes fehlt. Schaft etwas gebogen.
Kopf ungleich oval 14,0 × 17,0; Schaft quadratisch 7,0; erh. L 41,0; 11,3 g.
Hellgrüne Patina, die zumeist von einer Sinterschicht verdeckt ist. FO: 1961, NB Graben I Süd (derselbe Fundort wie Kat. 204).

Kat. 26
Inv.-Nr.: B 3407
Kegelkopf-Nagel, Typ K
Vollständig. Schaft etwas gebogen. Spitze aufgerissen. Kopf verformt.
Kopf annähernd rund 12,0; H 4,0; R 1,0; Schaft quadratisch 6,0; L 64,2; 10,2 g.
Glatte braune bis grüne Patina. FO: 1981 HS, 34/1. 164. 3.7.1981.

Kat. 27
Inv.-Nr.: B 3274
Kegelkopf-Nagel, Typ K
Nur Teil des Schaftes erhalten.
Schaft quadratisch 5,0; erh. L 40,0.
Glatte hellgrüne, partiell schwarze Patina. FO: AB.

Kat. 28
Inv.-Nr.: B 3199
Kegelkopf-Nagel, Typ K
Vollständig. Riss und Knick nahe der Spitze. Kopf verformt.
Kopf annähernd rund bis sechseckig 15,0; H 6,5; R 2,0; Schaft quadratisch 6,5; L 82,0.
Zumeist glatte dunkelgrüne Patina mit modernen Abplatzungen. FO: AB.

Kat. 29
Inv.-Nr.: B 3169
Kegelkopf-Nagel, Typ K
Vollständig. Kopf verformt.
Kopf annähernd rund 16,0; H 6,0; R 1,8; Schaft quadratisch 6,0 × 6,5; L 95,0; 19,4 g.
Zumeist glatte braune und hellgrüne Patina. FO: AB.

Kat. 30
Inv.-Nr.: B 3214
Kegelkopf-Nagel, Typ K
Vollständig. Schaft gebogen.
Kopf annähernd rund 14,0; Schaft quadratisch 7,0 × 8,0; L 102,0; 14,4 g.
Fast auf der gesamten Oberfläche Patinaabplatzung bis unter die originale Oberfläche. Dort dünne braune Patina. Sonst glatte grüne bis braune Patina. FO: AB.

Kat. 31
Inv.-Nr.: B 3411
Kegelkopf-Nagel, Typ K
Vollständig. Kopf verformt, Rand hier aufgerissen. Schaft gebogen und verdreht.
Kopf annähernd rund 13,0; H 5,0–6,0; R 1,0; Schaft quadratisch 6,0; L 75,0; 13,5 g.
Zum Teil leicht krustig grüne Patina. In anderen Bereichen ist durch eine dünne Oxidschicht das Grundmetall zu erkennen. FO: 1980 HS, 80-112. 13/7. 15.9.1980.

Kat. 32
Inv.-Nr.: B 1355
Kegelkopf-Nagel, Typ K
Nur Teil des Schaftes erhalten.
Schaft quadratisch 5,5 × 6,0; erh. L 54,0.
Leicht krustig dunkelgrüne bis schwarzgrüne Patina mit Sintereinschlüssen. FO: 1960, Streufund.

Kat. 33
Inv.-Nr.: B 3390
Kegelkopf-Nagel, Typ K
Teil des Schaftes fehlt. Schaft gebogen. Kopf verformt.
Kopf annähernd rund 17,0; H 7,0; R 2,0; Schaft quadratisch 7,0; erh. L 57,0; 19,8 g.
Glatte grüne Patina. FO: 1980 HS, 80-37. 8/3.6. 10.9.1980.

Kat. 34
Inv.-Nr.: B 3176
Kegelkopf-Nagel, Typ K
Großer Teil des Schaftes fehlt. Kopf verformt.
Kopf rund 20,0; H 11,0; R 2,5; Schaft quadratisch 8,5; erh. L 42,0.
Zumeist glatt dunkelgrün Patina. FO: AB.

Kat. 35
Inv.-Nr.: B 176
Kegelkopf-Nagel, Typ K
Vollständig. Etwas gebogen. Kerben an den Kanten des Schaftes. Kopf sekundär umgearbeitet.
Kopf rund bis quadratisch 12,0 × 12,5; H 4,0–5,0; Schaft quadratisch 7,5 × 8,0; L 92,0; 28,9 g.
Hellgrüne Patina mit Rostablagerungen am Schaft. FO: 1929 (?), im Odeion in L 13.

Kat. 36
Inv.-Nr.: B 3152
Kegelkopf-Nagel, Typ K
Vollständig.
Kopf annähernd rund 21,0–21,5; H 7,0; R 3,0; Schaft quadratisch 10,0; L 141,0; 69,8 g.
Zumeist glatte dunkelgrüne Patina. FO: AB.

Kat. 37
Inv.-Nr.: B 3153
Kegelkopf-Nagel, Typ K
Vollständig.
Kopf: annähernd rund 20,5–21,5; H 7,0; R 3,0; Schaft: quadratisch 10,5; L 137,0; 69,7 g.
Zumeist glatte dunkelgrüne Patina. FO: AB.

Kat. 38
Inv.-Nr.: B 3154
Kegelkopf-Nagel, Typ K
Vollständig.
Kopf annähernd rund 19,5–21,0; H 7,5; R 3,0; Schaft quadratisch 10,5; L 139,0; 63,0 g.
Zumeist glatte dunkelgrüne Patina. FO: AB.

Kat. 39
Inv.-Nr.: B 3155
Kegelkopf-Nagel, Typ K
Vollständig.
Kopf annähernd rund 18,5–19,5; H 7,5; R 2,5; Schaft quadratisch 10,5; L 138,5; 67,7 g.
Zumeist glatte dunkelgrüne Patina. FO: AB.

Kat. 40
Inv.-Nr.: B 3156
Kegelkopf-Nagel, Typ K
Kleiner Teil des Schaftes fehlt.
Kopf rund bis quadratisch 18,5 × 19,0; H 7,5; R 4,0; Schaft quadratisch 10,0; erh. L 112,0.
Zumeist glatte dunkelgrüne Patina. FO: AB.

Kat. 41
Inv.-Nr.: B 66
Kegelkopf-Nagel, Typ K
Vollständig.
Kopf rund 21,0; H 10,0; R 3,5; Schaft quadratisch 10,0; L 144,0; 74,1 g.
Zumeist glatte dunkelgrüne Patina. FO: 1926, in H/J. 6/7.

Kat. 42
Inv.-Nr.: B 3157
Kegelkopf-Nagel, Typ K
Vollständig.
Kopf rund bis quadratisch 21,0 × 19,0; H 7,5; R 4,0; Schaft quadratisch 10,5 × 9,5; L 147,0; 79,1 g.
Zumeist glatte dunkelgrüne Patina. FO: AB.

Kat. 43
Inv.-Nr.: B 3194
Kegelkopf-Nagel, Typ K
Nur Teil des Schaftes erhalten.
Schaft quadratisch 10,5; erh. L 53,0.
Zumeist glatte dunkelgrüne Patina. FO: AB.

Kat. 44
Inv.-Nr.: B 3159
Kegelkopf-Nagel, Typ K
Spitze fehlt. Kopf verformt.
Kopf annähernd rund 22,0; H 9,0; R 3,0–4,0; Schaft quadratisch 11,5; erh. L 95,0.
Zumeist glatte dunkelgrüne Patina. FO: AB.

Kat. 45
Inv.-Nr.: B 3149
Kegelkopf-Nagel, Typ K
Vollständig. Kopf verformt.
Kopf annähernd rund bis dreieckig 23,5; H 9,0; R 4,0; Schaft quadratisch 12,0; L 175,0; 108,3 g
Leicht krustig grüne Patina. FO: AB.

Kat. 46
Inv.-Nr.: B 3172
Kegelkopf-Nagel, Typ K
Spitze fehlt.
Kopf rund bis dreieckig 23,0; H 11,0; R 2,0; Schaft quadratisch 10,0 × 10,5; erh. L 177,0; 98,0 g.
Zumeist glatte dunkelgrüne Patina. Partiell am Schaft und großflächig am Kopf Schichtpockenkorrosion. FO: AB.

Kat. 47
Inv.-Nr.: B 3398
Schirmkopf-Nagel, Typ S1a
Vollständig. Schaft etwas gebogen.
Kopf annähernd rund 7,0–5,0; Schaft rund 3,0; L 27,0.
Hellgrüne glatte Patina. FO: 1981 HS, 81-367. 17+18/7.b. 17.6.1981.

Kat. 48
Inv.-Nr.: B 3393
Schirmkopf-Nagel, Typ S1a
Vollständig. Schaft etwas gebogen.
Kopf rund 6,5; Schaft annähernd rund 4,0; L 36,0.
Braune glatte, vereinzelt grüne krustige Patina. FO: 1981 HS, 18/7. 235. 18.6.1981.

Kat. 49
Inv.-Nr.: B 3224
Schirmkopf-Nagel, Typ S1a
Spitze fehlt. Schaft rechtwinklig gebogen.
Kopf rund 9,5; H 3,0; Schaft rund 4,5; L 57,0; erh. abgerollte L 79,0.
Viele Schichtpocken, nur partiell glatte grüne Patina. FO: AB.

Kat. 50
Inv.-Nr.: B 3201
Schirmkopf-Nagel, Typ S1a
Vollständig. Schaft etwas gebogen.
Kopf rund 12,5; H 4,0; R 2,5; Schaft bis 20,0 rund, dann quadratisch 6,0; L 70,0.
Zumeist glatte grüne Patina. FO: AB.

Kat. 51
Inv.-Nr.: B 3211
Schirmkopf-Nagel, Typ S1a
Spitze fehlt. Schaft gebogen.
Kopf annähernd rund 12,0–13,0; Schaft annähernd rund bis fünfeckig 6,0; erh. L 65,0.
Am Schaft dunkelgrüne glatte Patina. Am Kopf leicht krustige Korrosion. FO: AB.

Kat. 52
Inv.-Nr.: B 3395
Schirmkopf-Nagel, Typ S1a
Kleiner Teil der Spitze fehlt. Schaft gebogen.
Kopf rund 13,0; H 3,5; R 1,5–2,5; Schaft: annähernd rund 6,0; erh. L 81,5.
Leicht krustig grüne bis glatte braune Patina. FO: 1980 HS, 80-58. 7/4.b. 10.9.1980.

Kat. 53
Inv.-Nr.: B 3413
Schirmkopf-Nagel, Typ S1a
Großer Teil des Schaftes fehlt. Moderne Verletzung am Schaft bis auf das Grundmetall.
Kopf rund 15,0; Schaft annähernd rund 6,5; erh. L 32,5.
Hellbraune bis dunkelgrüne glatte Patina. FO: 1980 HS, 80-112. 13/7. 15.9.1980.

Kat. 54
Inv.-Nr.: B 1411
Schirmkopf-Nagel, Typ S1a
Teile des Kopfes und des Schaftes fehlen.
Kopf rund 17,0; H 4,0, R 1,5–3,0; Schaft rund 6,0; erh. L 56,0.
Weitestgehend mit Rost bedeckt. FO: 1957, Südbau, im Kanal unter N-Schiff +45 – +55 (derselbe Fundort wie Kat. 23).

Kat. 55
Inv.-Nr.: B 3404
Schirmkopf-Nagel, Typ S1a
Vollständig. Spitze aufgerissen.
Kopf rund 15,0; Schaft rund 6,0; L 66,0.
Glatte braune bis leicht krustig grüne Patina. FO: 1981 HS, 24/14. 231. 1.9.1981.

Kat. 56
Inv.-Nr.: B 3204
Schirmkopf-Nagel, Typ S1a
Teil der Spitze fehlt. Spitze aufgerissen.
Kopf rund 15,5; H 6,0; R 3,5; Schaft bis 25,0 rund, dann rund bis quadratisch 8,0; erh. L 63,0.
Zumeist braune glatte Patina. FO: AB.

Kat. 57
Inv.-Nr.: B 3206
Schirmkopf-Nagel, Typ S1a
Teil des Schaftes fehlt. Schaft gebogen.
Kopf rund 18,0; H 6,0; R 3,5; Schaft rund 6,5; erh. L 48,0.
Braune Patina mit vielen Ausblühungen. FO: AB.

Kat. 58
Inv.-Nr.: B 3182
Schirmkopf-Nagel, Typ S1a
Teil des Schaftes fehlt. Schaft etwas gebogen.
Kopf rund 17,5; Schaft rund 9,5; erh. L 44,5.
Starke Chloridkorrosion am Schaft bis unter die antike Oberfläche. FO: AB.

Kat. 59
Inv.-Nr.: B 3212
Schirmkopf-Nagel, Typ S1a
Teil des Schaftes fehlt.

Kopf rund 18,0; H 4,5; R 3,0; Schaft rund 8,0; erh. L 52,0.
Glatte grüne Patina. An Fehlstellen ist die Patina rot. FO: AB.

Kat. 60
Inv.-Nr.: B 3392
Schirmkopf-Nagel, Typ S1a
Teil des Schaftes fehlt. Schaft etwas gebogen.
Kopf rund 19,0; H 6,0; R 5,0; Schaft rund 8,5; erh. L 58,0.
Braune glatte Patina und Chloridausblühungen. Teilweise ist die antike Oberfläche verloren. FO: 1981 HS, 17+18/4.a. 258. 1.7.1981.

Kat. 61
Inv.-Nr.: B 3208
Schirmkopf-Nagel, Typ S1a
Kopf etwas verformt. Schaft gebogen.
Kopf rund 21,0; H 8,0; R 3,5; Schaft annähernd rund bis achteckig 8,0; L 67,0.
Zumeist glatte braune Patina mit blauem krustigem Azurit. FO: AB.

Kat. 62
Inv.-Nr.: B 3397
Schirmkopf-Nagel, Typ S1a
Teil des Schaftes fehlt. Schaft deutlich gebogen.
Kopf rund 19,0; H 3,0; Schaft annähernd rund 9,5; erh. L 73,0.
Schwarze und leicht krustig grüne Patina mit Schichtpocken. FO: 1981 HS, 32+33/10.b1. 158. 22.7.1981.

Kat. 63
Inv.-Nr.: B 3170
Schirmkopf-Nagel, Typ S1a
Kleiner Teil der Spitze fehlt.
Kopf rund 20,0; H 6,0; R 4,0; Schaft rund 8,5; erh. L 81,5.
Zumeist glatte braune und olivgrüne Patina. FO: AB.

Kat. 64
Inv.-Nr.: B 3243
Schirmkopf-Nagel, Typ S1a
Kleiner Teil der Spitze fehlt. In zwei Bereichen rechtwinklig gebogen.
Kopf annähernd rund 9,0; H 2,0; Schaft annähernd rund 4,0; erh. L 43,0; abgerollte erh. L 79,0.
Zumeist glatte und dunkelgrüne Patina. Nahe Kopf und am Kopf blaues Azurit. FO: AB.

Kat. 65
Inv.-Nr.: B 3409
Schirmkopf-Nagel, Typ S1a
Kleiner Teil der Spitze fehlt. Etwas gebogen.
Kopf rund 12,0; H 2,5; Schaft rund 4,5; erh. L 49,0.
Zumeist glatte grüne bis schwarze Patina. FO: 1981 HS, 18/4. 195. 8.6.1981.

Kat. 66
Inv.-Nr.: B 1716
Schirmkopf-Nagel, Typ S1a
Vollständig. Schaft gebogen. Spitze beinahe rechtwinklig gebogen.
Kopf rund 10,5; H 3,5; R 3,0; Schaft rund 5,0; L 88,5.
Hellgrüne relativ glatte Patina mit partieller Rostauflage. FO: 1965, H-S-T, 2, vorrhoikische Schicht.

Kat. 67
Inv.-Nr.: B 3215
Schirmkopf-Nagel, Typ S1a
Vollständig. Schaft etwas gebogen.
Kopf rund 13,0; H 3,0; Schaft rund 4,5; L 120,0.
Braune bis grüne glatte Patina. FO: AB.

Kat. 68
Inv.-Nr.: B 3158
Schirmkopf-Nagel, Typ S1a
Spitze fehlt. Schaft etwas gebogen. Kopf verformt.
Kopf rund 14,0; H 3,5; Schaft achteckig 6,5; erh. L 128,0.
Dunkelbraune glatte, partiell leicht krustig grüne Patina mit Ausblühungen. FO: AB.

Kat. 69
Inv.-Nr.: B 3291
Schirmkopf-Nagel, Typ S1a
Vollständig.
Kopf rund 16,5; H 5,0; R 2,0–3,0; Schaft rund 7,5; L 104,5; 18,7 g.
Glatte hellgrüne bis dunkelgrüne Patina. FO: AB.

Kat. 70
Inv.-Nr.: B 2441
Schirmkopf-Nagel, Typ S1a
Teil der Spitze fehlt.
Kopf rund 18,0; H 3,5; Schaft rund 7,0; erh. L 132,0.
Hellgrüne Patina mit Sinterauflagen. FO: 1983 SO, VI. Nord. 26.7.1983 (hoch- bis spätarchaisches Niveau).

Kat. 71
Inv.-Nr.: B 3171
Schirmkopf-Nagel, Typ S1a
Vollständig. Spitze aufgerissen.
Kopf rund 26,0; H 6,0; R 2,5; Schaft rund 10,0; L 170,0; 78,8 g.
Zumeist glatte braune Patina. FO: AB.

Kat. 72
Inv.-Nr.: B 3145
Schirmkopf-Nagel, Typ S1a
Vollständig. Schaft um 180° gebogen.
Kopf rund 24,0; H 6,5; R 3,5; Schaft bis ca. 35,0 quadratisch dann rund 9,5; L 102,5, abgerollte L 117,0.
Glatte braune, wenig grüne Patina. FO: AB.

Kat. 73
Inv.-Nr.: B 60
Schirmkopf-Nagel, Typ S1a
Vollständig.
Kopf rund 21,0; H 7,0; R 3,5; Schaft rund 9,5; L 200,0.
Glatte grüne Patina. FO: 1926, aus dem oberen Schutt. H/I. 6/7.

Kat. 74
Inv.-Nr.: B 3415
Schirmkopf-Nagel, Typ S1b
Teile des Kopfes fehlen. Kopf verformt. Schaft etwas gebogen.
Kopf annähernd rund 7,5; Schaft quadratisch 3,0; L 29,0.
Glatte dunkelgrüne und leicht krustig grüne Patina. FO: 1980 HS, 80-326. Steg HS 80 westl. N-S Mauer unter 2. Estrich 1. 7.10.1980.

Kat. 75
Inv.-Nr.: B 3403
Schirmkopf-Nagel, Typ S1b
Teil des Schaftes fehlt.
Kopf rund 10,0; Schaft rund 4,0; erh. L 37,0.
Krustig grüne bis braune Patina mit Ausblühungen. FO: 1980 HS, 25/14. 231. 1.9.1980.

Kat. 76
Inv.-Nr.: B 3400
Schirmkopf-Nagel, Typ S1b
Kleiner Teil des Kopfes fehlt.
Kopf rund 12,0; Schaft quadratisch 4,0; L 61,5.
Glatte braune Patina mit einigen Ausblühungen. FO: 1980 HS 80, Raum G/3.b. Schwarze Erde. 7.10.1980.

Kat. 77
Inv.-Nr.: B 3203
Schirmkopf-Nagel, Typ S1b
Teil der Spitze fehlt. Schaft gebogen.
Kopf rund 10,0; Schaft quadratisch 5,0; erh. L 59,0.
Zumeist olivgrün bis hellgrüne Patina. FO: AB.

Kat. 78
Inv.-Nr.: B 3226
Schirmkopf-Nagel, Typ S1b
Vollständig. Schaft stark gebogen.
Kopf rund 10,0; Schaft quadratisch 5,0; L 65,0.
Glatte braune bis dunkelgrüne Patina, die am Kopf leicht krustig ist. FO: AB.

Kat. 79
Inv.-Nr.: B 3232
Schirmkopf-Nagel, Typ S1b
Kleiner Teil der Spitze fehlt. Schaft gebogen. Rand des Kopfes ausgerissen.
Kopf rund 10,5; Schaft quadratisch 4,0; erh. L 65,0.
Zumeist krustig grüne Patina mit Abplatzungen. FO: AB.

Kat. 80
Inv.-Nr.: B 3408
Schirmkopf-Nagel, Typ S1b
Teil des Schaftes fehlt. Schaft beinahe rechtwinklig gebogen. Partiell ist das Grundmetall sichtbar.
Kopf annähernd rund 14,0; Schaft am Ansatz rund, dann quadratisch 6,0; erh. L 49,0.
Leicht krustig grüne bis glatte braune Patina. FO: 1980 HS, 28 unten O-W-Mauer. 7.8.1980.

Kat. 81
Inv.-Nr.: B 3202
Schirmkopf-Nagel, Typ S1b
Teil des Schaftes fehlt.
Kopf rund 13,5; H 5,5; Schaft quadratisch 5,5; erh. L 52,0; 7,0 g.
Zumeist krustig grüne bis rote Patina. Glatte olivgrüne Patina am Kopf. FO: AB.

Kat. 82
Inv.-Nr.: B 3218
Schirmkopf-Nagel, Typ S1b
Vollständig.
Kopf rund 13,5; Schaft quadratisch 5,0; L 81,0.
Zumeist leicht krustig grüne Patina. FO: AB.

Kat. 83
Inv.-Nr.: B 3391
Schirmkopf-Nagel, Typ S1b
Teil der Spitze fehlt. Schaft insgesamt gebogen und an einer Stelle beinahe rechtwinklig gebogen.
Kopf rund 10,5; Schaft quadratisch 5,5; abgerollte erh. L 90,0.
Leicht krustig grüne Patina mit partiellen Schichtpocken. FO: 1981 HS, 81-936. Raum P5. 25.9.1981.

Kat. 84
Inv.-Nr.: B 3216
Schirmkopf-Nagel, Typ S1b
Vollständig. Unterer Teil des Schaftes gebogen.
Kopf annähernd rund 12,0–13,0; H 4,0; R 2,0–2,5; Schaft quadratisch 5,0; L 85,0.
Zumeist krustig grüne Patina. FO: AB.

Kat. 85
Inv.-Nr.: B 3166
Schirmkopf-Nagel, Typ S1b
Kleiner Teil der Spitze fehlt.
Kopf rund 15,0; Schaft bis 10,0 rund, dann quadratisch 6,4; erh. L 95,0.
Zumeist grüne Patina, am Kopf leicht krustig. FO: AB.

Kat. 86
Inv.-Nr.: B 3192
Schirmkopf-Nagel, Typ S1b
Kleiner Teil der Spitze fehlt. Schaft etwas gebogen.
Kopf rund 16,0; Schaft bis 27,0 rund, dann quadratisch 6,0; erh. L 115,0.
Zumeist grüne Patina. FO: AB.

Kat. 87
Inv.-Nr.: B 3209
Schirmkopf-Nagel, Typ S1b
Teil des Schaftes fehlt. Schaft gebogen.
Kopf rund 14,5; Schaft quadratisch 6,5; erh. L 58,0.
Braune bis grüne partiell leicht krustig Patina. FO: AB.

Kat. 88
Inv.-Nr.: B 3210
Schirmkopf-Nagel, Typ S1b
Vollständig.
Kopf rund 14,5; Schaft quadratisch 6,5; L 78,0; 13,3 g.
Zumeist glatte braune Patina. An einer Seite deutliche Ausblühungen. FO: AB.

Kat. 89
Inv.-Nr.: B 3205
Schirmkopf-Nagel, Typ S1b
Teil des Schaftes fehlt.
Kopf rund 14,5; Schaft quadratisch 6,5; erh. L 62,0.
Zumeist glatte braune Patina. FO: AB

Kat. 90
Inv.-Nr.: B 3233
Schirmkopf-Nagel, Typ S1b
Vollständig. Schaft rechtwinklig gebogen.
Kopf rund 17,5; Schaft quadratisch 5,0; L 65,0; abgerollte L 110,0.
Zumeist glatte braune bis dunkelgrüne Patina. FO: AB.

Kat. 91
Inv.-Nr.: B 3394
Schirmkopf-Nagel, Typ S1b
Vollständig.
Kopf annähernd rund 23,5–25,0; Schaft quadratisch 10,0; L 53,5; 28,8 g.
Zumeist leicht krustig grüne bis glatte braune Patina. FO: 1981 HS, Steg 28/29 118. 20.7.1981.

Kat. 92
Inv.-Nr.: B 3175
Schirmkopf-Nagel, Typ S1b
Vollständig. Schaft in zwei Bereichen ehemals rechtwinklig gebogen.
Kopf rund 28,0; H 2,0–2,5; Schaft bis 15,0 rund, dann quadratisch 9,0; L 149,0; abgerollte L 154,0.
Leicht krustig grüne bis wenig braune Patina. FO: AB.

Kat. 93
Inv.-Nr.: B 3250
Schirmkopf-Nagel, Typ S2a
Teil des Schaftes fehlt.
Kopf rund 8,5; H 2,0; Schaft rund 3,0; erh. L 19,5.
Zumeist leicht krustig grüne Patina. FO: AB.

Kat. 94
Inv.-Nr.: B 3246
Schirmkopf-Nagel, Typ S2a
Vollständig. Schaft im oberen Bereich beinahe rechtwinklig gebogen.
Kopf annähernd rund bis oval 8,0 × 9,0; H 2,0; Schaft rund 3,0; L 42,0.
Zumeist dunkelgrüne glatte Patina. FO: AB.

Kat. 95
Inv.-Nr.: B 82
Schirmkopf-Nagel, Typ S2a
Vollständig. Schaft unter dem Kopf gebogen, so dass ein Bronzestück gehalten wird.
Kopf rund 12,0; Schaft rund 2,5; L Schaft 63,0.
Bronzestück: 51,0 × 12,5 × 7,0.
Relativ glatte hellgrüne Patina. FO: 1927, Streufund.

Kat. 96
Inv.-Nr.: B 3242
Schirmkopf-Nagel, S2a
Vollständig.
Kopf rund 12,0; Schaft fünfeckig 5,5; L 48,0.
Glatte braune bis grüne Patina. FO: AB.

Kat. 97
Inv.-Nr.: B 3241
Schirmkopf-Nagel, Typ S2a
Teil des Schaftes fehlt.
Kopf annähernd rund 12,0; Schaft rund 4,5; erh. L 67,5.
Zumeist glatte dunkelgrüne bis braune Patina. FO: AB.

Kat. 98
Inv.-Nr.: B 1390
Schirmkopf-Nagel, Typ S2a
Die Spitze fehlt. Kopf stark verformt.
Kopf evtl. rund; Schaft rund 5,5; erh. L 87,0.
Leicht krustig hellgrüne Patina mit partiellen Rostauflagen in der Sinterschicht. FO: 1957 H, w. SH. und S-Bau.

Kat. 99
Inv.-Nr.: B 1405
Schirmkopf-Nagel, Typ S2a
Kleiner Teil der Spitze fehlt. Schaft etwas gebogen.
Kopf annähernd rund 12,0; Schaft rund 6,0; erh. L 70,5.
Hellgrüne Patina mit einigen Sinterauflagen. FO: 1957 H, w. SH. nördl. S-Bau, polykratische Aufschüttung.

Kat. 100
Inv.-Nr.: B 3263
Schirmkopf-Nagel, Typ S2a
Teil des Schaftes fehlt. Schaft um 180° gebogen.
Kopf rund 14,5; Schaft rund 5,5; erh. L 27,0.
Vollständig korrodiert, deutliche Schichtpockenbildung. FO: AB.

Kat. 101
Inv.-Nr.: B 3471
Schirmkopf-Nagel, Typ S2a
Vollständig. Teil eines Bronzestückes erhalten.
Kopf rund 17,5; Schaft rund 6,0; L 52,0.
Bronzestück Maße nicht ermittelbar.
Glatte bis leicht krustig grüne Patina. FO: 1998 HS, 138/6. F-Nr. HS 98-73. 28.8.1998.

Kat. 102
Inv.-Nr.: B 3213
Schirmkopf-Nagel, Typ S2a
Vollständig. Schaft etwas gebogen.
Kopf annähernd rund 18,0; Schaft rund 8,0; L 43,0.
Zumeist hellgrüne glatte Patina. FO: AB.

Kat. 103
Inv.-Nr.: B 560
Schirmkopf-Nagel, Typ S2a
Teil des Schaftes fehlt.
Kopf annähernd rund 18,0; H 3,0; Schaft annähernd rund 7,0; erh. L 100,0.
Zumeist braune rostfarbene leicht krustige Oberfläche. FO: 1938, sww. Wasserschacht. S+110/+92.

Kat. 104
Inv.-Nr.: B 3160
Schirmkopf-Nagel, Typ S2a
Vollständig. Schaft deutlich gebogen.
Kopf rund 20,0; Schaft rund 7,5; L 90,0.
Zumeist hellgrüne glatte Patina. FO: AB.

Kat. 105
Inv.-Nr.: B 3207
Schirmkopf-Nagel, Typ S2a
Teil des Schaftes fehlt.
Kopf rund 21,0; Schaft bis 15,0 rund, dann annähernd rund 8,0; erh. L 72,0.
Zumeist grüne leicht krustige Patina. FO: AB.

Kat. 106
Inv.-Nr.: B 3080
Schirmkopf-Nagel, Typ S2a
Teil des Schaftes fehlt.
Kopf rund 21,0; Schaft rund 8,0; erh. L 80,0.
Hellgrüne bis grüne Patina mit Sinter. FO: 1984, SO, 014d 47/4. 21.6.1984.

Kat. 107
Inv.-Nr.: B 3150
Schirmkopf-Nagel, Typ S2a
Vollständig. Schaft im unteren Bereich beinahe rechtwinklig gebogen.
Kopf rund 20,0; Schaft bis 35,0 rund, dann annähernd rund 8,5; L 153,0; abgerollte L 157,0.
Zumeist leicht krustig grüne bis braune Patina. Teilweise ist die originale Oberfläche verloren. FO: AB.

Kat. 108
Inv.-Nr.: B 2421
Schirmkopf-Nagel, Typ S2a

Vollständig. Kopf etwas verformt. Kopfrand an einer Stelle gerissen. Schaft deutlich gebogen.
Kopf annähernd rund 23,5; Schaft bis 150,0 rund, dann quadratisch 10,0; L 187,0.
Braune Oberfläche. FO: 1983, SO, 014b 19/5. (Fl. III). 23.6.1983.

Kat. 109
Inv.-Nr.: B 3086
Schirmkopf-Nagel, Typ S2a
Großer Teil des Schaftes fehlt. Kopfrand an einer Stelle gerissen.
Kopf rund 38,5; Schaft rund 10,0; erh. L 37,0.
Leicht krustig grüne Patina mit Schichtpocken. FO: 1977, RB 696. 3/8. Außerhalb RB Süd.

Kat. 110
Inv.-Nr.: B 3181
Schirmkopf-Nagel, Typ S2a
Vollständig. Moderner Kratzer.
Kopf rund 27,0; Schaft rund, nur Spitze quadratisch 10,0; L 46,0.
Zumeist braune und wenig grüne Patina. FO: AB.

Kat. 111
Inv.-Nr.: B 3162
Schirmkopf-Nagel, Typ S2b
Kleiner Teil der Spitze fehlt. Schaft etwas gebogen.
Kopf quadratisch 24,0; Schaft quadratisch 8,0; erh. L 125,0.
Zumeist braune bis grüne wenig krustige Patina. FO: AB.

Kat. 112
Inv.-Nr.: B 3143
Schirmkopf-Nagel, Typ S2b
Spitze fehlt. Schaft deutlich gebogen.
Kopf annähernd quadratisch 24,0 × 25,5; Schaft quadratisch 8,0; erh. L 119,0.
Zumeist braun, Patina mit etwas blauem Azurit. FO: AB.

Kat. 113
Inv.-Nr.: B 3168
Schirmkopf-Nagel, Typ S2b
Teil des Schaftes fehlt.
Kopf annähernd quadratisch 23,0 × 24,0; Schaft quadratisch 8,5; erh. L 70,0.
Zumeist olivgrüne glatte Patina. FO: AB.

Kat. 114
Inv.-Nr.: B 3180
Schirmkopf-Nagel, Typ S2b
Großer Teil des Schaftes fehlt. Kopf deutlich verformt.
Kopf quadratisch 26,0; Schaft quadratisch 9,5; erh. L 43,0.
Leicht krustig zumeist grüne nur wenig braune Patina. FO: AB.

Kat. 115
Inv.-Nr.: B 3179
Schirmkopf-Nagel, Typ S2b
Teil des Schaftes fehlt. Schaft deutlich gebogen. Kopf verformt und gerissen.
Kopf annähernd quadratisch 24,0; Schaft quadratisch 8,0; erh. L 61,5.
Zumeist braune Oxidpatina. FO: AB.

Kat. 116
Inv.-Nr.: B 3144
Schirmkopf-Nagel, Typ S2b
Vollständig. Schaft in zwei Bereichen rechtwinklig gebogen. Schaft verdreht. Kopf deutlich verformt und gerissen.
Kopf quadratisch 20,0; Schaft quadratisch 8,0; erh. L 67,0; abgerollte L ca. 130,0.
Zumeist glatte braune Patina mit einzelnem blauem Azurit. FO: AB.

Kat. 117
Inv.-Nr.: B 3167
Schirmkopf-Nagel, Typ S2b
Teil des Schaftes fehlt. Schaft etwas gebogen. Eine Ecke des Kopfes fehlt.
Kopf quadratisch 20,0; Schaft quadratisch 8,5; erh. L 80,5.
Zumeist olivgrüne glatte Patina. FO: AB.

Kat. 118
Inv.-Nr.: B 3183
Schirmkopf-Nagel, Typ S2b
Teil des Schaftes fehlt. Kopf mit Fehlstellen von einem Meißelschlag.
Kopf quadratisch 22,0; Schaft quadratisch mit Fase 9,0; erh. L 52,0.
Zumeist glatte braune mit wenig grüner Patina. FO: AB.

Kat. 119
Inv.-Nr.: B 3260
Schirmkopf-Nagel, Typ S2b
Teil des Schaftes fehlt. Kopfrand ausgerissen.
Kopf annähernd quadratisch 12,0; Schaft quadratisch 5,0; erh. L 27,0.
Zumeist dunkelgrüne Patina. FO: AB.

Kat. 120
Inv.-Nr.: B 3237
Schirmkopf-Nagel, Typ S2b
Vollständig. Schaft deutlich gebogen. Kopf etwas verformt.
Kopf rund bis quadratisch 14,0; Schaft quadratisch 5,0; L 54,0.
Glatte dünne braune Patina. FO: AB.

Kat. 121
Inv.-Nr.: B 2443
Schirmkopf-Nagel, Typ S2b
Vollständig. Gebogen.
Kopf rechteckig (sekundär?) 18,0 × 10,5; Schaft bis 8,0 rund, dann quadratisch 6,0; L 130,0.
Leicht krustig hellgrüne bis grüne Patina mit rostfarbenen Auflagen. FO: 1983, SO, Streufund.

Kat. 122
Inv.-Nr.: B 3187
Beschlagnagel, Typ Be1
Vollständig.
Kopf oval 11,0 × 15,0; Schaft annähernd quadratisch 4,5 × 5,0; L 48,0.
Etwas narbige braune bis grüne Patina. FO: AB.

Kat. 123
Inv.-Nr.: B 3231
Beschlagnagel, Typ Be1
Vollständig. Spitze rechtwinklig gebogen.
Kopf exzentrisch, annähernd rund 12,5; Schaft bis 10,0 rund, dann quadratisch 5,5; erh. L 43,0; abgerollte L 54,5.
Zumeist glatte dunkelgrüne bis braune Patina. FO: AB.

Kat. 124
Inv.-Nr.: B 3233
Beschlagnagel, Typ Be1

Vollständig. Schaft gebogen.
Kopf exzentrisch, annähernd rund 12,0; Schaft quadratisch 5,5; L 48,0.
Leicht krustig grüne Patina. FO: AB.

Kat. 125
Inv.-Nr.: B 3234
Beschlagnagel, Typ Be1
Vollständig. Unter dem Kopf gleichmäßig angeordnete Zacken.
Kopf oval 8,0 × 10,5; Schaft quadratisch 5,0; L 32,5.
Leicht krustig braune wenig grüne Patina. FO: AB.

Kat. 126
Inv.-Nr.: B 3235
Beschlagnagel, Typ Be1
Spitze fehlt. Schaft etwas gebogen. Rand des Kopfes ausgerissen.
Kopf annähernd rund 10,0; Schaft quadratisch 5,5; erh. L 43,0.
Krustig grüne Patina mit Ausblühungen. FO: AB.

Kat. 127
Inv.-Nr.: B 3236
Beschlagnagel, Typ Be1
Vollständig. Kopf und Schaft etwas gebogen.
Kopf rund 16,0; Schaft quadratisch 5,5; L 41,0.
Relativ glatte dunkelgrüne und braune Patina. FO: AB.

Kat. 128
Inv.-Nr.: B 3248
Beschlagnagel, Typ Be1
Vollständig. Schaft etwas gebogen.
Kopf annähernd sechseckig 14,0; Schaft quadratisch 5,5; L 44,5; 6,8 g.
Dunkelgrüne glatte Patina mit Ausblühungen. FO: AB.

Kat. 129
Inv.-Nr.: B 3249
Beschlagnagel, Typ Be1
Vollständig. Rand des Kopfes ausgerissen.
Kopf annähernd viereckig 9,5 × 11,0; Schaft quadratisch 5,5; L 35,0.
Zumeist Schichtpocken mit wenig glatter schwarzer Patina. FO: AB.

Kat. 130
Inv.-Nr.: B 3258
Beschlagnagel, Typ Be1
Teil der Spitze fehlt.
Kopf annähernd viereckig 13,0 × 15,0; Schaft bis 4,0 rund, dann quadratisch 6,2; erh. L 31,0.
Ausblühung bis unter die antike Oberfläche am Schaft. Ansonst dunkelgrüne glatte Patina. FO: AB.

Kat. 131
Inv.-Nr.: B 3259
Beschlagnagel, Typ Be1
Vollständig.
Kopf annähernd rund 12,5; Schaft bis 4,0 rund, dann quadratisch 5,5; L 32,0; 3,6 g.
Zumeist krustig dunkelgrüne Patina bis unter die originale Oberfläche. FO: AB.

Kat. 132
Inv.-Nr.: B 3401
Beschlagnagel, Typ Be1
Vollständig. Kopf etwas gebogen.
Kopf ungleichmäßig rund 14,5–19,5; Schaft quadratisch mit Fase 6,0; L 40,0; 10,8 g.
Grüne bis braune, wenig krustige Patina, die auf dem Kopf bis auf das Grundmetall verloren ist. FO: 1981 HS, 23/13.9. 26.6.1981.

Kat. 133
Inv.-Nr.: B 3419
Beschlagnagel, Typ Be1
Teil des Kopfes fehlt. Etwas gebogen.
Kopf annähernd rund 9,5; Schaft quadratisch 4,0; erh. L 47,0.
Relativ glatte grüne Patina. FO: 1980 HS, 80-254. Raum H/1.c. 6.10.1980.

Kat. 134
Inv.-Nr. B 3420
Beschlagnagel, Typ Be1
Teile des Kopfes und der Spitze fehlen.
Kopf ungleich, wohl mal annähernd rund 13,0; Schaft bis 2,0 rund, dann quadratisch 5,0; erh. L 37,0.
Glatte hellgrüne bis dunkelgrüne Patina. Vereinzelt mit blauem Azurit. FO: 1981 HS, 23/17. 28.7.1981.

Kat. 135
Inv.-Nr.: B 3421
Beschlagnagel, Typ Be1
Teile des Kopfes fehlen.
Kopf wohl mal annähernd rund 12,0; Schaft bis 4,0 rund, dann quadratisch 5,0; L 31,0.
Glatte braune bis dunkelgrüne Patina. FO: 1981 HS, 24/15. 308. 30.6.1981.

Kat. 136
Inv.-Nr.: B 3422
Beschlagnagel, Typ Be1
Vollständig. Spitze etwas aufgerissen.
Kopf ungleich rund bis quadratisch 10,0 × 11,5; Schaft bis 3,0 rund, dann quadratisch 5,0; L 28,0.
Glatte braune bis hellgrüne Patina. FO: 1981 HS, 23/18.c. 373. 30.7.1981.

Kat. 137
Inv.-Nr.: B 3423
Beschlagnagel, Typ Be1
Teil des Kopfes fehlt. Schaft etwas gebogen.
Kopf ungleichmäßig 9,0; Schaft quadratisch 5,0; erh. L 34,0.
Relativ glatte braune bis grüne Patina. FO: 1981 HS, 25. 1.8.1981 (röm. Straßenpackung).

Kat. 138
Inv.-Nr.: B 3424
Beschlagnagel, Typ Be1
Teil des Kopfes fehlt.
Kopf ungleichmäßig rund 13,0–15,0; Schaft bis 4,0 rund, dann quadratisch 5,5; erh. L 30,5.
Glatte hellgrüne bis braune Patina. FO: 1981 HS, 71. 10/4. 26.8.1981.

Kat. 139
Inv.-Nr.: B 3426
Beschlagnagel, Typ Be1
Vollständig. Kopf und Schaft etwas gebogen.
Kopf ungleichmäßig rund 10,0; Schaft am Ansatz rund, dann quadratisch 4,5; L 31,0.
Glatte braune Patina. FO: 1980 HS, 78. 9/1. 22.8.1980.

Kat. 140
Inv.-Nr.: B 3427
Beschlagnagel, Typ Be1
Vollständig. Rand des Kopfes an einer Stelle mit Kerbe. Schaft etwas gebogen.
Kopf ungleichmäßig rund 13,0–14,0; Schaft am Ansatz rund, dann quadratisch 5,0; L 41,0.
Glatte braune bis wenig grüne Patina. FO: 1981 HS, 23/11. 259. 23.6.1981.

Kat. 141
Inv.-Nr.: B 3429
Beschlagnagel, Typ Be1
Vollständig. Kopf etwas gebogen.
Kopf oval 10,5 × 13,0; Schaft am Ansatz rund, dann quadratisch 6,0; L 41,0.
Glatte grüne bis wenig braune Patina. FO: 1996 HS, Anschluss/XIV. F-Nr. 113. 29.8.1996.

Kat. 142
Inv.-Nr.: B 3430
Beschlagnagel, Typ Be1
Kleiner Teil der Spitze fehlt. Kopf eingerissen.
Kopf annähernd rund 10,0; Schaft am Ansatz rund, dann annähernd quadratisch 5,0; erh. L 41,0.
Etwas krustig braune bis grüne Patina. FO: 1981 HS, Steg 28-34/4.a. 17.9.1981.

Kat. 143
Inv.-Nr.: B 3431
Beschlagnagel, Typ Be1
Vollständig. Rand des Kopfes an zwei Stellen mit Kerben.
Kopf annähernd rund 13,5; Schaft quadratisch 4,0; L 37,0.
Glatte braune bis vereinzelt grüne Patina. FO: 1980 HS, 120. 13/3. 10.9.1980.

Kat. 144
Inv.-Nr.: B 3432
Beschlagnagel, Typ Be1
Vollständig. Schaft etwas gebogen.
Kopf oval bis rechteckig 10,0 × 12,5; Schaft quadratisch mit Fase 5,5; L 37,0.
Schwarze Patina mit einzelnen Chloriden am Schaft. FO: 1981 HS, 23/5. 210. 10.6.1981.

Kat. 145
Inv.-Nr.: B 3434
Beschlagnagel, Typ Be1
Kleine Teile des Kopfes und der Spitze fehlen.
Kopf wohl viereckig 11,5; Schaft am Ansatz rund, dann quadratisch mit Fase 5,5; L 37,5.
Braune bis grüne leicht krustige Patina. FO: 1981 HS, 23/20. 1.8.1981.

Kat. 146
Inv.-Nr.: B 3436
Beschlagnagel, Typ Be1
Vollständig. Kopf etwas gebogen.
Kopf ungleichmäßig rund bis eckig 12,0; Schaft am Ansatz rund, dann annähernd quadratisch 5,5; L 41,0.
Glatte braune Patina. FO: 1981 HS, 28+29/5.b. 27.7.1981.

Kat. 147
Inv.-Nr.: B 3437
Beschlagnagel, Typ Be1
Vollständig.
Kopf annähernd rund 9,0–12,5; Schaft am Ansatz rund, dann quadratisch 6,0; L 49,0; 6,1 g.
Glatte grüne bis braune Patina. FO: 1981 HS, 23/12. 25.6.1981.

Kat. 148
Inv.-Nr.: B 3438
Beschlagnagel, Typ Be1
Spitze fehlt. Unteres Ende des Schaftes gebogen. Kopf an einer Stelle mit großer Kerbe. Kopf etwas gebogen.
Kopf exzentrisch ungleichmäßige Form 13,0 × 16,0; Schaft am Ansatz rund, dann quadratisch 6,0; erh. L 37,0.
Glatte grüne bis braune Patina. FO: 1981 HS, 32+33/8.a2. 170. 18.7.1881.

Kat. 149
Inv.-Nr.: B 3439
Beschlagnagel, Typ Be1
Teile des Kopfes und der Spitze fehlen. Kopf etwas gebogen.
Kopf ungleichmäßig 17,0; Schaft am Ansatz rund, dann quadratisch 5,5; erh. L 42,0.
Glatte braune bis schwarze Patina. FO: 1981 HS, 32+33/12.b2. 30.7.1981.

Kat. 150
Inv.-Nr.: B 3440
Beschlagnagel, Typ Be1
Spitze fehlt. Kopf etwas gebogen.
Kopf annähernd rund 14,0–17,0; Schaft am Ansatz rund, dann quadratisch 6,0; erh. L 38,0.
Glatte braune bis schwarze Patina. FO: 1981 HS, 23/18.c 373. 30.7.1981.

Kat. 151
Inv.-Nr.: B 3441
Beschlagnagel, Typ Be1
Vollständig.
Kopf exzentrisch ungleichmäßig rund bis eckig 11,5; Schaft am Ansatz rund, dann quadratisch 5,5; L 25,5; 3,6 g.
Leicht krustig braune Patina. FO: 1981 HS, 28+29/5.b. 27.7.1981.

Kat. 152
Inv.-Nr.: B 3442
Beschlagnagel, Typ Be1
Vollständig. Etwas gebogen.
Kopf exzentrisch ungleichmäßig rund 15,0–16,0; Schaft am Ansatz rund, dann quadratisch mit Fase 5,0; L 32,0; 5,2 g.
Zumeist glatte bis leicht krustig grüne bis braune Patina. FO: 1981 HS, 28+29/5.b. 27.7.1981.

Kat. 153
Inv.-Nr.: B 3443
Beschlagnagel, Typ Be1
Vollständig. Rand des Kopfes eingerissen.
Kopf ungleichmäßig 15,0 × 16,0; Schaft am Ansatz rund, dann quadratisch 6,0; L 28,5; 6,0 g.
Glatte grüne bis braune Patina. FO: 1981 HS, 23/13 u. 23/13a. 26.6.1981 (Mischbefund; derselbe Fundort wie Kat. 154).

Kat. 154
Inv.-Nr.: B 3444
Beschlagnagel, Typ Be1
Vollständig.
Kopf exzentrisch ungleichmäßig rund 14,0–16,5; Schaft am Ansatz rund, dann quadratisch 6,0; L 38,0; 7,1 g.
Glatte grüne bis braune Patina. FO: 1981 HS, 23/13 u. 23/13a. 26.6.1981 (Mischbefund; derselbe Fundort wie Kat. 153).

Kat. 155
Inv.-Nr.: B 3445
Beschlagnagel, Typ Be1
Teil der Spitze fehlt. Schaft etwas gebogen.
Kopf exzentrisch annähernd rund 12,5–15,0; Schaft quadratisch 5,5; erh. L 28,0; 6,0 g.
Glatte grüne bis braune Patina. FO: 1981 HS, 28/ Ausgleich nach 4.a. 212. 9.6.1981.

Kat. 156
Inv.-Nr.: B 3447
Beschlagnagel, Typ Be1
Vollständig.
Kopf ungleichmäßig 12,0 × 13,5; Schaft am Ansatz rund, dann quadratisch 6,0; L 26,0; 5,2 g.
Zumeist glatte braune Patina. FO: 1981 HS, 23/18.c. 30.7.1981.

Kat. 157
Inv.-Nr.: B 3448
Beschlagnagel, Typ Be1
Teil der Spitze fehlt.
Kopf exzentrisch annähernd rund 13,5–16,5; Schaft am Ansatz rund, dann quadratisch 6,0; erh. L 27,0.
Glatte braune bis schwarze Patina. FO: 1981 HS, 659. 23/22.c. 7.8.1981.

Kat. 158
Inv.-Nr.: B 3449
Beschlagnagel, Typ Be1
Vollständig. Rand des Kopfes ausgerissen.
Kopf ungleichmäßig 13,5 × 17,0; Schaft am Ansatz rund, dann quadratisch 6,0; L 22,5; 5,3 g.
Glatte braune Patina. FO: 1981 HS, 23/19.c. 31.7.1981.

Kat. 159
Inv.-Nr.: B 3450
Beschlagnagel, Typ Be1
Vollständig. Schaft etwas gebogen.
Kopf ungleichmäßig rund 13,0; Schaft am Ansatz rund, dann quadratisch 5,5; L 24,0.
Glatte braune Patina. FO: 1981 HS, 23/19.c. 31.7.1981.

Kat. 160
Inv.-Nr.: B 3368 b
Beschlagnagel, Typ Be1
Spitze fehlt. Auf dem Kopf eine Kerbe.
Kopf annähernd rund 8,0–10,0; Schaft quadratisch 4,0; erh. L 20,0.
Hellgrüne bis dunkelgrüne Patina. FO: 1966 H, südl. Schatzhaus 3, +403 bis +344 (derselbe Fundort wie Kat. 188. 195. 291).

Kat. 161
Inv.-Nr.: B 3467
Beschlagnagel, Typ Be1
Vollständig.
Kopf exzentrisch ungleichmäßig rund 13,0–14,5; Schaft am Ansatz rund, dann quadratisch 5,0; L 37,0.
Glatte grüne bis braune Patina. FO: 1998 HS, Fläche 131 Abhub 10 Streufund und beim Putzen der gesamten Fläche F-Nr. HS 98-11. 10.8.1998.

Kat. 162
Inv.-Nr.: B 3468
Beschlagnagel, Typ Be1
Spitze fehlt. Schaft etwas gebogen.
Kopf exzentrisch annähernd rund 7,5–10,0; Schaft annähernd quadratisch 3,5 × 4,5; erh. L 32,0.
Glatte bis leicht krustig grüne Patina. FO: 1996 HS, 7/8/V. F-Nr. 146. 5.9.1996.

Kat. 163
Inv.-Nr.: B 3469
Beschlagnagel, Typ Be1
Vollständig. Schaft gebogen.
Kopf annähernd quadratisch 15,0; Schaft am Ansatz rund, dann quadratisch 5,5; L 35,0.
Glatte grüne bis braune Patina. FO: 1998 HS, 132-Streufund. 24.8.1998.

Kat. 164
Inv.-Nr.: B 3470
Beschlagnagel, Typ Be1
Vollständig. Schaft etwas gebogen.
Kopf annähernd rund 11,0; Schaft am Ansatz rund, dann quadratisch 6,0; L 40,5.
Glatte grüne bis wenig braune Patina. FO: 1996 HS, 1-Anschluß arch. Niveau. 19.9.1996.

Kat. 165
Inv.-Nr.: B 3402
Beschlagnagel, Typ Be2
Vollständig.
Kopf quadratisch 13,5 × 14,5; Schaft quadratisch 5,5; L 25,0; 5,6 g.
Leicht krustig grüne bis braune Patina. FO: 1981 HS, 25/14. 231. 1.9.1981.

Kat. 166
Inv.-Nr.: B 3425
Beschlagnagel, Typ Be2
Teil des Kopfes fehlt.
Kopf quadratisch 9,0 × 10,0; Schaft am Ansatz rund, dann quadratisch 5,5; L 27,0.
Zumeist glatte hellgrüne bis dunkelgrüne Patina. FO: 1981 HS, 23/15. 30.6.1981.

Kat. 167
Inv.-Nr.: B 3428
Beschlagnagel, Typ Be2
Vollständig. Spitze aufgerissen.
Kopf annähernd quadratisch 11,0 × 12,5; Schaft am Ansatz rund, dann quadratisch 6,0; L 39,0.
Glatte grüne Patina. FO: 1981 HS, 23/16. 27.7.1981.

Kat. 168
Inv.-Nr.: B 3433
Beschlagnagel, Typ Be2.
Vollständig.
Kopf quadratisch 10,5; Schaft quadratisch mit Fase 5,5; L 36,0; 4,4 g.
Glatte grüne bis braune Patina. FO: 1980 HS, 107. 12/3. 9.9.1980.

Kat. 169
Inv.-Nr.: B 3405
Beschlagnagel, Typ Be3
Vollständig bis auf kleine Fehlstelle am Kopf. Kopf und Schaft etwas gebogen.
Kopf rhombisch 20,0 × 27,5; Schaft am Ansatz rund, dann quadratisch 7,0; L 45,0; 10,3 g.

Relativ glatte braune bis leicht krustige Patina. FO: 1981 HS, 22+23 Ausgleichsabhub nach Entfernung Ziegelpackung nach 6. 4.7.81 (derselbe Fundort wie Kat. 170).

Kat. 170
Inv.-Nr.: B 3406
Beschlagnagel, Typ Be3
Spitze fehlt. Teil des Kopfes fehlt.
Kopf rhombisch 14,5 × 17,0 (wohl mal 16,0 × 20,0); Schaft quadratisch 5,0; L 38,5.
Krustig grüne Patina mit Schichtpocken und Rissbildung durch Volumenzunahme. FO: 1981 HS, 22+23 Ausgleichsabhub nach Entfernung Ziegelpackung nach 6. 4.7.81 (derselbe Fundort wie Kat. 169).

Kat. 171
Inv.-Nr.: B 3446
Beschlagnagel, Typ Be3
Vollständig. Schaft etwas gebogen.
Kopf rhombisch 12,0 × 14,5; Schaft am Ansatz rund, dann quadratisch 5,0; L 30,0; 4,7 g.
Zumeist dünne glatte schwarze Patina. FO: 1980 HS, 188/192. Steg 7/8-12/13 Abschnitt III (graue Erde). 26.9.1980.

Kat. 172
Inv.-Nr.: B 1361
Bleinagel, Typ Bl1
Vollständig. Rechtwinklig gebogene Spitze.
Kopf annähernd rund 11,0; Schaft annähernd rund 3,5; L 20,0; 1,8 g.
Leicht krustig grüne Patina mit Sintereinschlüssen. FO: 1960, Streufund.

Kat. 173
Inv.-Nr.: B 1410
Bleinagel, Typ Bl1
Vollständig. Gebogene Spitze.
Kopf annähernd rund 14,0–15,0; Schaft quadratisch 4,0; L 33,0; 3,5 g.
Leicht krustig grüne Patina mit einigen Sintereinschlüssen. FO: 1957, Südbau. Im Kanal unter N-Schiff.

Kat. 174
Inv.-Nr.: B 3227
Bleinagel, Typ Bl1
Vollständig. Schaft etwas gebogen. Kopf zur Kugel geformt.
Kopf kugelförmig 7,5; Schaft quadratisch 3,0; L 48,0.
Zumeist glatte dunkelgrüne Patina. FO: AB.

Kat. 175
Inv.-Nr.: B 3252
Bleinagel, Typ Bl1
Vollständig. Kopf verformt. Schaft an mehreren Stellen gebogen.
Kopf annähernd rund 12,0; Schaft rund 2,5; L 45,0; 1,4 g.
Glatte hellgrüne Patina, die an Abplatzungen braun ist. FO: AB.

Kat. 176
Inv.-Nr.: B 3254
Bleinagel, Typ Bl1
Vollständig.
Kopf exzentrisch annähernd rund 15,0–17,0; Schaft bis 4,0 rund, dann quadratisch 4,8; L 28,2; 4,0 g.
Zumeist dunkelgrüne glatte Patina. FO: AB.

Kat. 177
Inv.-Nr.: B 3255
Bleinagel, Typ Bl1
Vollständig.
Kopf exzentrisch annähernd rund 15,5–18,0; Schaft bis 4,0 rund, dann quadratisch 4,5; L 30,0; 4,3 g.
Zumeist glatte dunkelgrüne und braune Patina. FO: AB.

Kat. 178
Inv.-Nr.: B 3257
Bleinagel, Typ Bl1
Vollständig. Kopf verformt. Schaft rechtwinklig gebogen.
Kopf annähernd rund 21,0; Schaft quadratisch 4,0; abgerollte L 38,0; 5,5 g.
Braune und grüne Patina. FO: AB.

Kat. 179
Inv.-Nr.: B 3261
Bleinagel, Typ Bl1
Vollständig.
Kopf annähernd rund 14,5–15,0; Schaft bis 4,0 rund, dann quadratisch 4,5; L 29,5; 2,4 g.
Braune bis grüne Patina. FO: AB.

Kat. 180
Inv.-Nr.: B 3264
Bleinagel, Typ Bl1
Vollständig. Schaft unter dem Kopf beinahe rechtwinklig gebogen.
Kopf rund 14,5; Schaft bis 4,0 rund, dann quadratisch 3,0; erh. L 26,5; 1,8 g.
Braune bis wenig grüne glatte Patina. FO: AB.

Kat. 181
Inv.-Nr.: B 3265
Bleinagel, Typ Bl1
Vollständig. Spitze umgeschlagen.
Kopf rund 15,0; Schaft bis 4,0 rund, dann quadratisch 3,2; erh. L 16,0; 3,0 g.
Weiße Ablagerungen, bei denen es sich eventuell um Bleiweiß handelt. FO: AB.

Kat. 182
Inv.-Nr.: B 3266
Bleinagel, Typ Bl1
Vollständig. Schaft etwas gebogen.
Kopf annähernd rund 12,0–14,0; Schaft bis 4,0 rund, dann quadratisch 4,0; L 23,0; 2,5 g.
Leicht krustig grüne, vereinzelt braune Patina. FO: AB.

Kat. 183
Inv.-Nr.: B 3399
Bleinagel, Typ Bl1
Spitze fehlt. Etwas gebogen.
Kopf rund 14,0; Schaft bis 30,0 rund, dann quadratisch 3,0; erh. L 33,5; 1,9 g.
Zumeist hellgrüne glatte Patina. FO: 1981 HS, 32+33/5.a1. 13.7.1981.

Kat. 184
Inv.-Nr.: B 3451
Bleinagel, Typ Bl1
Teile des Schaftes fehlen. Kopf etwas verbogen.
Kopf exzentrisch rund 19,5; Schaft quadratisch 2,5; L 20,0.
Glatte grüne bis braune Patina. FO: 1981 HS, 17+18/5a. 260. 6.7.1981.

Kat. 185
Inv.-Nr.: B 3453
Bleinagel, Typ Bl1
Teil der Spitze fehlt.
Kopf ungleichmäßig rund 10,0; Schaft bis 4,0 rund, dann quadratisch 3,0; erh. L 28,0.
Glatte braune Patina. FO: 1981 HS, 32+33 /8.a.1. Reinigung. 18.7.1981.

Kat. 186
Inv.-Nr.: B 3455
Bleinagel, Typ Bl1
Vollständig. Kopf an einer Stelle gebogen. Schaft etwas gebogen.
Kopf annähernd rund 16,0; Schaft bis 4,0 rund, dann quadratisch 5,0; L 39,0.
Zumeist glatte grüne bis braune Patina. FO: 1981 HS, 16/2. 186. 11.6.1981.

Kat. 187
Inv.-Nr.: B 3465
Bleinagel, Typ Bl1
Schaft fehlt vollständig.
Kopf exzentrisch rund 13,5; Schaft Ansatz rund 4,0; erh. L 1,5.
Glatte grüne bis braune Patina. FO: 1981 HS, 23/15. 298. 30.6.1981.

Kat. 188
Inv.-Nr.: B 3368 a
Bleinagel, Typ Bl1
Vollständig. Kopf und Schaft gebogen.
Kopf annähernd rund 16,0; Schaft quadratisch 3,0; L 21,0.
Grüne Patina mit einzelnen Sinterauflagen. FO: 1966 H, südl. Schatzhaus 3, +403 bis +344 (derselbe Fundort wie Kat. 160. 195. 291).

Kat. 189
Inv.-Nr.: B 3253
Bleinagel, Typ Bl2
Vollständig.
Kopf annähernd rund 15,0–17,0; Schaft bis 4,0 rund, dann quadratisch 4,2; L 31,0; 4,2 g.
Zumeist dunkelgrüne glatte Patina. FO: AB.

Kat. 190
Inv.-Nr.: B 3256
Bleinagel, Typ Bl2
Vollständig.
Kopf annähernd rund 16,0–19,0; Schaft bis 4,0 rund, dann quadratisch 4,2; L 20,0; 4,8 g.
Zumeist braune glatte Patina. FO: AB.

Kat. 191
Inv.-Nr.: B 3267
Bleinagel, Typ Bl2
Vollständig. Schaft etwas gebogen.
Kopf annähernd rund 12,0–14,0; Schaft bis 4,0 rund, dann quadratisch 5,0; L 34,0; 3,3 g.
Dunkelgrüne glatte Patina, die an Abplatzungen braun ist. FO: AB.

Kat. 192
Inv.-Nr.: B 3268
Bleinagel, Typ Bl2
Kopf nur zum Teil erhalten. Schaft etwas gebogen.
Kopf rund 14,0; Schaft bis 4,0 rund, dann quadratisch 4,0; L 28,0; 2,4 g.
Zumeist glatte braune Patina. Blaues Azurit unter dem Kopf. FO: AB.

Kat. 193
Inv.-Nr.: B 3452
Bleinagel, Typ Bl2
Vollständig. Spitze rechtwinklig gebogen.
Kopf ungleichmäßig rund 17,0–20,0; Schaft bis 4,0 rund, dann quadratisch 5,0; abgerollte L 33,0; 4,6 g.
Relativ glatte braune Patina. FO: 1981 HS, Fläche E Streufund.

Kat. 194
Inv.-Nr.: B 3454
Bleinagel, Typ Bl2
Vollständig.
Kopf rund 17,0; Schaft bis 4,0 rund, dann quadratisch 4,0; L 28,0; 4,2 g.
Glatte grüne bis braune Patina. FO: 1980 HS, 344. Steg HS 80 graubraune Erde südl. Mauer I/Quermauer. 8.10.1980.

Kat. 195
Inv.-Nr.: B 3368 c
Bleinagel, Typ Bl2
Schaft fehlt vollständig.
Kopf annähernd rund 14,0; Schaft rund 4,0; erh. L 2,0.
Hellgrüne Patina. FO: 1966 H, südl. Schatzhaus 3, +403 bis +344 (derselbe Fundort wie Kat. 160. 188. 291).

Kat. 196
Inv.-Nr.: B 3396
Stauchnagel, Typ St
Vollständig bis auf Fehlstellen am Kopf. Schaft gebogen.
Kopf annähernd rund 5,0; Schaft rund 3,0; L 33,0.
Leicht krustig grüne bis glatte hellgrüne Patina. FO: 1981 HS, 17+18/6 b–c Ausgleich. 13.7.1981.

Kat. 197
Inv.-Nr.: B 3414
Stauchnagel, Typ St
Teile der Spitze fehlen. Schaft gebogen.
Kopf ungleichmäßig rund 9,0–10,0; Schaft quadratisch 5,0; erh. L 58,0.
Narbige dunkelgrüne Patina. FO: 1980 HS, Streufund Fl. 10. 21.6.1980.

Kat. 198
Inv.-Nr.: B 3272
Stauchnagel, Typ St
Teil der Spitze fehlt. Schaft gebogen.
Kopf annähernd quadratisch 6,5 × 7,0; Schaft rund 6,0; erh. L 64,0.
Grüne krustige Patina bis unter die antike Oberfläche. FO: AB.

Kat. 199
Inv.-Nr.: B 3228
Stauchnagel, Typ St
Vollständig.
Kopf annähernd rund 7,0; Schaft quadratisch 4,5; L 70,0.
Sandfarbene Patina mit Abplatzung bis zur hellgrünen Schicht. FO: AB.

Kat. 200
Inv.-Nr.: B 3189
Stauchnagel, Typ St
Vollständig.
Kopf rund 8,5; Schaft rund 7,0; L 97,0.
Zumeist krustig grüne Patina. FO: AB.

Kat. 201
Inv.-Nr.: B 3161
Stauchnagel, Typ St
Teil des Schaftes fehlt. Schaft gebogen.
Kopf rund 10,0; Schaft quadratisch mit Fase 8,0; erh. L 97,0.
Zumeist olivgrüne glatte Patina. FO: AB.

Kat. 202
Inv.-Nr.: B 2442
Stauchnagel, Typ St
Vollständig bis auf Fehlstelle am Kopf. Schaft hakenförmig gebogen.
Kopf annähernd rund 10,0; Schaft annähernd rund 6,5; L 94,0.
Rostfarbene Sinterauflagen an leicht krustiger Patina. FO: 1983 SO, O 13d. 61/5. (Fl. VI). 19.7.1983 (hoch- bis spätarchaischen Niveau im Nordosten des Areals).

Kat. 203
Inv.-Nr.: B 3151
Stauchnagel, Typ St
Teil der Spitze fehlt. Schaft etwas gebogen.
Kopf annähernd rund 10,5–12,0; Schaft quadratisch 8,0; erh. L 156,0.
Zumeist leicht krustig grün bis braune Patina. FO: AB.

Kat. 204
Inv.-Nr.: B 3046
Nagel
Nur Schaft ohne Spitze erhalten, etwas gebogen.
Schaft annähernd quadratisch 4,5 × 6,0; erh. L 45,0.
Krustige Sinterauflage auf grüner Patina. FO: 1961, NB Graben I Süd (derselbe Fundort wie Kat. 25).

Kat. 205
Inv.-Nr.: B 3190
Nagel
Nur Schaft erhalten.
Schaft quadratisch 7,5; erh. L 90,5.
Glatte braune, partiell hellgrüne Patina. FO: AB.

Kat. 206
Inv.-Nr.: B 3191
Nagel
Nur Schaft erhalten.
Schaft quadratisch 5,0; erh. L 96,5.
Zumeist relativ glatte braune, partiell grüne Patina. FO: AB.

Kat. 207
Inv.-Nr.: B 3195
Nagel
Nur Schaft erhalten, gebogen.
Schaft rund 6,5; Spitze quadratisch; erh. L 65,0.
Leicht krustig hellgrüne und olivgrüne Patina. FO: AB.

Kat. 208
Inv.-Nr.: B 3217
Nagel
Nur Schaft erhalten, gebogen.
Schaft bis 40,0 rund, dann quadratisch 7,0; erh. L 105,5.
Leicht krustig dunkelgrüne Patina. FO: AB.

Kat. 209
Inv.-Nr.: B 3221
Nagel
Nur Schaft erhalten, stark gebogen.
Schaft viereckig 6,5 × 7,5; erh. L 72,0.
Zumeist leicht krustig dunkelgrüne Patina mit vereinzeltem blauem Azurit. FO: AB.

Kat. 210
Inv.-Nr.: B 3223
Nagel
Nur Schaft erhalten.
Schaft quadratisch 5,5; erh. L 92,0.
Wenig hellgrüne Patina, die zumeist bis unter die antike Oberfläche abgeplatzt ist. FO: AB.

Kat. 211
Inv.-Nr.: B 3245
Nagel
Nur Schaft erhalten, rechtwinklig gebogen.
Schaft 3,5; erh. L 42,5.
Vollständig korrodiert mit Volumenzunahme. FO: AB.

Kat. 212
Inv.-Nr.: B 3269
Nagel
Nur Schaft erhalten, rechtwinklig gebogen.
Schaft quadratisch 6,0; erh. L 40,0.
Leicht krustig braune bis grüne Patina. FO: AB.

Kat. 213
Inv.-Nr.: B 3270
Nagel
Nur Schaft erhalten.
Schaft quadratisch 8,0; erh. L 48,0.
Braune bis grüne Patina. Partiell krustige Schichtpocken. FO: AB.

Kat. 214
Inv.-Nr.: B 3271
Nagel
Nur Schaft erhalten, neuzeitliche Bruchkante.
Schaft rechteckig 3,0 × 5,0; erh. L 45,0.
Wenig braune Patina mit vielen Schichtpocken. FO: AB.

Kat. 215
Inv.-Nr.: B 3275
Nagel
Nur Schaft erhalten.
Schaft quadratisch 3,5; erh. L 25,0.
Krustig grüne Patina. FO: AB.

Kat. 216
Inv.-Nr.: B 3277
Nagel
Nur Schaft erhalten.
Schaft annähernd rund 3,0–5,0; erh. L 33,5.
Hellgrüne glatte Patina. FO: AB.

Kat. 217
Inv.-Nr.: B 3286
Nagel
Nur Schaft erhalten, stark gebogen.
Schaft quadratisch 6,5; erh. L 63,0.
Zumeist glatte braune Patina. FO: AB.

Kat. 218
Inv.-Nr.: B 3288
Nagel
Nur Schaft ohne Spitze erhalten, stark gebogen.
Schaft quadratisch 6,5 × 7,0; erh. L 62,0.
Braune glatte Patina, vereinzelt mit blauem Azurit. FO: AB.

Kat. 219
Inv.-Nr.: B 3289
Nagel
Nur Schaft erhalten, stark gebogen.
Schaft quadratisch 4,5; erh. L 81,0, abgerollte L 161,0.
Zumeist leicht krustig grüne Patina. FO: AB.

Kat. 220
Inv.-Nr.: B 3290
Nagel
Nur Schaft erhalten, beinahe 180° zurückgebogen.
Schaft rund 7,0; erh. L 51,0, abgerollte L 90,0.
Grüne Patina mit Schichtpocken. FO: AB.

Kat. 221
Inv.-Nr.: B 3461
Nagel
Nur Schaft erhalten, sekundär rechtwinklig gebogen.
Schaft rechteckig 2,5 × 3,5; erh. L 35,0; abgerollte L 59,0.
Glatte grüne bis braune Patina. FO: 1981 HS, Raum A Kanalwand 303, 2,60 östlich Fallrohr. 7.7.1981.

Kat. 222
Inv.-Nr.: B 3460
Nagel
Nur Schaft ohne Spitze erhalten.
Schaft quadratisch 5,0; erh. L 49,0.
Zumeist krustig grüne Patina mit Schichtpockenbildung. FO: 1980 HS, 43. 7/7.a 1. 17.9.1980.

Kat. 223
Inv.-Nr.: B 3463
Nagel
Nur Schaft erhalten.
Schaft quadratisch 3,0; erh. L 27,0.
Glatte braune Patina mit einer Chloridausblühung. FO: 1981 HS, 27+28/3. 26.6.1981.

Kat. 224
Inv.-Nr.: B 3416
Scharnierstift, Typ Si1
Vollständig. Stiftende ausgerissen. Stift etwas gebogen.
Kopf rund 5,5; H 3,0; Stift rund 3,5; L 43,5.
Zahlreiche Ausblühungen bis unter die originale Oberfläche. Ansonst glatte schwarze Patina in wenigen Bereichen. FO: 1981 HS, 23/10. 258. 20.6.1981.

Kat. 225
Inv.-Nr.: B 3197
Scharnierstift, Typ Si1
Vollständig.
Kopf rund 4,5; Stift annähernd rund 3,0–3,5; L 42,0.
Hellgrün leicht krustige Patina. FO: AB.

Kat. 226
Inv.-Nr.: B 3225
Scharnierstift, Typ Si1
Eventuell fehlt ein Teil des Stiftes.
Kopf rund 9,0; Stift rund 3,5; erh. L 57,5.
Der Stift hat zumeist eine hellgrüne bis braune glatte Patina. Am Kopf Ausblühungen. FO: AB.

Kat. 227
Inv.-Nr.: B 2099
Scharnierstift, Typ Si1
Eventuell fehlt ein Teil des Stiftes. Unteres Stück des Stiftes verformt.
Kopf rund 9,5; H 7,0; Stift rund 5,5; erh. L 50,0; 9,7 g.
Hellgrüne Patina und blaues Azurit. FO: 1977 H, C/9. 10.9.1977.

Kat. 228
Inv.-Nr.: B 3251
Scharnierstift, Typ Si1
Teil des Stiftes fehlt. Stift etwas gebogen.
Kopf rund 17,5; H 10,0; Stift rund 9,0; erh. L 83,0.
Grüne krustige Ausblühungen mit Rissbildung durch Volumenzunahme. FO: AB.

Kat. 229
Inv.-Nr.: B 3279
Scharnierstift, Typ Si1
Vollständig. Stift etwas gebogen. Am Stift unterhalb des Kopfes mehrere Kerben.
Kopf rund 18,0; H 11,5; Stift rund 12,5; L 98,5; 100,0 g.
Leicht krustig grüne Patina. FO: AB.

Kat. 230
Inv.-Nr.: B 3360
Scharnierstift, Typ Si1
Vollständig.
Kopf rund 12,0; H 2,0; Stift rund 10,0; L 137,0.
Splintloch 3,0.
Leicht krustig grüne Patina mit Sinterauflagen. FO: 1954 H, Oberflächenfund bei Reinigung.

Kat. 231
Inv.-Nr.: B 2080
Scharnierstift, Typ Si1
Der Stift fehlt fast vollständig. Durch Korrosion ist der Kopf nur teilweise erhalten.
Kopf rund 38,0; H 17,0; Stift rund 18,0; erh. L 56,0; 102,1 g.
Stark krustig grüne Patina mit Sinterauflagen unter dem Kopf. FO: AB.

Kat. 232
Inv.-Nr.: B 3283
Scharnierstift, Typ Si1
Große Teile des Stiftes fehlen.
Kopf rund 47,0; H 25,0; Stift rund 22,0; erh. L 96,0; 250,0 g.
Stark krustig grüne Patina mit Schichtpocken und Rissbildung durch Volumenzunahme. FO: AB.

Kat. 233
Inv.-Nr.: B 2115
Scharnierstift, Typ Si1
Evtl. fehlt ein Stück des Stiftes. Kopf etwas gebogen.
Kopf rund 38,0; H 16,0; Stift rund 17,0; erh. L 195,0; 341,0 g.
Krustig grüne Patina mit Sinterauflagen. FO: 1958, Streufund.

Kat. 234
Inv.-Nr.: B 3174
Steckstift, Typ Si2
Kennzeichnung am Kopf: Σ
Vollständig.
Unterer Teil des Stiftes ab dem Splintloch gebogen.
Kopf rund 29,0; H 5,0; R 1,5–3,0; Stift quadratisch mit Fase 9,5; L 153,0; 92,9 g.
Splintloch 2,5 × 22,5; von unten bei 25,0 beginnend.
Zumeist glatte grüne Patina. Moderne Schabspuren an den Kanten des Splintloches. FO: AB.

Kat. 235
Inv.-Nr.: B 3147
Steckstift, Typ Si2
Kennzeichnung am Kopf: A
Teil des Stiftes fehlt. Vermutlich am Splintloch (vgl. Kat. 234) gebrochen.
Kopf rund 31,5; Stift quadratisch mit Fasen 10,0 × 10,5; erh. L 106,0.
Zumeist braune glatte Patina. FO: AB.

Kat. 236
Inv.-Nr.: B 3148
Steckstift, Typ Si2
Vollständig.
Kopf rund 25,0; H 5,0; R 2,5–4,5; Schaft quadratisch mit Fase 9,0 × 10,0; L 171,0.
Zumeist hellgrün glatte Patina. FO: AB.

Kat. 237
Inv.-Nr.: B 3146
Steckstift, Typ Si2
Teil des Stiftes fehlt. Stift gebogen.
Kopf rund 23,0; H 4,0; R 2,5–3,0; Stift annähernd eckig 10,4; erh. L 80,0.
Zumeist braune, leicht krustig Patina. FO: AB.

Kat. 238
Inv.-Nr.: B 3177
Steckstift, Typ Si2
Teil des Stiftes fehlt.
Kopf rund 23,0; Stift annähernd rund 10,0; erh. L 42,0.
Zumeist leicht krustig grüne und braune Patina. FO: AB.

Kat. 239
Inv.-Nr.: B 3276
Steckstift, Typ Si2
Stift bis zum Splintloch erhalten.
Kopf halbrund konisch 11,5 × 13,0; Stift halbrund 6,0 × 8,0; erh. L 25,0.
Splintloch 3,0.
Hellgrüne glatte Patina. FO: AB.

Kat. 240
Inv.-Nr.: B 3238
Steckstift, Typ Si2
Vollständig.
Kopf rund 16,0; Stift bis 4,0 rund 6,0, dann rechteckig 6,5 × 2,5; L 33,0.
Splintloch 2,0.
Zumeist glatte braune Patina. FO: AB.

Kat. 241
Inv.-Nr.: B 3186
Steckstift, Typ Si2
Teil des Stiftes fehlt.
Kopf rund 26,0; H 11,0; Stift rechteckig 8,5 × 17,0; erh. L 40,0.
Krustig grüne Ausblühungen bis unter die originale Oberfläche. FO: AB.

Kat. 242
Inv.-Nr.: B 3281
Steckstift, Typ Si2
Teil des Stiftes fehlt.
Kopf quadratisch konisch 13,5; H 13,0; Stift quadratisch 7,5; erh. L 62,0.
Krustig grüne Patina mit Rissbildung durch Volumenzunahme. FO: AB.

Kat. 243
Inv.-Nr.: B 3220
Steckstift, Typ Si2
Vermutlich vollständig. Stift gebogen.
Kopf rechteckig konisch 10,5 × 13,0; H 6,5; Stift rund 9,0; L 84,0.
Krustig grüne Patina mit Rissbildung durch Volumenzunahme. Vereinzelt rote Patina. FO: AB.

Kat. 244
Inv.-Nr.: B 402
Mauerring, Typ Mr1
Ring vollständig. Eisendübel als Fragment erhalten.
Ring außen 44,5; Ring innen 26,5; Dübel unklar ca. 5,0; erh. L 46,5; 70,6 g.
Glatte hellgrüne Patina. FO: 1935, östl. S-Erweiterung, NW Bereich, 2. Gang.

Kat. 245
Inv.-Nr.: B 794
Mauerring, Typ Mr1
Ring vollständig. Eisendübel als Fragment erhalten.
Ring außen 45,0; Ring innen 27,0; Dübel oval ca. 5,0; erh. L 47,0; 68,8 g.
Zumeist glatte grüne Patina. FO: 1952, G 8 dreiräumiges Haus (Reinigung der Mauern).

Kat. 246
Inv.-Nr.: B 1074
Mauerring, Typ Mr1
Ring vollständig. Eisendübel als Fragment erhalten.
Ring außen 48,0–49,0; Ring innen 26,0–27,0; Dübel oval ca. 7,0; erh. L 52,0; 91,5 g.
Glatte grüne Patina. FO: AB.

Kat. 247
Inv.-Nr.: B 2282
Mauerring, Typ Mr1
Ring vollständig. Eisendübel als Fragment erhalten.
Ring außen 39,0; Ring innen 19,0; Dübel rechteckig 5,0 × 7,0; erh. L 44,4; 70,2 g.
Grüne krustige Patina, partiell mit Volumenzunahme. FO: 1981 HS, Fl. 27+28/4.b. 29.6.1981.

Kat. 248
Inv.-Nr.: B 984
Mauerring, Typ Mr1
Ring mit Dübelansatz vollständig. Eisendübel als Fragment erhalten.
Ring außen 48,0; Ring innen 17,0–19,0; Dübel rund ca. 11,0; erh. L 51,0; 70,9 g.
Etwas krustige Patina mit vielen Rostauflagen. FO: 1954, in F 6.

Kat. 249
Inv.-Nr.: B 1071
Mauerring, Typ Mr1
Ring mit Dübelansatz vollständig. Eisendübel als Fragment erhalten.
Ring außen 50,0; Ring innen 21,0; Dübel nicht bestimmbar; erh. L 88,0; 156,9 g.
Krustig grüne Patina. Eisenkorrosion mit deutlicher Volumenzunahme. FO: AB.

Kat. 250
Inv.-Nr.: B 3503
Mauerring, Typ Mr1

Ring mit Dübelansatz vollständig. Bronzedübel als Fragment erhalten.
Ring außen ca. 36,0; Ring innen ca. 14,0; Dübel rund 9,0; erh. L 47,5; 62,5 g.
Sehr krustig grüne Patina mit Abplatzungen bis unter die originale Oberfläche. FO: AB.

Kat. 251
Inv.-Nr.: B 554
Mauerring, Typ Mr1
Ring mit Dübelansatz vollständig. Eisendübel durch Rostauflage im Loch rekonstruierbar.
Ring außen 49,0–50,0; Ring innen 28,0–28,5; Dübel rechteckig 4,5 × 5,5; erh. L 58,0; 94,2 g.
Krustig grüne Patina mit einigen Abplatzungen. FO: 1938, südl. Bad. +99/+87.

Kat. 252
Inv.-Nr.: B 1073
Mauerring, Typ Mr1
Ring mit Dübelansatz vollständig.
Ring außen 47,0; Ring innen 25,0; Dübel rechteckig 4,0 × 5,0; erh. L 53,0; 104,1 g.
Krustig grüne und braune Patina mit einigen Abplatzungen. FO: AB.

Kat. 253
Inv.-Nr.: B 3501
Mauerring, Typ Mr1
Ring vollständig, Ring im Bereich des Dübelloches nicht geschlossen.
Ring außen 43,0–44,0; Ring innen 25,0; Dübel rund 7,0; erh. L 44,0; 67,4 g.
Relativ glatte hellgrüne Patina. FO: AB.

Kat. 254
Inv.-Nr.: B 600
Mauerring, Typ Mr1
Ring vollständig. Bronzedübel als Fragment in einem durchgängigen Loch erhalten.
Ring mit Eierstabdekor und abgesetztem Rand im Inneren.
Ring außen 53,0; Ring innen 28,0; Dübel rund 5,0; erh. L 53,0; 99,5 g.
Zumeist dunkelgrüne glatte Patina mit Sinterauflagen. Wenige Chloridausblühungen mit Abplatzungen bis unter die originale Oberfläche. FO: Heraion.

Kat. 255
Inv.-Nr.: B 2526
Mauerring, Typ Mr2
Ring vollständig. Dübel bis auf den Ansatz verloren.
Ring außen 54,0; Ring innen 33,0; Dübel rechteckig 6,5 × 8,0; erh. L 59,5; 106,3 g.
Nahezu metallisch blank mit wenig Patina. FO: 1984 SO, P 149. 4/6. 14.7.1984.

Kat. 256
Inv.-Nr.: B 3502
Mauerring, Typ Mr2
Ring vollständig. Dübel bis auf den Ansatz verloren.
Ring außen 42,5; Ring innen 26,0; Dübel rechteckig 6,0 × 9,0; erh. L 45,5; 49,2 g.
Relativ glatte grüne Patina mit einigen Verkrustungen. FO: AB.

Kat. 257
Inv.-Nr.: B 408
Mauerring, Typ Mr2
Ring vollständig. Dübel bis auf den Ansatz verloren.
Ring außen 37,0–38,0; Ring innen 23,5–24,0; Dübel rechteckig 6,0 × 8,0; erh. L 41,5; 29,4 g.
Krustig grüne bis rote Patina. FO: 1935, östl. S-Erweiterung, NW. Bereich, 1. Gang.

Kat. 258
Inv.-Nr.: B 985
Mauerring, Typ Mr2
Ring vollständig. Kleines Stück des Dübels mit Absatz erhalten.
Ring außen 39,0; Ring innen 24,0; Dübel sechseckig 6,0 × 7,5; erh. L 51,0; 45,4 g.
Geglättete rotbraune Patina. FO: 1954 F6.

Kat. 259
Inv.-Nr.: B 914 a
Mauerring, Typ Mr2
Ring vollständig. Kleines Stück des Dübels mit Absatz erhalten.
Ring außen 48,0; Ring innen 24,0; Dübel rechteckig 5,0 × 5,5; erh. L 59,0; 88,2 g.
Krustig grüne Patina mit Abplatzungen bis unter die originale Oberfläche. FO: 1954 H, im Kanal, südl. S-Bau. +100/+80.

Kat. 260
Inv.-Nr.: B 1072
Mauerring, Typ Mr2
Ring vollständig. Dübel zum Teil erhalten.
Ring außen 50,0; Ring innen 28,0; Dübel oval 7,0 × 10,0; erh. L 81,0; 110,2 g.
Krustig grüne Patina mit Rissbildung durch Volumenzunahme. FO: AB.

Kat. 261
Inv.-Nr.: B 3294
Mauerring, Typ Mr2
Vollständig.
Ring außen 31,0; Ring innen 13,0; Dübel rechteckig 9,5 × 12,0; L 99,0; 86,9 g.
Relativ glatte grüne Patina. FO: AB.

Kat. 262
Inv.-Nr.: B 3771
Mauerring, Typ Mr2
Ring vollständig. Dübel zum Teil erhalten.
Ring außen 32,5; Ring innen 13,0; Dübel rechteckig 9,5 × 10,5; erh. L 35,5; 46,6 g.
Relativ glatte hellgrüne Patina. FO: 1979 RB, 8/4 Splittpackung. 11.10.79.

Kat. 263
Inv.-Nr.: B 2168
Mauerring, Typ Mr2
Vollständig. Dübel mit Kerben.
Ring mit Eierstabdekor.
Ring außen 49,0; Ring innen 29,0–31,0; Dübel rechteckig 8,0 × 7,0; L 108,0; 102,0 g.
Zumeist hellgrüne Patina mit einzelnen Kalkauflagen. FO: AB.

Kat. 264
Inv.-Nr.: B 2768
Mauerring, Typ Mr2
Ring vollständig. Dübel zum Teil erhalten.
Ring mit Eierstabdekor.
Ring außen 59,0; Ring innen 27,0; Dübel rechteckig 9,5 × 11,0; erh. L 110,0; 261,8 g.
Glatte braune Patina. FO: AB.

Kat. 265
Inv.-Nr.: B 3464
Haken, Typ Ha1
Vollständig.
Material quadratisch 5,5; L 32,0; H 17,0.
Glatte braune Patina. FO: 1981 HS, 28+29/b. 25.7.1981.

Kat. 266
Inv.-Nr.: B 3193
Haken, Typ Ha1
Vollständig.
Material quadratisch mit Fase 8,0; L 70,5; H 25,0.
Zumeist braune bis olivgrüne Patina. FO: AB.

Kat. 267
Inv.-Nr.: B 3280
Haken, Typ Ha1
Evtl. fehlt ein Teil des Dübels.
Material quadratisch 7,5; erh. L 67,0; H 24,0; B 17,0.
Zumeist glatte schwarzgrüne Patina. FO: AB.

Kat. 268
Inv.-Nr.: B 3293
Haken, Typ Ha2
Spitze fehlt.
Material annähernd rund Spitze quadratisch 4,5–5,5; erh. L 110,0; H 30,0; 25,0 g.
Zumeist braune bis grüne glatte Patina. FO: AB.

Kat. 269
Inv.-Nr.: B 3282
Haken, Typ Ha2
Teil des Dübels fehlt.
Material quadratisch bis rechteckig 8,5; erh. L 61,0; H 17,0.
Krustig grüne Patina mit Rissbildung durch Volumenzunahme. FO: AB.

Kat. 270
Inv.-Nr.: B 3462
Haken, Typ Ha2
Vollständig.
Material oval 4,5 × 5,0; L 42,5; H 14,0.
Glatte braune Patina. FO: 1980 HS, 220. Steg 2/7 Mauer III – N-Ende. 23.9.1980.

Kat. 271
Inv.-Nr.: B 3466
Haken, Typ Ha3
Teil des Hakens fehlt.
Material rechteckig 2,5 × 3,5; erh. L 44,0; H 6,0.
Glatte grüne bis braune Patina. FO: 1981 HS, 17+18/6.c. 264. 10.7.1981.

Kat. 272
Inv.-Nr.: B 3292
Haken, Typ Ha3
Eiserner Kopf fehlt, nur als Rostspuren erhalten.
Material rechteckig 2,0 × 5,0; erh. L 97,5; B 4,9.
Zumeist leicht krustig grüne Patina. FO: AB.

Kat. 273
Inv.-Nr.: B 3278
Haken, Typ Ha4
Gespaltener Teil des Dübels fehlt.
Material rechteckig bis rund 2,5 × 3,0; erh. L 33,0; H 27,0.
Zumeist glatte grüne Patina. FO: AB.

Kat. 274
Inv.-Nr.: B 1403
Haken, Typ Ha4
Vollständig.
Material quadratisch 3,0; L 40,0; H 34,0; Haken B 19,0; Dübel L 18,0; gespaltenes Stück H 18,0.
Hellgrüne glatte Patina. FO:1957 H, westlich Südhalle, nördlich Südbau. (Polykratische Aufschüttung).

Kat. 275
Inv.: B 3247
Haken, Typ Ha4
Gespaltenes Ende fehlt. Haken stark gebogen.
Material quadratisch 3,5; erh. L 55,5; erh. H 17,0.
Zumeist glatte hellgrüne bis grüne Patina. FO: AB.

Kat. 276
Inv.-Nr.: B 1926
Haken, Typ Ha4
Vollständig.
Material rechteckig 2,5 × 3,5; L 38,0; H 45,0; Haken B 20,0; H 30,0; Dübel L 20,0; gespaltenes Stück H 15,0.
Glatte hellgrüne Patina. FO: AB.

Kat. 277
Inv.-Nr.: B 3273
Kettenglied
Vollständig.
Material quadratisch 5,5; L 26,0.
Leicht krustig grüne Patina. FO: AB.

Kat. 278
Inv.-Nr.: B 3479
Unterlegscheibe, Typ Us1
Vollständig. Etwas gebogen. Loch mit Gratbildung.
Außen achteckig 31,5; innen annähernd rund 8,0; H 2,0; 10,3 g.
Grüne bis braune Patina. FO: AB.

Kat. 279
Inv.-Nr.: B 3303 a
Unterlegscheibe, Typ Us1
Vollständig. Kleines Stück am Rand fehlt. Modern gebogen.
Außen annähernd rund 38,5; innen annähernd rechteckig 6,0 × 7,5; H 0,8–1,0; 4,9 g.
Grüne bis braune Patina. FO: AB.

Kat. 280
Inv.-Nr.: B 3302
Unterlegscheibe, Typ Us1
Vollständig. Kleine Fehlstellen am Rand. Loch mit Gratbildung.
Außen rund 32,0; innen quadratisch 6,5; H 0,7; 2,6 g.
Leicht krustig grüne Patina. FO: AB.

Kat. 281
Inv.-Nr.: B 3301
Unterlegscheibe, Typ Us1
Vollständig. Eine Seite etwas gebogen. Rostspuren am Loch.
Außen rund 20,0; innen rund 9,5; H 1,5; 2,3 g.
Hellgrüne bis grüne Patina. FO: AB.

Kat. 282
Inv.-Nr.: B 3297
Unterlegscheibe, Typ Us2
Vollständig. Rostiges Stück eines eisernen Stiftes o. Ä. erhalten.
Außen annähernd rund 22,0–23,0; innen ca. 6,5; H 2,0–2,5; Stift ca. 6,5; erh. L 7,0.

Vollständig korrodiert. Hellgrüne Patina mit Volumenzunahme. Stift stark korrodiert. FO: AB.

Kat. 283
Inv.-Nr.: B 3477
Unterlegscheibe, Typ Us2
Vollständig. Kleine Fehlstellen am Rand. Rostspuren am Loch.
Außen annähernd rund 24,0; innen rund 4,0; H ca. 3,0.
Vollständig korrodiert. Krustig grüne Patina mit Rissbildung durch deutliche Volumenzunahme. FO: 1980 HS, Raum F 2. 1.10.1980.

Kat. 284
Inv.-Nr.: B 3478
Unterlegscheibe, Typ Us2
Zur Hälfte erhalten. Rostspuren am Loch.
Außen annähernd rund 29,0; innen rund 6,0; H ca. 2,5.
Vollständig korrodiert. Krustig grüne Patina mit Rissbildung durch Volumenzunahme. FO: 1980 HS, Raum F 2. 1.10.1980.

Kat. 285
Inv.-Nr.: B 3298
Unterlegscheibe, Typ Us2
Vollständig. Etwas gebogen.
Außen rund 31,5; innen konisch rund 5,5–6,2; H 5,0; 28,2 g.
Nur wenig glatte hellgrüne Patina. FO: AB.

Kat. 286
Inv.-Nr.: B 3300
Unterlegscheibe, Typ Us2
Vollständig. Kleine Fehlstelle am Rand. Stark gebogen. Rostspuren am Loch.
Außen rund 32,0; innen rund 5,0; H 4,0; 10,2 g.
Vermutlich vollständig korrodiert. Hellgrüne Patina mit Rissbildung durch Volumenzunahme. FO: AB.

Kat. 287
Inv.-Nr.: B 3299
Unterlegscheibe, Typ Us2
Vollständig. Rostspuren am Loch.
Außen rund 29,5; innen rund 5,0; H 5,0; 12,1 g.
Vermutlich vollständig korrodiert. Krustig grüne Patina mit Rissbildung durch Volumenzunahme. FO: AB.

Kat. 288
Inv.-Nr.: B 3295
Unterlegscheibe, Typ Us1
Vollständig. Rand an einer Seite gebogen.
Außen rund 35,5; innen rund 12,5; H 3,0; 10,3 g.
Krustig hellgrüne bis grüne Patina. FO: AB.

Kat. 289
Inv.-Nr.: B 3296
Unterlegscheibe, Typ Us1
Vollständig bis auf kleine Fehlstellen am Rand und am Loch.
Außen rund 36,0; innen rund 12,0; H 3,0; 10,0 g.
Vermutlich vollständig korrodiert. Grüne krustige Patina mit Volumenzunahme. FO: AB.

Kat. 290
Inv.-Nr.: B 3504
Hohlniet, Typ Ni2
Kleiner Teil des Kopfes und des Schaftes fehlt. Kopf etwas gebogen.
Schließkopf annähernd rund 10,5; Schaft rund 8,0; erh. L 41,0.
Braune bis grüne Patina mit partieller Sinterauflage. FO: AB.

Kat. 291
Inv.-Nr.: B 3370
Vollniet, Typ Ni1
Vollständig. Mit rechteckigem Bronzestück.
Setz- und Schließkopf rund 6,0; H 1,0; Schaft rund 4,0; L 22,0.
Bronzestück 15,0 × 23,0.
Leicht krustig grüne Patina. FO: 1966 H, südl. Schatzhaus 3, +403 bis +344 (derselbe Fundort wie Kat. 160. 188. 195).

Kat. 292
Inv.-Nr.: B 3287
Vollniet, Typ Ni1
Vollständig. Mit Unterlegscheibe. Bereich mit Scheibe etwas gebogen.
Setzkopf rund 12,0; H 4,5; Schließkopf annähernd rund 7,0; H 1,0; Schaft rund 7,0; L 67,0.
Unterlegscheibe außen rund 19,0; innen rund 5,0; H 1,2.
Zumeist glatte dunkelgrüne Patina. FO: AB.

Kat. 293
Inv.-Nr.: B 3412
Vollniet, Typ Ni1
Vollständig.
Setzkopf annähernd rund 21,0; H 1,5; Schließkopf oval 7,0 × 10,0; H 1,0; Schaft am Ansatz rund, dann quadratisch 6,0; L 76,0.
Glatte braune bis grüne Patina. FO: 1981 HS, 22/2. i.H. 524. 189. 4.6.81.

Kat. 294
Inv.-Nr.: B 3198
Rohling
Zahlreiche Hammerabschläge. Große Kerbe von einem Meißel.
Material quadratisch 9,0 × 9,5; L 146,0.
Zumeist glatte dunkelgrüne und vereinzelt braune Patina. FO: AB.

Kat. 295
Inv.-Nr.: B 3173
Rohling
Zahlreiche Hammerabschläge.
Material quadratisch 11,0 × 12,0; L 158,0.
Zumeist glatte dunkelgrüne und vereinzelt braune Patina. FO: AB.

Kat. 296
Inv.-Nr.: B 3682
Rohling
Einige Kerben von einem Meißel.
Material quadratisch 9,0; L 91,5.
Zumeist glatte grüne und vereinzelt hellgrüne Patina. FO: AB.

EISEN

Kat. I
Inv.-Nr.: ohne
Pilzknauf-Nagel, Typ P3-A
Rand des Kopfes deutlich ausgerissen. Schaft rechtwinklig gebogen.
Kopf rund erh. 29,0; H erh. 11,0; Schaft quadratisch erh. 7,0; abgerollte L 87,0.
Korrosionskruste größten Teils bis unter die originale Oberfläche abgeplatzt. FO: AB.

Kat. II
Inv.-Nr.: V 325
Schirmkopf-Nagel, Typ S2
Teil des Schaftes fehlt.
Kopf annähernd rund erh. 28,0; Schaft quadratisch erh. 10,0; erh. L 63,0.
Korrosionskruste mit Rissbildung durch Volumenzunahme. Sinterkruste. FO: 1957, Südbau. Im Kanal unter N-Schiff. +45 – +55.

Kat. III
Inv.-Nr.: V 326
Beschlagnagel, Typ Be1
Vollständig.
Kopf rund erh. 18,0; Schaft quadratisch erh. 10,0; L 50,0.
Korrosionskruste mit Rissbildung durch Volumenzunahme. Sinterkruste. FO: 1957, Südbau. Im Kanal unter N-Schiff. +45 – +55.

Kat. IV
Inv.-Nr.: ohne
Haken, Typ Ha1
Vollständig.
Material quadratisch 10,5; L 103,0; H 28,0; B 21,0.
Wenige Korrosionsauflagen. FO: AB.

INDEX DER SAMISCHEN BEFESTIGUNGSTECHNIK

KATALOGNUMMER – INVENTARNUMMER

Kat.-Nr.	Inv.-Nr.
1	B 2358
2	B 2145
3	B 2504
4	B 3178
5	B 3188
6	B 3240
7	B 2149
8	B 2150
9	B 0506
10	B 0581
11	B 2147
12	B 2146
13	B 2148
14	B 2151
15	B 3239
16	B 3410
17	B 3418
18	B 3435
19	B 3456
20	B 3200
21	B 3229
22	B 3230
23	B 1385
24	B 1356
25	B 3041
26	B 3407
27	B 3274
28	B 3199
29	B 3169

Kat.-Nr.	Inv.-Nr.
30	B 3214
31	B 3411
32	B 1355
33	B 3390
34	B 3176
35	B 0176
36	B 3152
37	B 3153
38	B 3154
39	B 3155
40	B 3156
41	B 0066
42	B 3157
43	B 3194
44	B 3159
45	B 3149
46	B 3172
47	B 3398
48	B 3393
49	B 3224
50	B 3201
51	B 3211
52	B 3395
53	B 3413
54	B 1411
55	B 3404
56	B 3204
57	B 3206
58	B 3182

Kat.-Nr.	Inv.-Nr.
59	B 3212
60	B 3392
61	B 3208
62	B 3397
63	B 3170
64	B 3243
65	B 3409
66	B 1716
67	B 3215
68	B 3158
69	B 3291
70	B 2441
71	B 3171
72	B 3145
73	B 0060
74	B 3415
75	B 3403
76	B 3400
77	B 3203
78	B 3226
79	B 3232
80	B 3408
81	B 3202
82	B 3218
83	B 3391
84	B 3216
85	B 3166
86	B 3192
87	B 3209
88	B 3210
89	B 3205
90	B 3222
91	B 3394

Kat.-Nr.	Inv.-Nr.
92	B 3175
93	B 3250
94	B 3246
95	B 0082
96	B 3242
97	B 3241
98	B 1390
99	B 1405
100	B 3263
101	B 3471
102	B 3213
103	B 0560
104	B 3160
105	B 3207
106	B 3080
107	B 3150
108	B 2421
109	B 3086
110	B 3181
111	B 3162
112	B 3143
113	B 3168
114	B 3180
115	B 3179
116	B 3144
117	B 3167
118	B 3183
119	B 3260
120	B 3237
121	B 2443
122	B 3187
123	B 3231
124	B 3233

Kat.-Nr.	Inv.-Nr.
125	B 3234
126	B 3235
127	B 3236
128	B 3248
129	B 3249
130	B 3258
131	B 3259
132	B 3401
133	B 3419
134	B 3420
135	B 3421
136	B 3422
137	B 3423
138	B 3424
139	B 3426
140	B 3427
141	B 3429
142	B 3430
143	B 3431
144	B 3432
145	B 3434
146	B 3436
147	B 3437
148	B 3438
149	B 3439
150	B 3440
151	B 3441
152	B 3442
153	B 3443
154	B 3444
155	B 3445
156	B 3447
157	B 3448

Kat.-Nr.	Inv.-Nr.
158	B 3449
159	B 3450
160	B 3368 b
161	B 3467
162	B 3468
163	B 3469
164	B 3470
165	B 3402
166	B 3425
167	B 3428
168	B 3433
169	B 3405
170	B 3406
171	B 3446
172	B 1361
173	B 1410
174	B 3227
175	B 3252
176	B 3254
177	B 3255
178	B 3257
179	B 3261
180	B 3264
181	B 3265
182	B 3266
183	B 3399
184	B 3451
185	B 3453
186	B 3455
187	B 3465
188	B 3368 a
189	B 3253
190	B 3256

191	B 3267
192	B 3268
193	B 3452
194	B 3454
195	B 3368 c
196	B 3396
197	B 3414
198	B 3272
199	B 3228
200	B 3189
201	B 3161
202	B 2442
203	B 3151
204	B 3046
205	B 3190
206	B 3191
207	B 3195
208	B 3217
209	B 3221
210	B 3223
211	B 3245
212	B 3269
213	B 3270
214	B 3271
215	B 3275
216	B 3277
217	B 3286
218	B 3288
219	B 3289
220	B 3290
221	B 3461
222	B 3460
223	B 3463
224	B 3416

225	B 3197
226	B 3225
227	B 2099
228	B 3251
229	B 3279
230	B 3360
231	B 2080
232	B 3283
233	B 2115
234	B 3174
235	B 3147
236	B 3148
237	B 3146
238	B 3177
239	B 3276
240	B 3238
241	B 3186
242	B 3281
243	B 3220
244	B 0402
245	B 0794
246	B 1074
247	B 2282
248	B 0984
249	B 1071
250	B 3503
251	B 0554
252	B 1073
253	B 3501
254	B 0600
255	B 2526
256	B 3502
257	B 0408
258	B 0985

Kat.-Nr.	Inv.-Nr.
259	B 0914 a
260	B 1072
261	B 3294
262	B 3771
263	B 2168
264	B 2768
265	B 3464
266	B 3193
267	B 3280
268	B 3293
269	B 3282
270	B 3462
271	B 3466
272	B 3292
273	B 3278
274	B 1403
275	B 3247
276	B 1926
277	B 3273
278	B 3479
279	B 3303 a

Kat.-Nr.	Inv.-Nr.
280	B 3302
281	B 3301
282	B 3297
283	B 3477
284	B 3478
285	B 3298
286	B 3300
287	B 3299
288	B 3295
289	B 3296
290	B 3504
291	B 3370
292	B 3287
293	B 3412
294	B 3198
295	B 3173
296	B 3682
I	ohne
II	V 0325
III	V 0326
IV	ohne

INVENTARNUMMER – KATALOGNUMMER

Inv.-Nr.	Kat.-Nr.
B 0060	73
B 0066	41
B 0082	95
B 0176	35
B 0402	244
B 0408	257
B 0506	9

Inv.-Nr.	Kat.-Nr.
B 0554	251
B 0560	103
B 0581	10
B 0600	254
B 0794	245
B 0914 a	259
B 0984	248

Inv.-Nr.	Kat.-Nr.
B 0985	258
B 1071	249
B 1072	260
B 1073	252
B 1074	246
B 1355	32
B 1356	24
B 1361	172
B 1385	23
B 1390	98
B 1403	274
B 1405	99
B 1410	173
B 1411	54
B 1716	66
B 1926	276
B 2080	231
B 2099	227
B 2115	233
B 2145	2
B 2146	12
B 2147	11
B 2148	13
B 2149	7
B 2150	8
B 2151	14
B 2168	263
B 2282	247
B 2358	1
B 2421	108
B 2441	70
B 2442	202
B 2443	121

Inv.-Nr.	Kat.-Nr.
B 2504	3
B 2526	255
B 2768	264
B 3041	25
B 3046	204
B 3080	106
B 3086	109
B 3143	112
B 3144	116
B 3145	72
B 3146	237
B 3147	235
B 3148	236
B 3149	45
B 3150	107
B 3151	203
B 3152	36
B 3153	37
B 3154	38
B 3155	39
B 3156	40
B 3157	42
B 3158	68
B 3159	44
B 3160	104
B 3161	201
B 3162	111
B 3166	85
B 3167	117
B 3168	113
B 3169	29
B 3170	63
B 3171	71

Inv.-Nr.	Kat.-Nr.
B 3172	46
B 3173	295
B 3174	234
B 3175	92
B 3176	34
B 3177	238
B 3178	4
B 3179	115
B 3180	114
B 3181	110
B 3182	58
B 3183	118
B 3186	241
B 3187	122
B 3188	5
B 3189	200
B 3190	205
B 3191	206
B 3192	86
B 3193	266
B 3194	43
B 3195	207
B 3197	225
B 3198	294
B 3199	28
B 3200	20
B 3201	50
B 3202	81
B 3203	77
B 3204	56
B 3205	89
B 3206	57
B 3207	105

Inv.-Nr.	Kat.-Nr.
B 3208	61
B 3209	87
B 3210	88
B 3211	51
B 3212	59
B 3213	102
B 3214	30
B 3215	67
B 3216	84
B 3217	208
B 3218	82
B 3220	243
B 3221	209
B 3222	90
B 3223	210
B 3224	49
B 3225	226
B 3226	78
B 3227	174
B 3228	199
B 3229	21
B 3230	22
B 3231	123
B 3232	79
B 3233	124
B 3234	125
B 3235	126
B 3236	127
B 3237	120
B 3238	240
B 3239	15
B 3240	6
B 3241	97

Inv.-Nr.	Kat.-Nr.
B 3242	96
B 3243	64
B 3245	211
B 3246	94
B 3247	275
B 3248	128
B 3249	129
B 3250	93
B 3251	228
B 3252	175
B 3253	189
B 3254	176
B 3255	177
B 3256	190
B 3257	178
B 3258	130
B 3259	131
B 3260	119
B 3261	179
B 3263	100
B 3264	180
B 3265	181
B 3266	182
B 3267	191
B 3268	192
B 3269	212
B 3270	213
B 3271	214
B 3272	198
B 3273	277
B 3274	27
B 3275	215
B 3276	239

Inv.-Nr.	Kat.-Nr.
B 3277	216
B 3278	273
B 3279	229
B 3280	267
B 3281	242
B 3282	269
B 3283	232
B 3286	217
B 3287	292
B 3288	218
B 3289	219
B 3290	220
B 3291	69
B 3292	272
B 3293	268
B 3294	261
B 3295	288
B 3296	289
B 3297	282
B 3298	285
B 3299	287
B 3300	286
B 3301	281
B 3302	280
B 3303 a	279
B 3360	230
B 3368 a	188
B 3368 b	160
B 3368 c	195
B 3370	291
B 3390	33
B 3391	83
B 3392	60

Inv.-Nr.	Kat.-Nr.
B 3393	48
B 3394	91
B 3395	52
B 3396	196
B 3397	62
B 3398	47
B 3399	183
B 3400	76
B 3401	132
B 3402	165
B 3403	75
B 3404	55
B 3405	169
B 3406	170
B 3407	26
B 3408	80
B 3409	65
B 3410	16
B 3411	31
B 3412	293
B 3413	53
B 3414	197
B 3415	74
B 3416	224
B 3418	17
B 3419	133
B 3420	134
B 3421	135
B 3422	136
B 3423	137
B 3424	138
B 3425	166
B 3426	139

Inv.-Nr.	Kat.-Nr.
B 3427	140
B 3428	167
B 3429	141
B 3430	142
B 3431	143
B 3432	144
B 3433	168
B 3434	145
B 3435	18
B 3436	146
B 3437	147
B 3438	148
B 3439	149
B 3440	150
B 3441	151
B 3442	152
B 3443	153
B 3444	154
B 3445	155
B 3446	171
B 3447	156
B 3448	157
B 3449	158
B 3450	159
B 3451	184
B 3452	193
B 3453	185
B 3454	194
B 3455	186
B 3456	19
B 3460	222
B 3461	221
B 3462	270

Inv.-Nr.	Kat.-Nr.
B 3463	223
B 3464	265
B 3465	187
B 3466	271
B 3467	161
B 3468	162
B 3469	163
B 3470	164
B 3471	101
B 3477	283
B 3478	284

Inv.-Nr.	Kat.-Nr.
B 3479	278
B 3501	253
B 3502	256
B 3503	250
B 3504	290
B 3682	296
B 3771	262
ohne	I
ohne	IV
V 0325	II
V 0326	III

ABKÜRZUNGSVERZEICHNIS

Außer den in den Richtlinien für Publikationen des Deutschen Archäologischen Instituts[367] festgelegten Abkürzungen werden zusätzlich folgende verwendet:

Angioni 1990
S. Angioni, Schede dei materiali, in: A. Maffei (Hrsg.), Caere e il suo territorio da Agylla a Centumsellae (Rom 1990) 240–275

Bevilacqua 2001
G. Bevilacqua, Chiodi Magici, ArchCl 52, 2001, 129–150

Blinkenberg 1931
C. Blinkenberg, Les Petits Objets, Lindos 1 (Berlin 1931)

Born 1997
H. Born, Zu den Herstellungstechniken der Bronzen des Gefäßdepots aus dem Saalegebiet, ActaPraehhistA 29, 1997, 69–96

Buchholz 2003
H.-G. Buchholz, Einige zyprische Gussformen, Report of the Departement of Antiquities, Cyprus 2003, 113–138

Buschor - Schleif 1933
E. Buschor – H. Schleif, Heraion von Samos. Der Altarplatz der Frühzeit, AM 58, 1933, 145–247

Cloeren 2006
H.-H. Cloeren, Untersuchung antiker Nägel (unpubliziert 2006)

Davidson 1952
G. R. Davidson, Minor Objects, Corinth 12 (Princeton 1952)

Drescher 1958
H. Drescher, Der Überfangguß (Mainz 1958)

Drescher 1995
H. Drescher, Die Verarbeitung von Buntmetall in der Heuneburg, in: E. Gersbach, Baubefund der Periode IV c – IV a der Heuneburg, Heuneburgstudien 9 = RGF 53 (Mainz 1995) 255–364

Friederichs 1871
K. Friederichs, Geräthe und Broncen im Alten Museum (Düsseldorf 1871)

Furtwängler 1906
A. Furtwängler, Aegina. Das Heiligtum der Aphaia (München 1906)

Furtwängler 1981
A. E. Furtwängler, Heraion von Samos. Grabungen im Südtemenos 1977. 2. Kleinfunde, AM 96, 1981, 73–138

Gaitzsch 2005
W. Gaitzsch, Eisenfunde aus Pergamon. Geräte, Werkzeuge und Waffen, PF 14 (Berlin 2005)

Hartwig 1792
O. L. Hartwig, Handwerk und Künste in Tabellen, Stahl und Eisenarbeiter 6 (Berlin 1792)

Heres 1982
G. Heres, Beiträge zur antiken Bronzekunst, FuB 22, 1982, 193–197

Jantzen 2004
U. Jantzen, Die Wasserleitung des Eupalinos. Die Funde, Samos 20 (Bonn 2004)

Karageorghis 1973
V. Karageorghis, Excavations in the Necropolis of Salamis 3, Salamis 5 (Nicosia 1973)

Kilian-Dirlmeier 2002
I. Kilian-Dirlmeier, Kleinfunde aus dem Athena Itonia-Heiligtum bei Philia, Römisch-Germanisches Zentralmuseum Mainz/Monographien 48 (Mainz 2002)

Klebinder-Gauß 2007
G. Klebinder-Gauß, Bronzefunde aus dem Artemision von Ephesos, FiE 12, 3 (Wien 2007)

Kopke 1967
G. Kopke, Neue Holzfunde aus dem Heraion von Samos, AM 82, 1967, 100–148

Künzl - Künzl 2003
E. Künzl – S. Künzl (Hrsg.), Das römische Prunkportal von Ladenburg, Forschungen und Berichte zur Vor- und Frühgeschichte in Baden-Württemberg 94 (Stuttgart 2003)

Kyrieleis 1980
H. Kyrieleis, Archaische Holzfunde aus Samos, AM 95, 1980, 87–147

Lazzarini 2006
M. L. Lazzarini, AION. Eternita e memoria. Due chiodi bronzei iscritti dalla piana lametina, in: B. Adembri (Hrsg.), Aeimnestos. Miscellanea di Studi per Mauro Cristofani (Florenz 2006) 150–153

---

[367] http://www.dainst.org/index_35e2681dbb1f14a161340017f0000011_de.html (15.04.2010).

Lehmann – Lehmann 1962
K. Lehmann – P. W. Lehmann, The Hall of Votive Gifts, Samothrace 4, 1 (New York 1962)

Payne 1940
H. Payne, Perachora. The Sanctuaries of Hera Akraia and Limena. Excavations of the British School of Archaeology at Athens, 1930–1933. 1. Architecture, Bronzes, Terracottas (Oxford 1940)

Petculescu 2004
L. Petculescu, Bronze Shield Fittings in Roman Dacia, in: C. Muşeţeanu (Hrsg.), The Antique Bronzes. Typology, Chronology, Authenticity. Acta of the 16th International Congress of Antique Bronzes, Bucharest (Bucharest 2004) 371–377

Pitts – Saint Joseph 1985
L. F. Pitts – J. K. Saint Joseph, Inchtuthil. The Roman Legionary Fortress. Excavation 1952 – 1965 (London 1985)

Raeder 1983
J. Raeder, Priene. Funde einer griechischen Stadt, Bilderheft der Staatliche Museen Preußischer Kulturbesitz 45/46 (Berlin 1983)

Riederer 2001
J. Riederer, Berliner Datenbank von Metallanalysen kulturgeschichtlicher Objekte III. Römische Objekte, BerlBeitrArchäom 18, 2001, 139–259

Robinson 1941
D. M. Robinson, Metal and Minor Miscellaneous Finds. An Original Contribution to Greek Life, Olynthus 10 (Baltimore 1941)

Ucelli 1950
G. Ucelli, Le Navi di Nemi (Rom 1950)

Waldbaum 1983
J. C. Waldbaum, Metalwork from Sardis. The Finds through 1974, Archaeological Exploration of Sardis. Monograph 8 (Cambridge 1983)

Zimmer 1982
G. Zimmer, Römische Berufsdarstellungen, AF 12 (Berlin 1982)

LITERATURVERZEICHNIS

Antikenmuseum, Die ausgestellten Werke (Berlin 1988)

Antikensammlung, Dokumentation der Verluste V 1 (Berlin 2005)

CVA Berlin (2)

Lexikon Technik und exakte Naturwissenschaften 6 (1969) 1647 f. s. v. Kette

Lexikon Technik und exakte Naturwissenschaften 6 (1969) 1619 s. v. Keil

Los Bronces Romanos en España. Ausstellungskatalog Madrid (Madrid 1990)

RE XVI 2 (1935) 1575–1581 s. v. Nagel (A. Hug)

Schätze der Antike aus der Antikensammlung Berlin. Ausstellungskatalog Nürnberg, NüBlA Sonderheft (Nürnberg 2003)

S. Angioni, Schede dei materiali, in: A. Maffei (Hrsg.), Caere e il suo territorio da Agylla a Centumsellae (Rom 1990) 240–275

B. Barr-Sharrar, The Hellenistic and Early Imperial Decorativ Bust (Mainz 1987)

G. Bevilacqua, Chiodi Magici, ArchCl 52, 2001, 129–150

F. G. Bewer, A Laboratary for Art. Harvard's Fogg Museum and the Emergency of Conservation in America, 1900–1950 (Cambridge 2010)

C. Bischoff, Das Kupfer und seine Legierungen (Berlin 1865)

C. Blinkenberg, Les Petits Objets, Lindos 1 (Berlin 1931)

H. Blümner, Technologie und Terminologie der Gewerbe und Künste bei Griechen und Römern 2 und 4 (Hildesheim 1969)

B. Borell, Die griechischen Bleche und ihre Rekonstruktion als Sphyrelata, in: B. Borell – D. Rittig, Orientalische und griechische Bronzereliefs aus Olympia, OF 26 (Berlin 1998) 63–205

L. V. Borelli, Lamina con iscrizione etrusca più breve, in: Scavi nel Santuario Etusco di Pyrgi, ArchCl 16, 1964, 65

J. Boehlau, Aus ionischen und italischen Nekropolen (Leipzig 1889)

P. C. Bol, Großplastik aus Bronze in Olympia, OF 9 (Berlin 1978)

H. Born, Antike Bohrung in Metall, ActaPraehistA 21, 1989, 117–126

H. Born, Zu den Herstellungstechniken der Bronzen des Gefäßdepots aus dem Saalegebiet, ActaPraehhistA 29, 1997, 69–96

E. Brepohl, Theophilus Presbyter und die mittelalterliche Goldschmiedekunst (Leipzig 1987)

H.-G. Buchholz, Einige zyprische Gussformen, Report of the Departement of Antiquities, Cyprus 2003, 113–138

P. Busch, Antike Magier als Dienstleister, AW 37, 6, 2006, 15–20

E. Buschor – H. Schleif, Heraion von Samos. Der Altarplatz der Frühzeit, AM 58, 1933, 145–247

E. Buschor – O. Ziegenaus, Heraion 1959, AM 74, 1959, 1–3

A. Cambitoglou – J. K. Papadopoulos – O. T. Jones, Torone I. The Excavations of 1975, 1976 and 1978 (Athen 2001)

F. Caspari, Das Nilschiff Ptolemaios' IV., AA 1916, 1–74

F. Ceci, L'interpretazione di moneti e chiodi in contesti funerari. Esempi dal suburbio romano, in: M. Heinzelmann – J. Ortalli – P. Fasold – M. Witteyer (Hrsg.), Römischer Bestattungsbrauch und Beigabensitten in Rom, Norditalien und den Nordwestprovinzen von der späten Republik bis in die Kaiserzeit, Palilia 8 (Wiesbaden 2001) 87–91

M.-J. Chavane, Les petits objets, La Nécropole d'Amathonte. Tombes 110–385. Band IV (Nicosia 1990)

A. E. Christensen – R. Gardiner (Hrsg.), The Earliest Ships. The Evulotion of Boats into Ships (London 1996)

H. F. Cleere, Roman Iron-working Resufe, in: Pitts – Saint Joseph 1985, 300–302

H.-H. Cloeren, Untersuchung antiker Nägel (unpubliziert 2006)

G. Colonna, Divinazione e culto di Rath/Apollo a Caere. A proposito del santuario in località S. Antonio, ArchCl 52, 2001, 151–173

H. Cüppers, Die Trierer Römerbrücken, Trierer Grabungen und Forschungen 5 (Mainz 1969)

G. R. Davidson, Minor Objects, Corinth 12 (Princeton 1952)

R. Delbrück, Der Südostbau am Forum Romanum, JdI 36, 1921, 8–185

A. Dierichs, Erotik in der römischen Kunst, Sonderhefte der Antiken Welt = Zaberns Bildbände zur Archäologie (Mainz 1997)

P. Dikaios, Enkomi 1 und 3 (Mainz 1969)

H. Drescher, Der Überfangguß (Mainz 1958)

H. Drescher, Die Verarbeitung von Buntmetall in der Heuneburg, in: E. Gersbach, Baubefund der Periode IVc – IVa der Heuneburg, Heuneburgstudien 9 = RGF 53 (Mainz 1995) 255–364

M. Dunand, Fouilles de Byblos 1, 1926–1932 (Paris 1939)

G. Dunst, Archaische Inschriften und Dokumente der Pentekondaetie aus Samos, AM 87, 1972, 99–163

C. Eckmann – S. Shafik, Die beiden Kupferstatuen des Pepi I. aus dem Tempel von Hirakonpolis in Ägypten, JbRGZM 47, 1, 2000, 1–46

G. Eggert, Schwarzfärbung oder Korrosion?, in: G. Hellenkemper Salies – H.-H. v. Prittwitz und Gaffron – G. Bauchhenß (Hrsg.), Das Wrack. Der antike Schiffsfund von Mahdia 2, Kataloge des Rheinischen Landesmuseums Bonn 1, 2 (Köln 1994) 1033–1039

D. Ellmers, Keltischer Schiffbau, JbRGZM 16, 1969, 73–122

J. Fabricius, Hellenistische Kammergräber der samischen Westnekropole und ihre Grabmonumente, in: Staatliche Museen Kassel (Hrsg.), Samos – Die Kasseler Grabung 1894 in der Nekropole der archaischen Stadt (Kassel 1996) 108–119

E. Formigli, Übernommene und neu entwickelte Verbindungstechniken im etruskischen Metallhandwerk, Arbeitsblätter der Restauratoren 1, 1984, 138–160

N. Franken, Bronzen im akademischen Kunstmuseum der Universität Bonn, BJb 198, 1998, 49–99

N. Franken, Die antiken Bronzen im Römisch-Germanischen Museum Köln. Fragmente von Statuen. Figürlicher Schmuck von architektonischen Monumenten und Inschriften. Hausausstattung, Möbel, Kultgeräte, Votive und verschiedene Geräte, KölnJb 29, 1996, 7–203

K. Friederichs, Geräthe und Broncen im Alten Museum (Düsseldorf 1871)

A. Furtwängler, Aegina. Das Heiligtum der Aphaia (München 1906)

A. Furtwängler, Beschreibung der Vasensammlung im Antiquarium 2 (Berlin 1885)

A. E. Furtwängler, Heraion von Samos. Grabungen im Südtemenos 1977. 2. Kleinfunde, AM 96, 1981, 73–138

J. G. Gager, Curse Tablets and Binding Spells from the Ancient World (New York 1992)

W. Gaitzsch, Römische Werkzeuge, Kleine Schriften zur Kenntnis der römischen Besetzungsgeschichte Südwestdeutschlands 19 (Aalen 1978)

W. Gaitzsch, Konstruktion und Holzverarbeitung des Sarkophages von Elaia, in: W. Gaitzsch – P.-I. Kuniholm – W. Radt – S. Schiefer, Ein hölzerner hellenistischer Sarkophag aus Elaia bei Pergamon, IstMitt 35, 1985, 139–180

W. Gaitzsch, Werkzeuge und Geräte in der römischen Kaiserzeit. Eine Übersicht, ANRW II 12, 3 (Berlin 1985) 170–204

W. Gaitzsch, Eisenfunde aus Pergamon. Geräte, Werkzeuge und Waffen, PF 14 (Berlin 2005)

U. Gehrig – A. Greifenhagen – N. Kunisch, Führer durch die Antikenabteilung (Berlin 1968)

U. Gehrig, Frühe griechische Bronzegußtechniken, AA 1979, 547–558

U. Gehrig, Die Greifenprotomen aus dem Heraion von Samos, Samos 9 (Bonn 2004)

E. Gjerstadt – J. Lindros – E. Sjöqvist – A. Westholm, Finds and Results of the Excavations in Cyprus 1927–1931, SCE 2 (Stockholm 1935)

E. Gjerstad – J. Lindros – E. Sjöqvist – A. Westholm, Finds and Results of the Excavations in Cyprus 1927–1931, SCE 3 (Stockholm 1937)

H. Goldman (Hrsg.), The Hellenistic and Roman Period, Tarsus 1 (Princeton 1950)

F. Goddio – M. Clauss (Hrsg.), Ägyptens versunkene Schätze. Ausstellungskatalog Bonn (München 2006)

G. Gozzadini, Di un sepolcreto etrusco scoperto presso Bologna (Bologna 1854)

A. Greifenhagen, Zwei späthellenistische dekorative Bronzen, RA 2, 1968, 257–266

G. Gruben, Griechische Tempel und Heiligtümer (München 2001)

N. Hanel, Vetera I. Die Funde aus den römischen Lagern auf dem Fürstenberg bei Xanten, Rheinische Ausgrabungen 35 (Köln 1995)

J. Harnecker, Katalog der römischen Eisenfunde von Haltern aus den Grabungen der Jahre 1994–1994, Bodenaltertümer Westfalens 35 (Mainz 1997)

G. M. A. Hanfmann – E. Porada – H. Goldman, The Iron Age, Tarsus 3 (Princton 1963)

O. L. Hartwig, Handwerk und Künste in Tabellen, Messing- und Eisenarbeiter 5 (Berlin 1790)

O. L. Hartwig, Handwerk und Künste in Tabellen, Stahl und Eisenarbeiter 6 (Berlin 1792)

J. Heiden, Eine archaische Tür aus Sybaris, RM 106, 1999, 237–247

G. Heres, Beiträge zur antiken Bronzekunst, FuB 22, 1982, 193–197

W.-D. Heilmeyer, Frühe Olympische Bronzefiguren, OF 12 (Berlin 1979)

U. Höckmann, Antike Bronzen, Kataloge der Staatlichen Kunstsammlungen Kassel 4 (Kassel 1972)

W. Hübener, Die römischen Metallfunde von Augsburg-Oberhausen, Materialhefte zur Bayrischen Vorgeschichte 28 (Kallmünz 1973)

H. Hundeshagen, Der Schmied am Amboss (Hannover 2001)

C. G. Intzesiloglou, A Newly Dicovered Archaic Bronze Statue from Metropolis (Thessaly), in: C. C. Mattusch – A. Brauer – S. E. Knudsen (Hrsg.), From the Part to the Whole 1. Acta of the 13th International Bronze Congress, Cambridge 1996 (Portsmouth 2000) 65–68

H. P. Isler, Das Archaische Nordtor und seine Umgebung im Heraion von Samos. Bauaufnahme und Baubeschreibung, Samos 4 (Bonn 1978)

L. Jacobi, Das Römerkastell Saalburg bei Homburg von der Höhe (Homburg 1897)

U. Jantzen, Ägyptische und orientalische Bronzen aus dem Heraion von Samos, Samos 8 (Bonn 1972)
U. Jantzen, Die Wasserleitung des Eupalinos. Die Funde, Samos 20 (Bonn 2004)

U. Kästner, Der Knabe ist schön – Antike Vasen als Informationsträger, in: M. Wullen (Hrsg.), Das abc der Bilder. Ausstellungskatalog Berlin (Berlin 2007)

V. Karageorghis, Excavations in the Necropolis of Salamis 1, Salamis 3 (Nicosia 1967)

V. Karageorghis, Excavations in the Necropolis of Salamis 3, Salamis 5 (Nicosia 1973)

I. Kilian-Dirlmeier, Kleinfunde aus dem Athena Itonia-Heiligtum bei Philia, Römisch-Germanisches Zentralmuseum Mainz/Monographien 48 (Mainz 2002)

G. Klebinder-Gauß, Bronzefunde aus dem Artemision von Ephesos, FiE 12, 3 (Wien 2007)

H. Klumbach, Drei römische Schildbuckel aus Mainz, JbRGZM 13, 1966, 165–189

H. Klumbach, Ein Schildnagel aus Aquincum, JbRGZM 17, 1970, 146

U. Knigge, Der Bau Z, Kerameikos 17, 1. 2 (München 2005)

G. Kopke, Neue Holzfunde aus dem Heraion von Samos, AM 82, 1967, 100–148

E. Künzl – S. Künzl (Hrsg.), Das römische Prunkportal von Ladenburg, Forschungen und Berichte zur Vor- und Frühgeschichte in Baden-Württemberg 94 (Stuttgart 2003)

E. Künzl, Griechische Türen der klassischen und hellenistischen Zeit, in: Künzl – Künzl 2003, 223–248

E. Künzl – S. Künzl – A. Kaufmann-Heinimann, Katalog, in: Künzl – Künzl 2003, 87–94

J. G. Krünitz, Ökonomische Encyklopädie 102 (Göttingen 1806)

H. Kyrieleis, Archaische Holzfunde aus Samos, AM 95, 1980, 87–147

H. Kyrieleis, Neue Holzfunde aus dem Heraion von Samos, ASAtene 61, 1983, 295–302

H. Kyrieleis, Sphyrelata. Überlegungen zur früharchaischen Bronzegroßplastik in Olympia, AM 123, 2008, 177–198

M. L. Lazzarini, AION. Eternita e memoria. Due chiodi bronzei iscritti dalla piana lametina, in: B. Adembri (Hrsg.), Aeimnestos. Miscellanea di Studi per Mauro Cristofani (Florenz 2006) 150–153
A. Legner, Reliquien in Kunst und Kult zwischen Antike und Aufklärung (Darmstadt 1995)

K. Lehmann – P. W. Lehmann, The Hall of Votive Gifts, Samothrace 4, 1 (New York 1962)

T. Macridy, Un tumulus Macedonien a Langaza, AA 1911, 193–214

W. H. Manning, The Iron Objects, in: S. S. Frere (Hrsg.), Verulamium Excavations 1 (Oxford 1972) 163–195

W. H. Manning, Blacksmith, in: D. Strong – D. Brown (Hrsg.), Roman Crafts (Duckworth 1976) 143–153

W. H. Manning, The Iron Objects, in: Pitts –Saint Joseph 1985, 289–299

A. M. R. Massarini, The Ships of Nemi, in: A. La Regina (Hrgs.), Palazzo Massimo alle Terme (Mailand 2007) 157–159

A. Mastrocinque, The Divinatory Kit from Pergamon and Greek Magic in Late Antiquity, JRA 15, 2002, 173–187

C. C. Mattusch, Bronzeworkers in the Athenian Agora; AgoraPB 20 (Princeton 1982)

C. C. Mattusch, Corinthian Bronze. Famous, but Elusive, in: C. K. Williams – N. Bookidis (Hrsg.), Corinth, the Centenary 1896–1996, Corinth 20 (Princeton 2003) 219–232

V. Milojčić, Die Prähistorische Siedlung unter dem Heraion. Grabung 1953–1955, Samos 1 (Bonn 1961)

A. Mutz, Römisches Schmiedehandwerk, Augster Museumshefte 1 (Augst 1976)

H. Möhl, Grundriss der mechanischen Technologie (Kassel 1869)

J. H. Oakley – R. H. Sinos, The Wedding in Ancient Athens (Madison 1993)

A. Oettel, Bronzen aus Boscoreale in Berlin (Berlin 1991)

D. Ohly, Holz, AM 68, 1953, 77–126

D. Ohly, Neue Holzfunde aus dem Heraion. Befund und Rekonstruktion der Herastatuette, AM 82, 1967, 89–99

P. Orsi, Gela. Scavi del 1900–1905, MonAnt 17, 1906, 5–758

E. Paszthory, Stromerzeugung oder Magie. Die Analyse einer außergewöhnlichen Fundgruppe aus dem Zweistromland, AW 16, 1, 1985, 3–12

A. Paulinyi – U. Troitzsch, Propyläen Technikgeschichte – Mechanisierung und Maschinisierung (Berlin 1997)

H. Payne, Perachora. The Sanctuaries of Hera Akraia and Limena. Excavations of the British School of Archaeology at Athens, 1930–1933. 1. Architecture, Bronzes, Terracottas (Oxford 1940)

U. Peltz, Nägel, Stifte, Niete ... Eine Typologie der Befestigungstechnik im Heraion von Samos, AA 2010/2, 23–38

U. Peltz, Herstellung der Bronzen, in: A. Babbi – U. Peltz (Hrsg.), Das Kriegergrab aus Tarquinia (in Vorbereitung)

L. Petculescu, Bronze Shield Fittings in Roman Dacia, in: C. Muşeţeanu (Hrsg.), The Antique Bronzes. Typology, Chronology, Authenticity. Acta of the 16th International Congress of Antique Bronzes, Bucharest (Bucharest 2004) 371–377

E. Petersen, Funde, RM 11, 1896, 157–192

L. F. Pitts – J. K. Saint Joseph, Inchtuthil. The Roman Legionary Fortress. Excavation 1952 – 1965 (London 1985)

C. Praschniker (Hrsg.), Der Bäderbezirk von Virunum (Wien 1947)

J. Raeder, Priene. Funde einer griechischen Stadt, Bilderheft der Staatliche Museen Preußischer Kulturbesitz 45/46 (Berlin 1983)

N. Reifarth – W.-R. Teegen – N. Boenke – J. Wiethold, Das spätantike Grab 279 aus St. Maximin in Trier, in: Funde und Ausgrabungen im Bezirk Trier 38 (Trier 2006) 58–70

C. Reinholdt, Arbeitszeugnisse geometrischer und archaischer Schmuckwerkstätten, AA 1992, 215–231

A. Rieche – H. J. Schalles, Arbeit, Handwerk und Beruf in der römischen Stadt, Führer und Schriften des Archäologischen Park Xanten 10 (Köln 1994)

J. Riederer – E. Briese, Metallanalysen römischer Gebrauchsgegenstände, JbRGZM 19, 1972, 83–88

J. Riederer, Beitrag zur Metallanalyse des Bronzesarkophages s. G. Jendritzki – L. Martin, Badewanne oder Sarkophag?, in: J.-W. Meyer – M. Novak – A. Pruß (Hrsg.), Beiträge zur Vorderasiatischen Archäologie. Manfred Orthmann gewidmet (Frankfurt a. M. 2001) 183–185

J. Riederer, Berliner Datenbank von Metallanalysen kulturgeschichtlicher Objekte III. Römische Objekte, BerlBeitrArchäom 18, 2001, 139–259

J. Riederer, Berliner Datenbank von Metallanalysen kulturgeschichtlicher Objekte IV. Objekte der mitteleuropäischen Bronzezeit sowie etruskische, sardische, griechische, ägyptische und vorderasiatische Objekte, BerlBeitrArchäom 19, 2002, 72–225

J. Riederer, Die chemische Analyse der Metallteile der Tür von Ladenburg, in: Künzl – Künzl 2003, 87–94

D. M. Robinson, Metal and Minor Miscellaneous Finds. An Original Contribution to Greek Life, Olynthus 10 (Baltimore 1941)

L. Röhrich, Lexikon der sprichwörtlichen Redensarten 2 (Freiburg i. Br. 2006) 1070–1073 s. v. Nagel

C. W. Rösling, Das Kupferschmiedehandwerk (Weimar 1839)

W. Scharff – I. Huesmann, Die Funde von den ländlichen Grabungen, in: W. Scharff – C. Arnold – W. Gerschwin – I. Huesemann – K. Menzel – A. Pötzsch – E. Tolksdorf-Lienemann – A. Tröller–Reimer, Schutz archäologischer Funde aus Metall vor immissionsbedingter Schädigung (Stuttgart 2000) 268–274

H. Schliemann, Mykenae (Leipzig 1878)

E.-L. Schwandner, Zu technischen und ökonomischen Problemen des griechischen Wohnungsbaus in klassischer Zeit, in: Wohnungsbau im Altertum, DiskAB 3 (Berlin 1978) 105–113

G. Siebert, Delos. Le quartier de Sardhana, BCH 100, 1976, 799–821

M. Stappel, Informationsblatt Freilichtmuseum Hessenpark (Neu Ansbach 2004)

F. Studniczka, Aus Chios, AM 13, 1888, 160–201

R. Stupperich, Die Göldenitzgruppe. Figürlich verzierte Metallarbeiten des 3. Jhs. n. Chr. mit Weißmetallauflage, in: D. Rössler (Hrsg.), Modus in Rebus. Gedenkschrift für W. Schindler (Berlin 1995) 144–152 Taf. 43

G. Ucelli, Le Navi di Nemi (Rom 1950)

A. Viduka – S. Ness, Analysis of Some Copper-Alloy Items from HMAV BOUNTY Wrecked at Pitcairn Island 1790, in: J. Ashton – D. Hallam (Hrsg.), Metal 2004. Proceedings of the International Conference on Metal Conservation, Canberra 2004 (Canberra 2004) 160–172

J. C. Waldbaum, Metalwork from Sardis. The Finds through 1974, Archaeological Exploration of Sardis. Monograph 8 (Cambridge 1983)

J. Waldschmidt, Grüß dich Gott, Schmied!, in: Vom Handwerkerfleiß in der Mark Brandenburg, Die Mark Brandenburg 17 (Berlin 1995)

N. Walker, Das römische Donaukastell Straubingen-Sorviodurum, Limesforschung 3 (Berlin 1965)

P. G. Warden, Part 1: The Small Finds, in: D. White (Hrsg.), The Extramural Sanctuary of Demeter and Persephone at Cyrene, Libya. Final Reports 4. University Museum Monograph 67 (Philadelphia 1990) 1–83

R. B. Wartke, Vorderasiatische Gussformen aus den Staatlichen Museen zu Berlin, FuB 20, 1980, 223–258

R. B. Wartke, Acht runde Torbeschläge, in: J. Marzahn – G. Schauerte (Hrsg.), Babylon. Wahrheit. Ausstellungskatalog Berlin (München 2008) 268 f.

T. Wiegand – H. Schrader, Priene. Ergebnisse der Ausgrabungen und Untersuchungen in den Jahren 1895–1898 (Berlin 1904)

F. Willer, Fragen zur intentionellen Schwarzpatina an den Mahdiabronzen, in: G. Hellenkemper Salies – H.-H. v. Prittwitz und Gaffron – G. Bauchhenß (Hrsg.), Das Wrack. Der antike Schiffsfund von Mahdia 2, Kataloge des Rheinischen Landesmuseums Bonn 1, 2 (Köln 1994) 1023–1031

N. A. Winter, Greek Architectural Terracottas from the Prehistoric to the End of the Archaic Period (Oxford 1993)

K. v. Woyski, Bronzekessel aus dem Heraion von Samos, AM 87, 1972, 187–189

K. v. Woyski, Bronzekonservierung und -restaurierung am Deutschen Archäologischen Institut in Griechenland, in: Arbeitsblätter für Restauratoren 1, Gruppe 2, 1976; 75–78

R. Wünsch, defixionum tabellae atticae (Berlin 1897)

R. Wünsch, Antikes Zaubergerät aus Pergamon, JdI Ergh. 6 (Berlin 1905)

S. Y. Rodney, Three Great Early Tumuli. The Gordion Excavations, Final Report 1 (Philadelphia 1981)

G. Zimmer, Römische Berufsdarstellungen, AF 12 (Berlin 1982).

G. Zimmer, Spiegel im Antikenmuseum, Bilderhefte der Staatlichen Museen Berlin. Stiftung Preussischer Kulturbesitz 52 (Berlin 1987)

G. Zimmer, Griechische Bronzegußwerkstätten. Zur Technologieentwicklung eines antiken Kunsthandwerkes (Mainz 1990)

C. Zimmermann, Handwerkervereine im griechischen Osten des Imperium Romanum, Monographien Römisch-Germanisches Zentralmuseum Mainz 57 (Mainz 2002)

ABBILDUNGSNACHWEIS

Abb. 1 a–c; 88: Staatliche Museen zu Berlin, Museum für Vor- und Frühgeschichte (D. Greinert)

Abb. 4. 13. 78: Staatliche Museen zu Berlin, Antikensammlung, Archiv

Abb. 6: Landesdenkmalamt Baden-Württemberg

Abb. 7: Staatliche Museen zu Berlin, Vorderasiatisches Museum (O. M. Teßmer)

Abb. 22. 51. 52. 75. 77: Staatliche Museen zu Berlin, Antikensammlung (J. Laurentius)

Abb. 30: nach Ucelli 1950, 159 Abb. 162

Abb. 50: nach Heres 1982, 197 Abb. 3

Abb. 56: nach E. Künzl, Griechische Türen der klassischen und hellenistischen Zeit, in: Künzl – Künzl 2003, 223 Abb. 1

Abb. 57: nach E.-L. Schwandner, Zu technischen und ökonomischen Problemen des griechischen Wohnungsbaus in klassischer Zeit, in: Wohnungsbau im Altertum, DiskAB 3 (Berlin 1978) 110 Abb. 4

Abb. 58: nach D. Ellmers, Keltischer Schiffbau, JbRGZM 16, 1969, 75 Abb. 2

Abb. 62: nach Kyrieleis 1980, 108 Abb. 3

Abb. 71: nach A. Rieche – H. J. Schalles, Arbeit. Handwerk und Beruf in der römischen Stadt, Führer und Schriften des Archäologischen Park Xanten 10 (Köln 1994) 48 Abb.

Abb. 72: nach W. Gaitzsch, Römische Werkzeuge, Kleine Schriften zur Kenntnis der römischen Besetzungsgeschichte Südwestdeutschlands 19 (Aalen 1978) 17 Abb. 6

Abb. 74: nach G. Zimmer, Spiegel im Antikenmuseum, Bilderhefte der Staatlichen Museen Berlin. Stiftung Preussischer Kulturbesitz 52 (Berlin 1987) 33 Abb. 19

Abb. 79: T. Brockmeier und J. Ulrich, freie Restauratorinnen

Abb. 81: nach W. H. Manning, Blacksmith, in: D. Strong – D. Brown (Hrsg.), Roman Crafts (Duckworth 1976) 151 Abb. 259

Abb. 82: nach C. Reinholdt, Arbeitszeugnisse geometrischer und archaischer Schmuckwerkstätten, AA 1992, 228 Abb. 15 a

Abb. 83: nach C. Reinholdt, Arbeitszeugnisse geometrischer und archaischer Schmuckwerkstätten, AA 1992, 217 Abb. 1. 2

Abb. 85. 91: Staatliche Museen zu Berlin, Ägyptisches Museum und Papyrussammlung (K. Kerth)

Alle übrigen: Staatliche Museen zu Berlin, Antikensammlung (U. Peltz)

ABBILDUNGEN 1 – 97

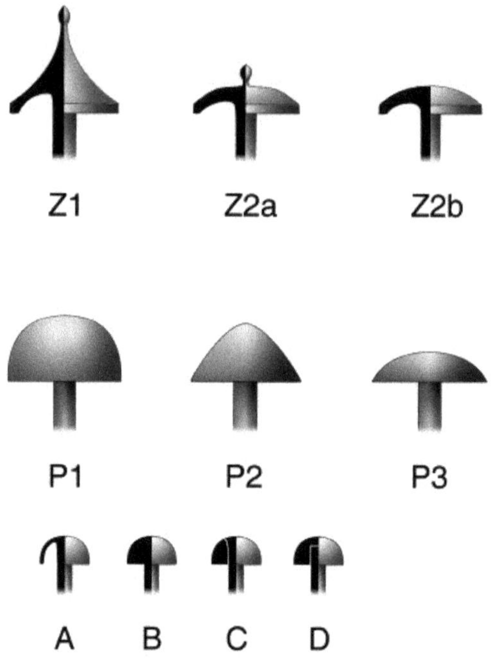

Abb. 1a: Klassifizierung der Schmucknägel.

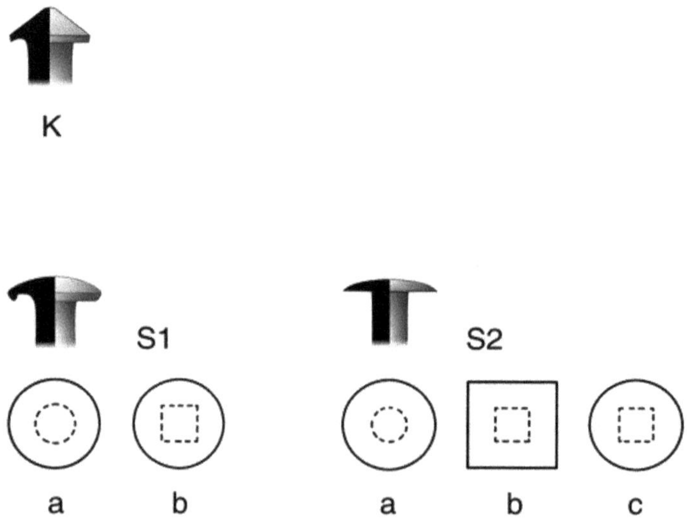

Abb. 1b: Klassifizierung der Universalnägel.

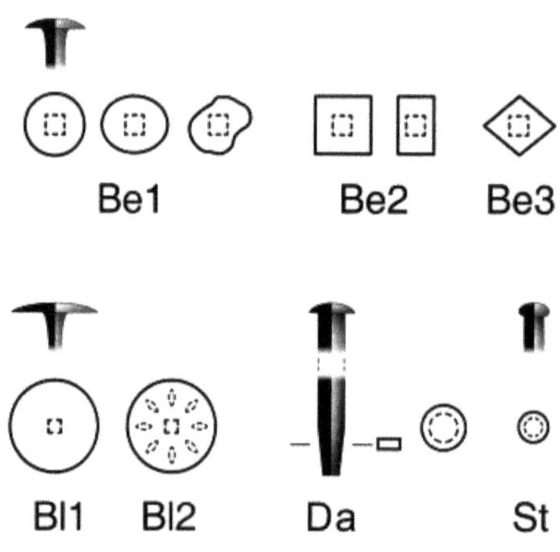

Abb. 1c: Klassifizierung der Funktionsnägel.

Abb. 2: Mit Schmucknägeln dekorierte Tür auf einer attischen Pyxis.

Abb. 3: An der rotfigurigen Schale verzieren Schmucknägel die Flügeltür.

Abb. 4: Schmucknägel verbinden die Einzelteile der Holztür.

Abb. 5: Der samische Zierknauf-Nagel (Typ Z1: Kat. 1).

Abb. 6: Zierknäufe vom Prunkportal aus Ladenburg (Typ Z1).

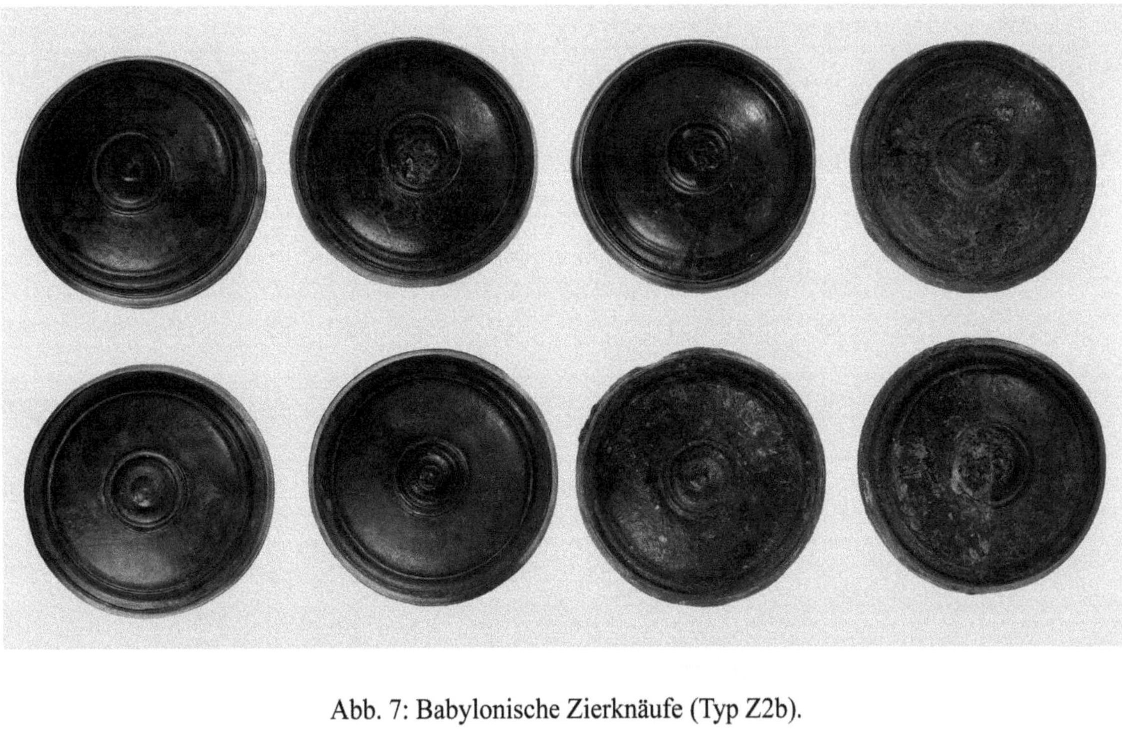

Abb. 7: Babylonische Zierknäufe (Typ Z2b).

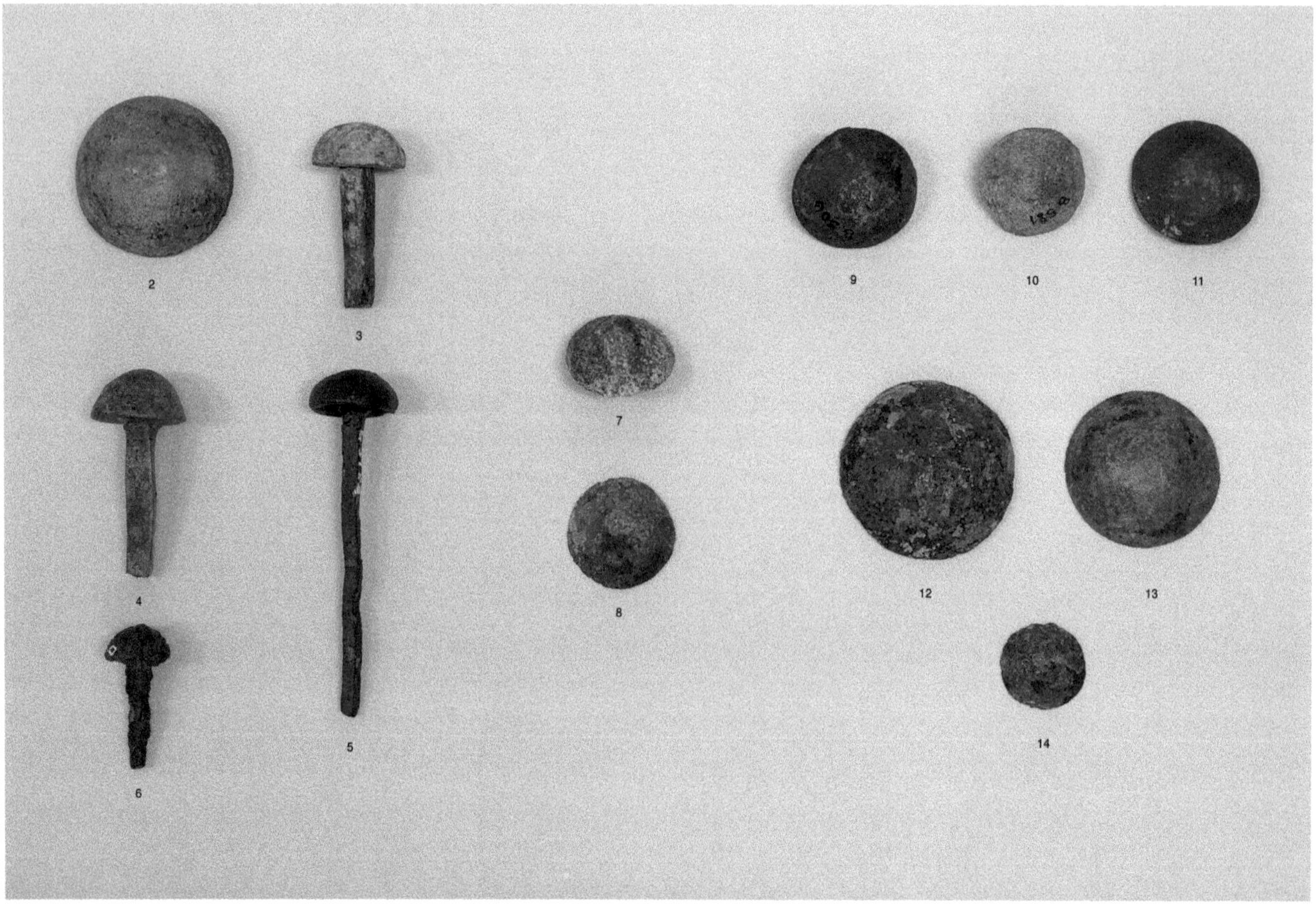

Abb. 8: Samische Pilzknauf-Nägel (Typ P1, P2, P3: Kat. 2 – 14).

Abb. 9: Pilzknauf-Nagel vom Typ P1 (Kat. 2).

Abb. 10: Pilzknauf-Nagel vom Typ P2 (Kat. 7).

Abb. 11: Pilzknauf-Nagel vom Typ P3 (Kat. 9).

Abb. 12: Vielleicht waren bei dieser attischen Schale Universalnägel Vorbild für die dargestellten Nägel zur Aufhängung von Gerätschaften für die Körperpflege.

Abb. 13: Am Pfeiler hängen die Toiletteninstrumente über einem Kegelkopf-Nagel.

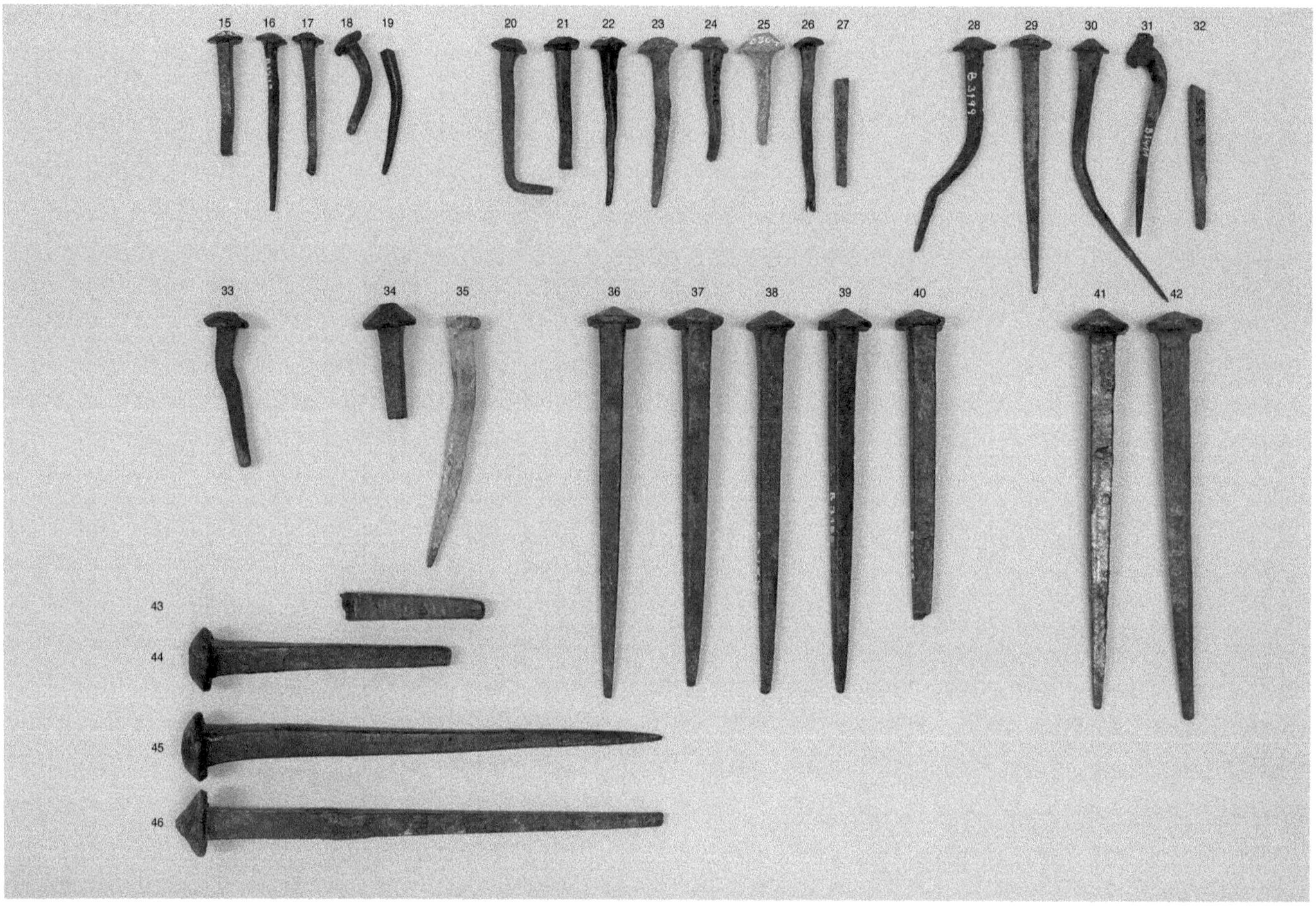

Abb. 14: Samische Kegelkopf-Nägel (Typ K: Kat. 15 – 46).

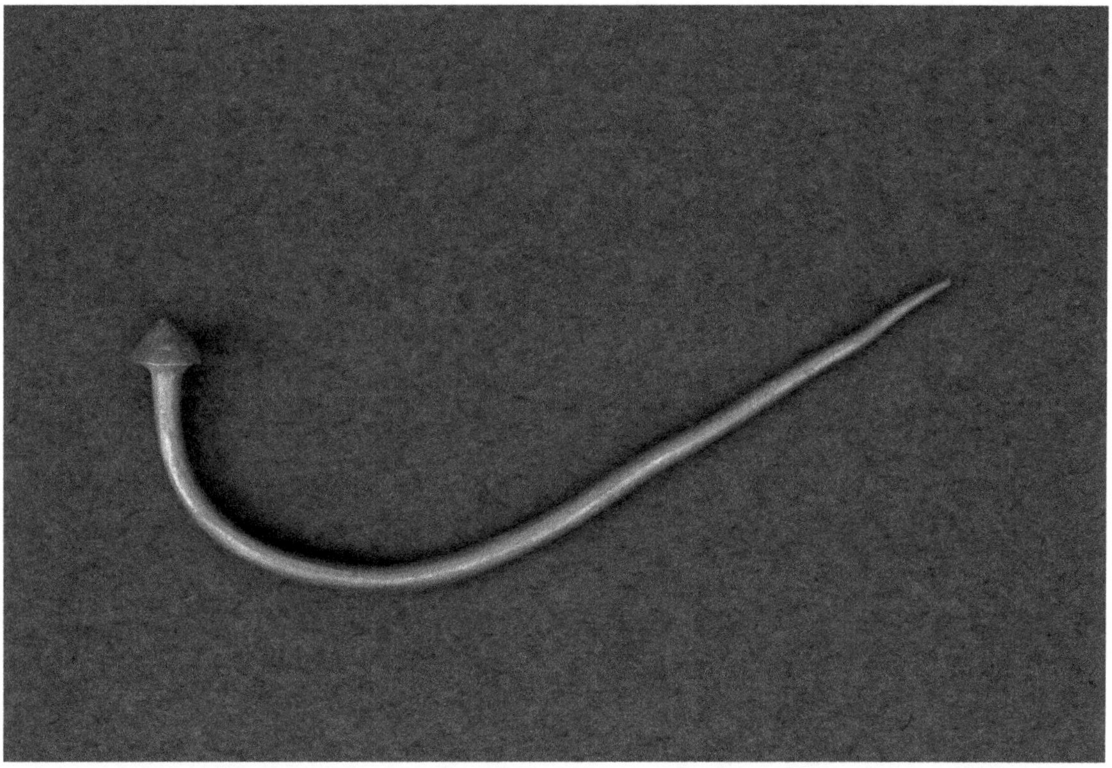

Abb. 15: Goldnadel mit dem kegelförmigen Kopf aus dem Heraion von Samos.

Abb. 16: Die acht Größen der samischen Kegelkopf-Nägel (Kat. 17. 26. 29. 33. 35. 36. 42. 45).

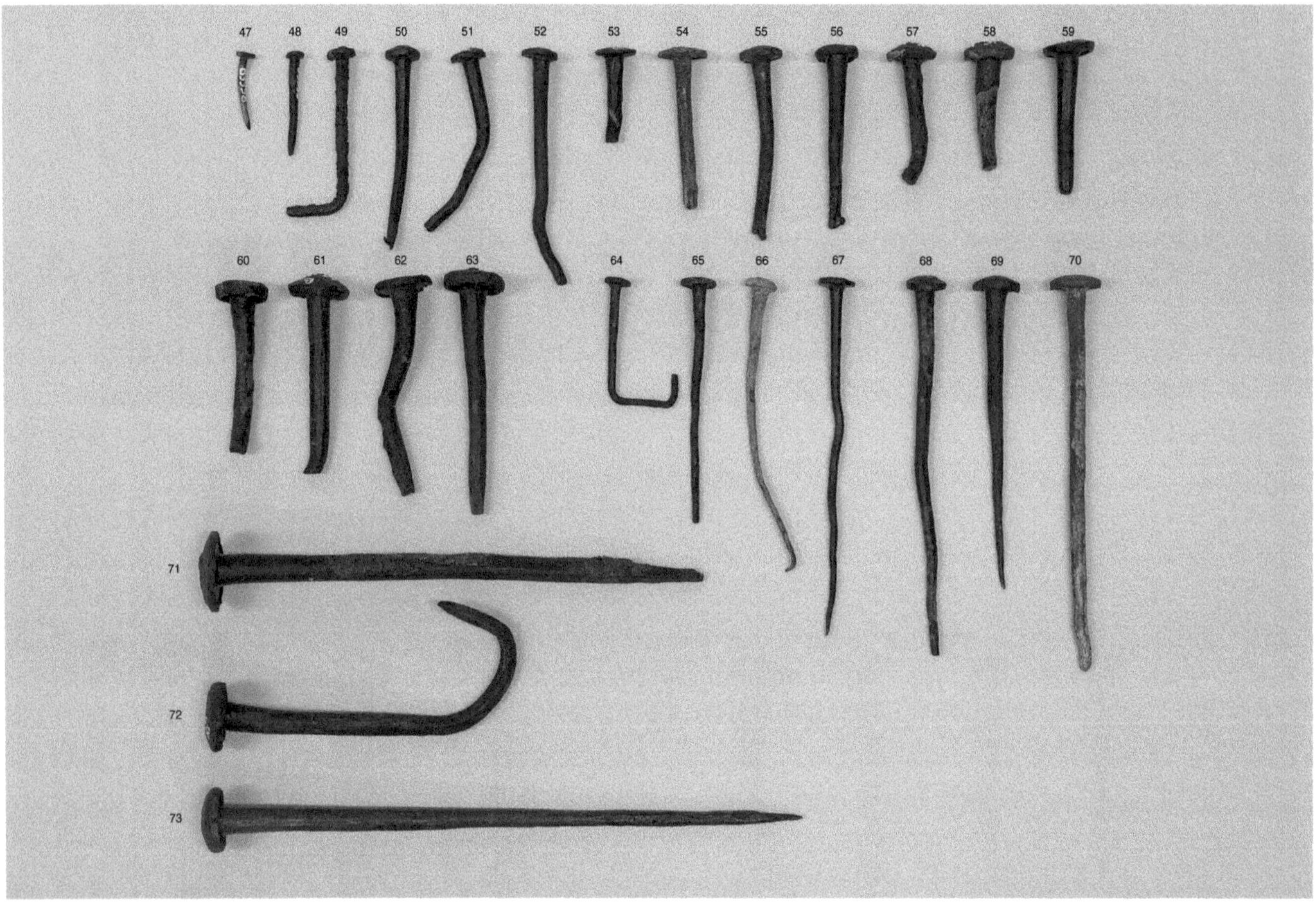

Abb. 17: Samische Schirmkopf-Nägel (Typ S1a: Kat. 47 – 73).

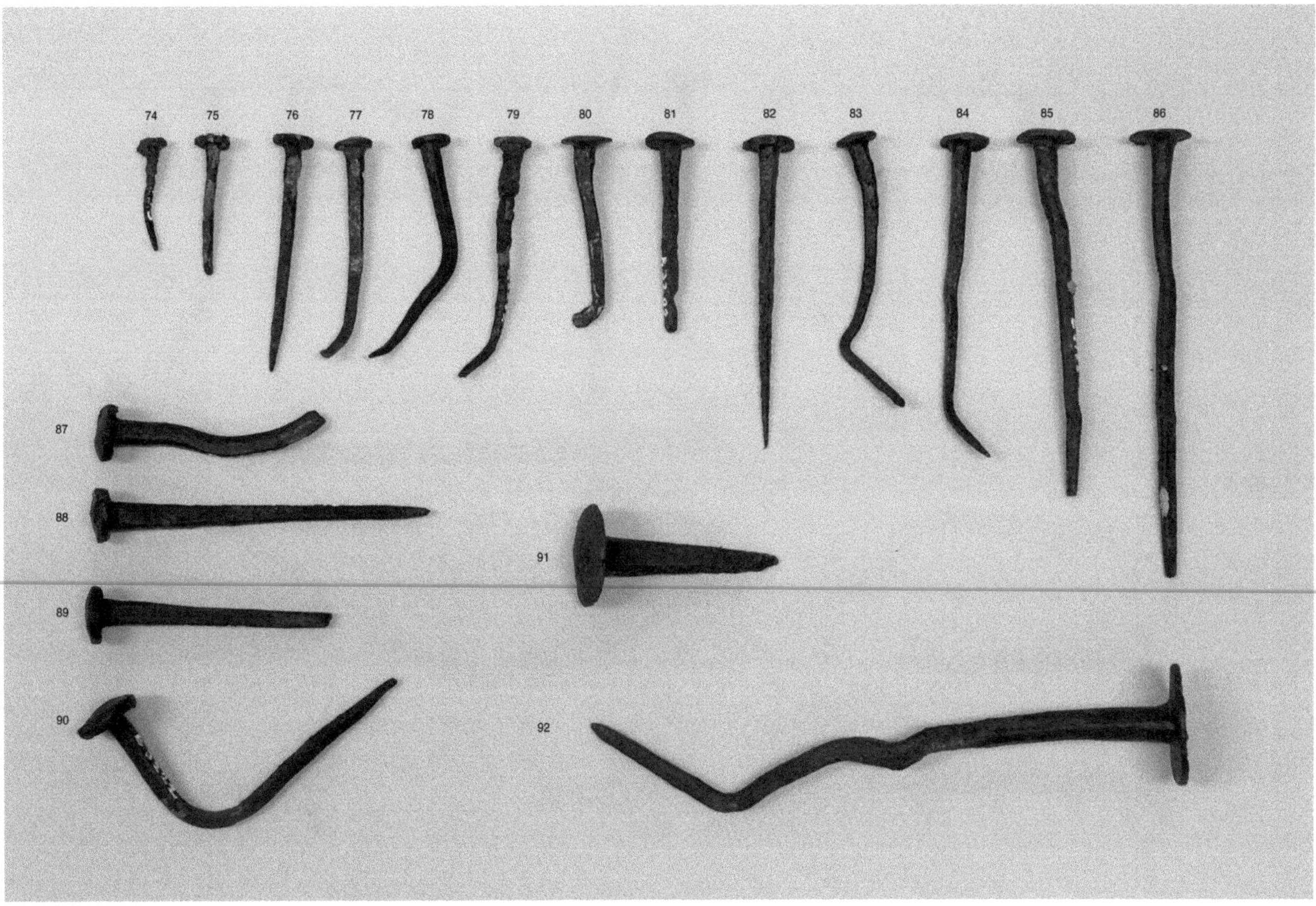

Abb. 18: Samische Schirmkopf-Nägel (Typ S1b: Kat. 74 – 92).

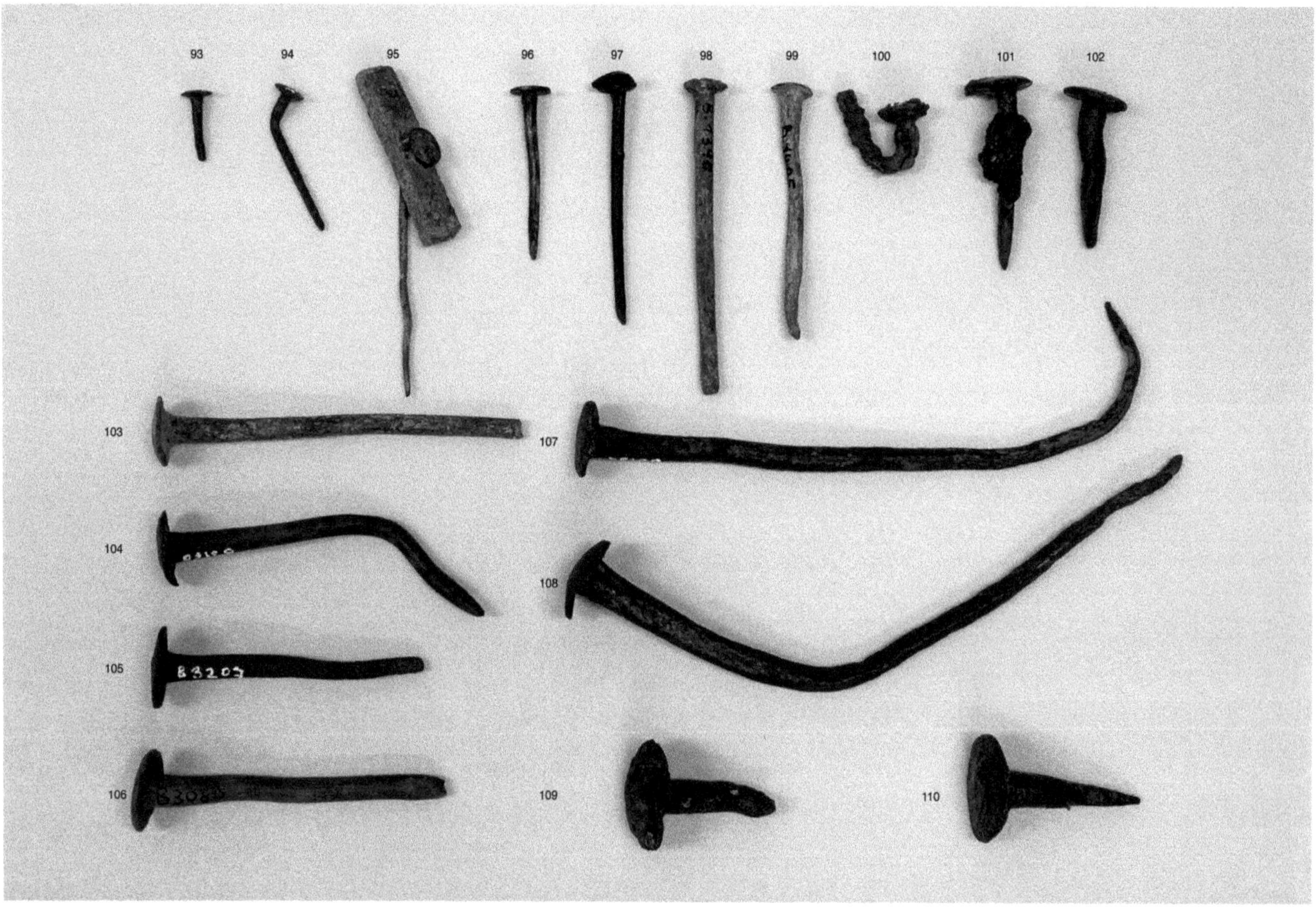

Abb. 19: Samische Schirmkopf-Nägel (Typ S2a: Kat. 93 – 110).

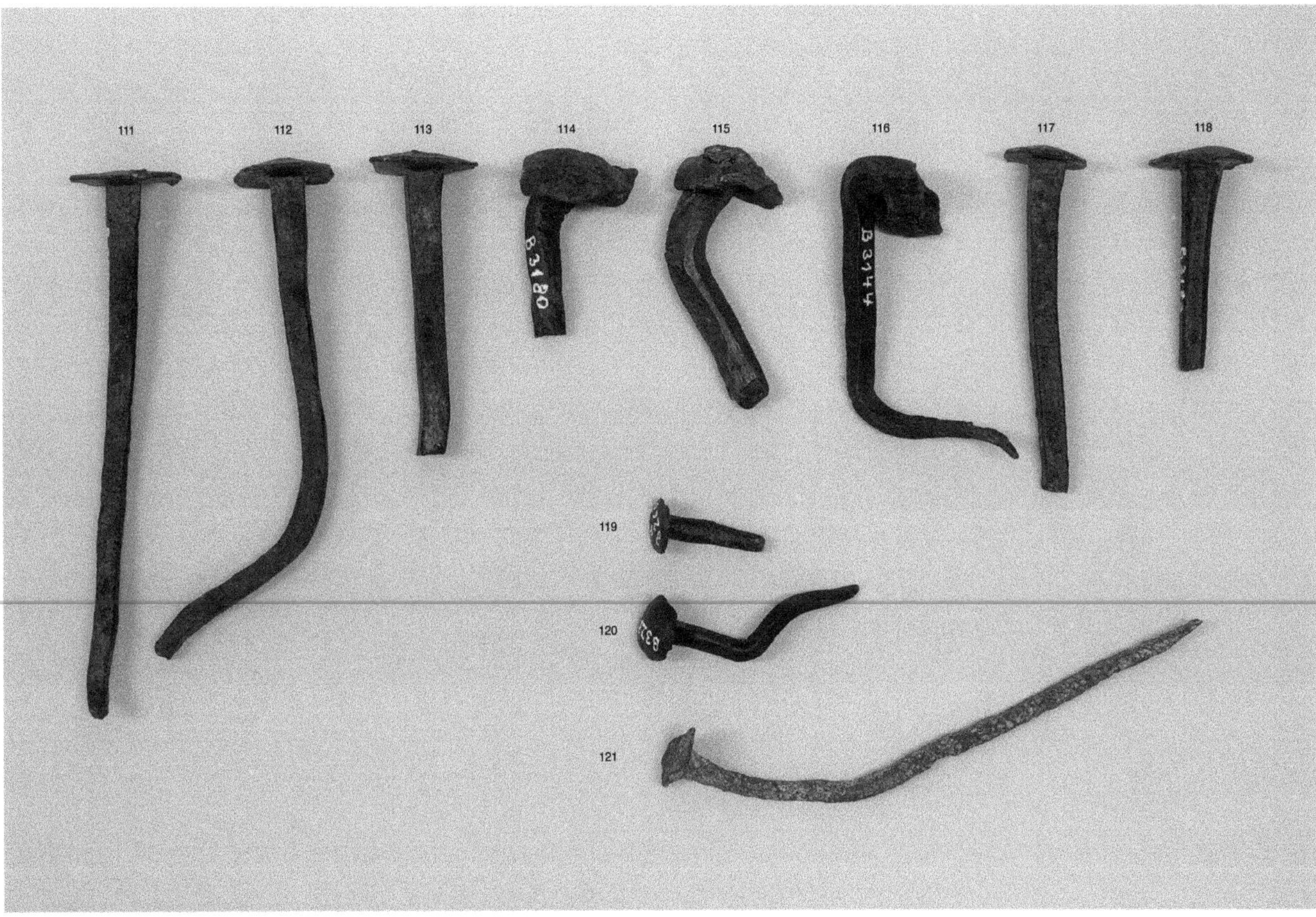

Abb. 20: Samische Schirmkopf-Nägel (Typ S2b: Kat. 111 – 121).

Abb. 21: Schirmkopf-Nägel mit quadratischen Köpfen (Kat. 111 – 113).

Abb. 22: Vermutlich fixieren Beschlagnägel die Metalldekoration am Bein des Tisches unterhalb der Kline.

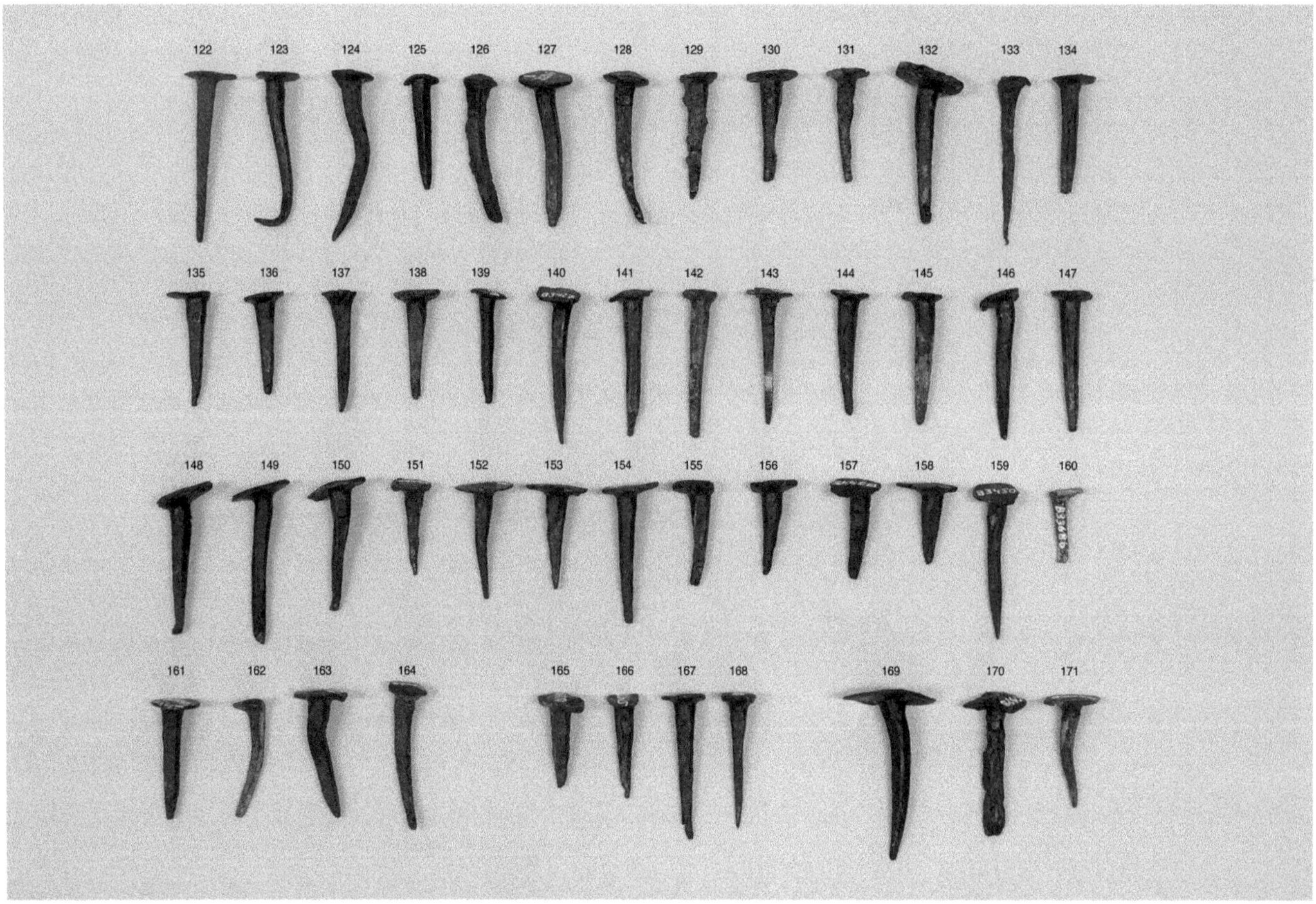

Abb. 23: Samische Beschlagnägel (Typ Be1, Be2, Be3: Kat. 122 – 171).

Abb. 24: Votivtafel aus dem Heraion mit Montageloch passend für samische Beschlagnägel.

Abb. 25: Beschlag und Holzstück vom Ruderkasten eines Schiffes aus dem Nemi-See bei Rom.

Abb. 26: Detail: Der Beschlagnagel wurde inmitten der Hand platziert.

Abb. 27: Samische Beschlagnägel mit quadratischen Köpfen (Typ Be2: Kat. 167. 168. 166).

Abb. 28: Ein samischer Beschlagnagel mit rhombischem Kopf (Typ Be3: Kat. 169).

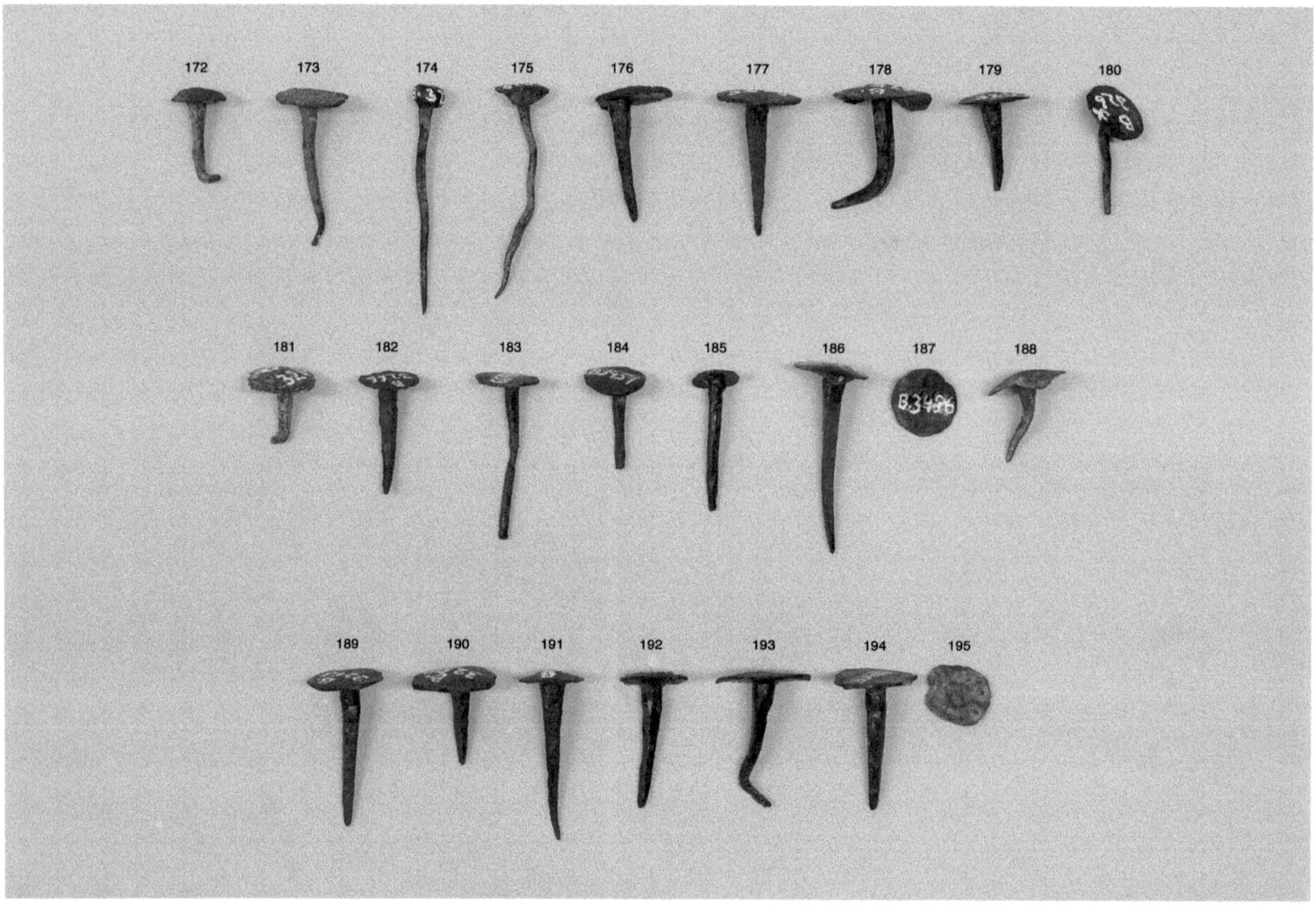

Abb. 29: Samische Bleinägel (Typ Bl1, Bl2: Kat. 172 – 195).

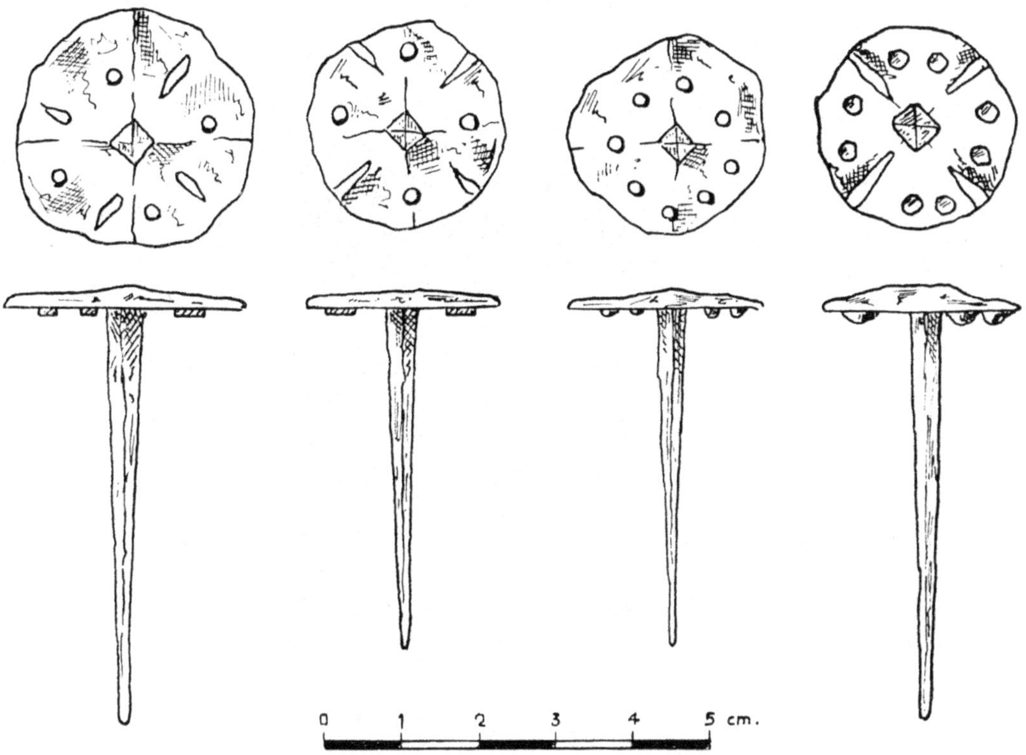

Abb. 30: Bleinägel zur Befestigung des Bleiüberzuges an den Schiffen vom Nemi-See.

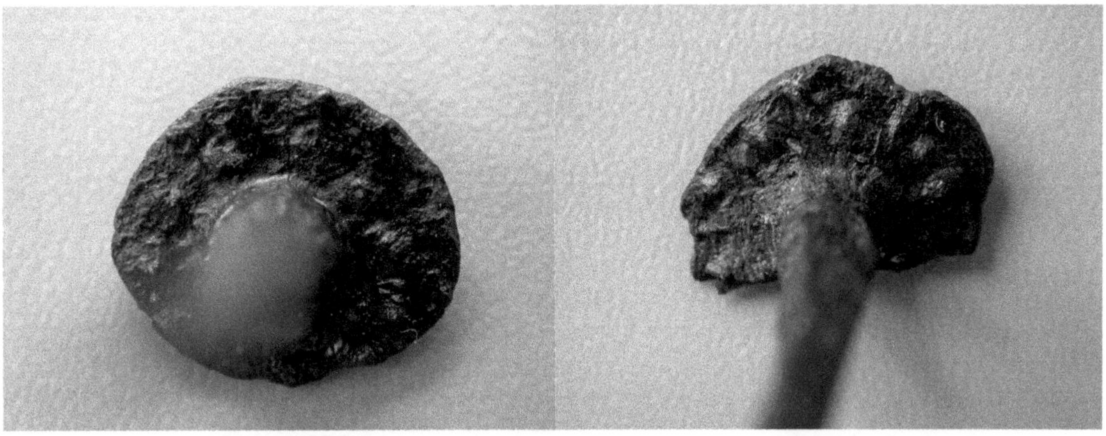

Abb. 31: Samische Bleinägel mit Zacken unter den Köpfen (Kat. 191. 192).

Abb. 32: Unterer mit Blei auf einer Steinbasis befestigter Teil eines Dreifußes aus dem Heraion.

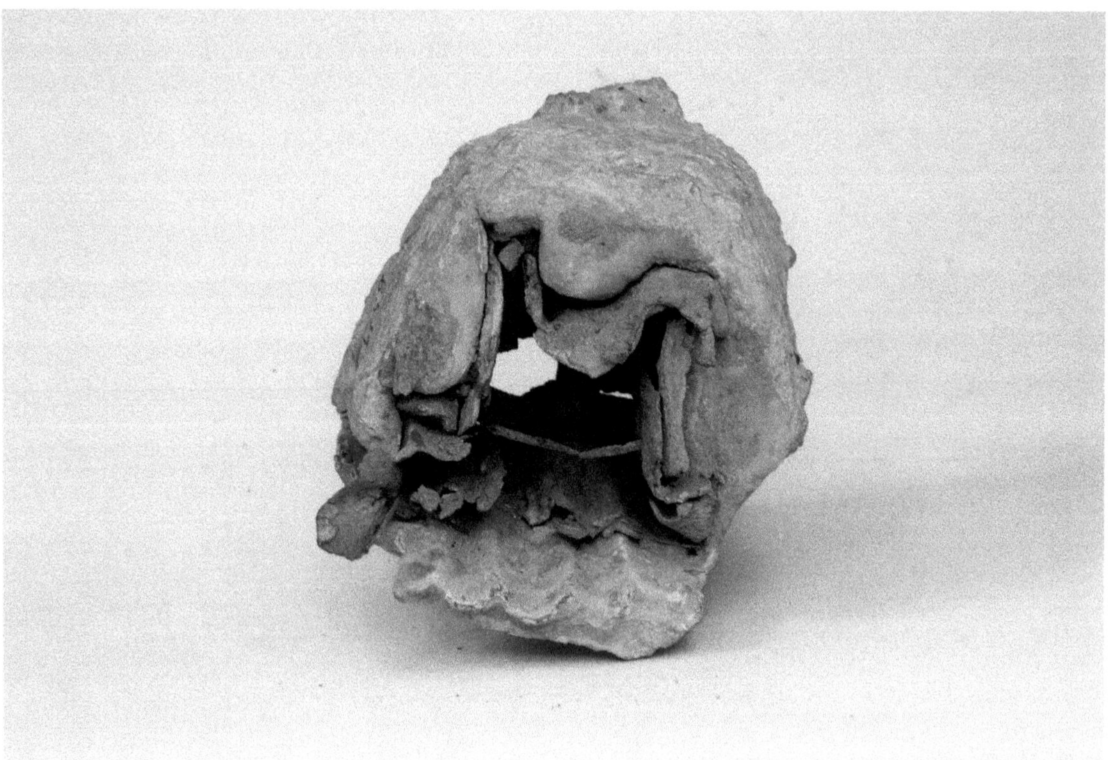

Abb. 33: Bleinägel fixierten die Bleche am Holzträger des Dreifußes.

Abb. 34: Am Schirmkopf-Nagel aus Milet weißt die Kopfunterseite eine umlaufende Wulst auf.

Abb. 35: Dachziegelnägel (Typ Da) sind bisher nur aus Milet bekannt.

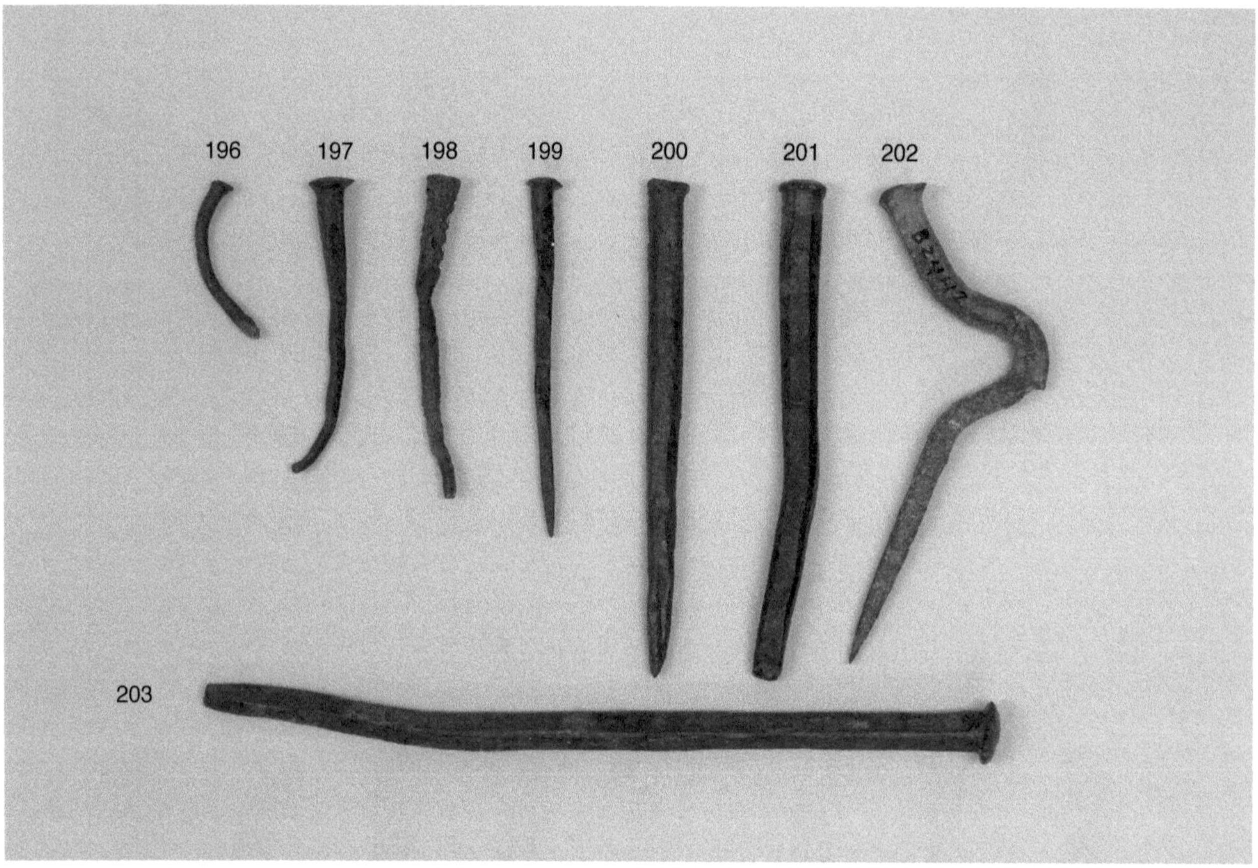

Abb. 36: Samische Stauchnägel (Typ St: Kat. 196 – 203).

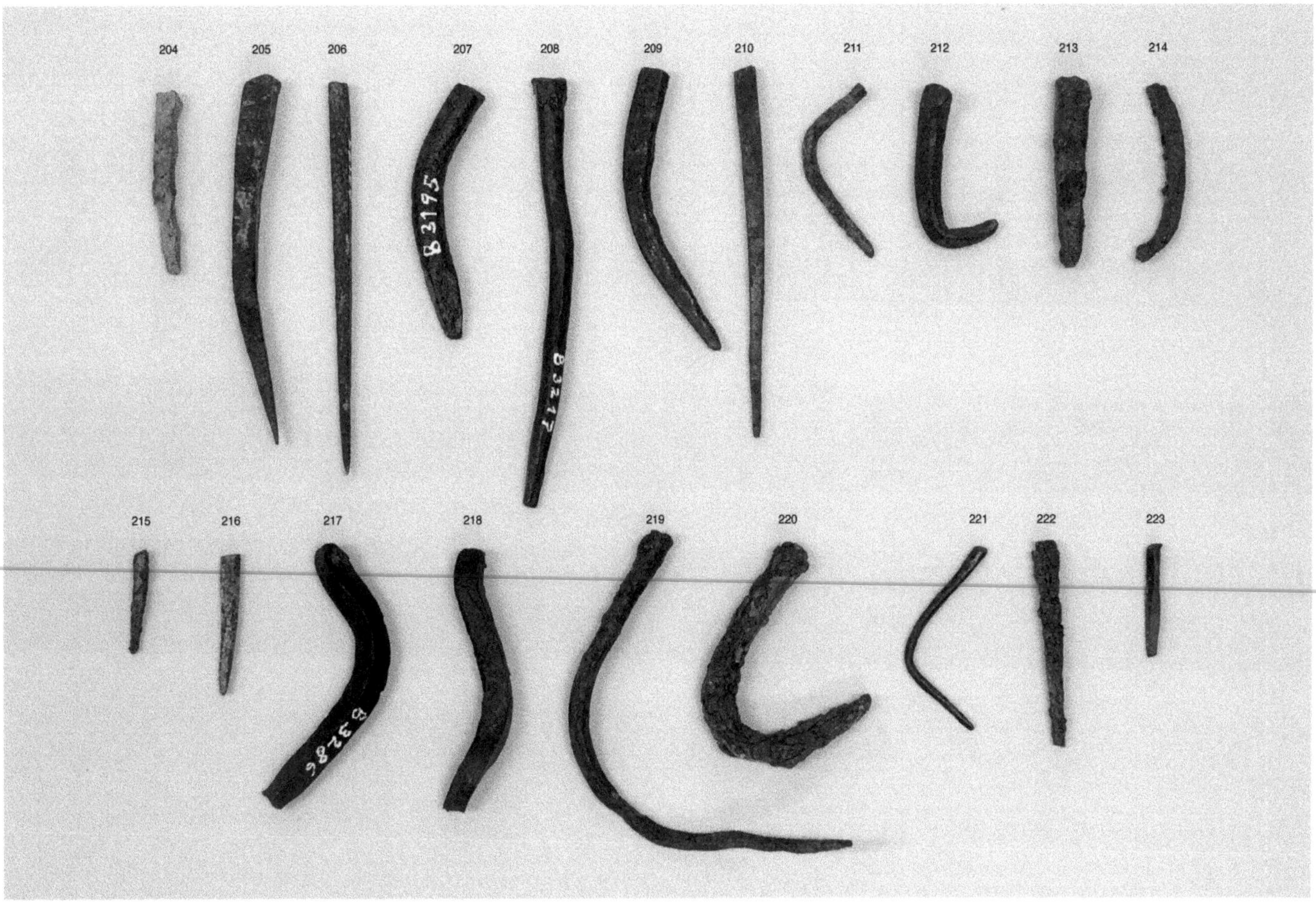

Abb. 37: Samische Nagelschäfte (Kat. 204 – 223).

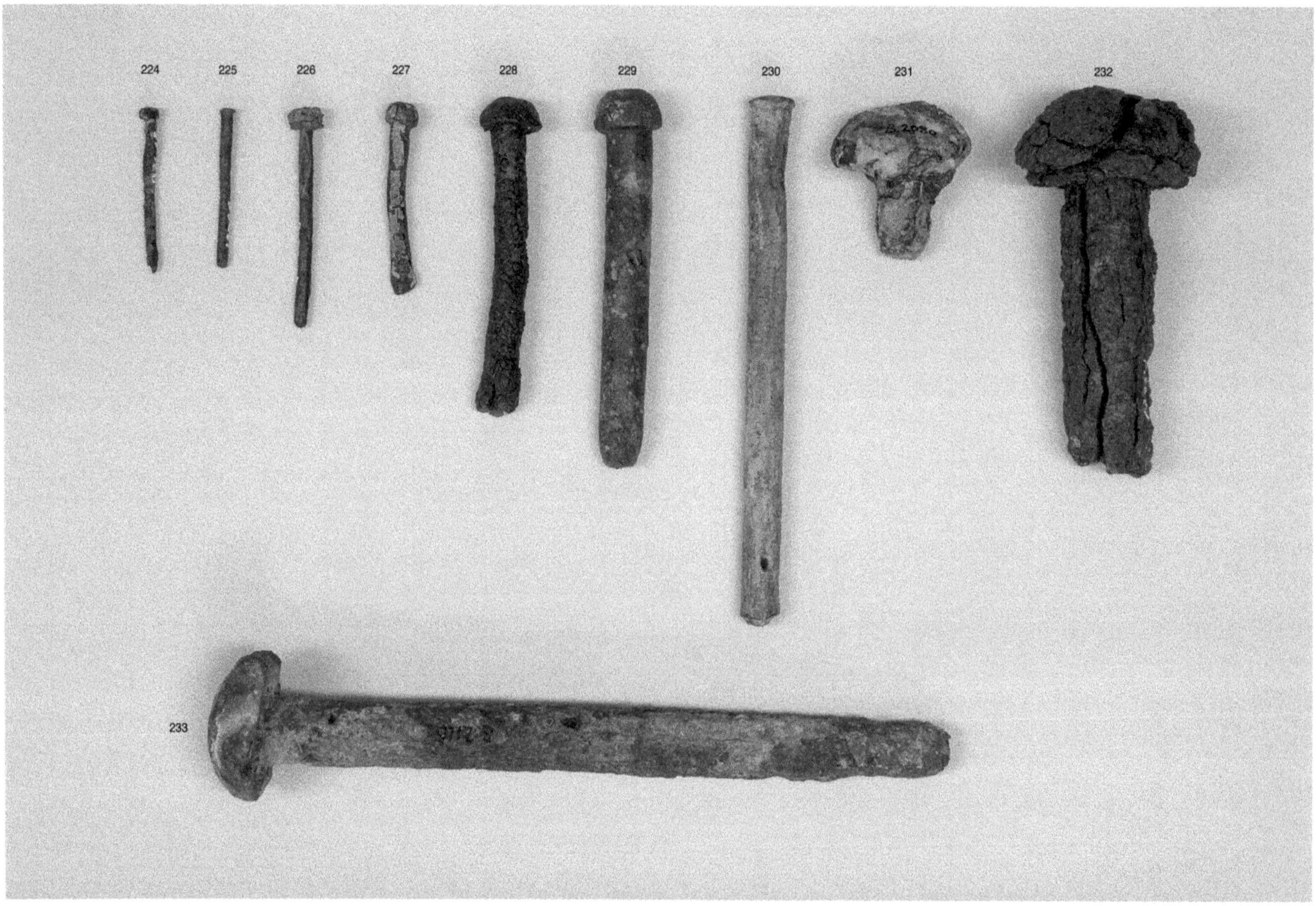

Abb. 38: Samische Scharnierstifte (Typ Si1: 224 – 233).

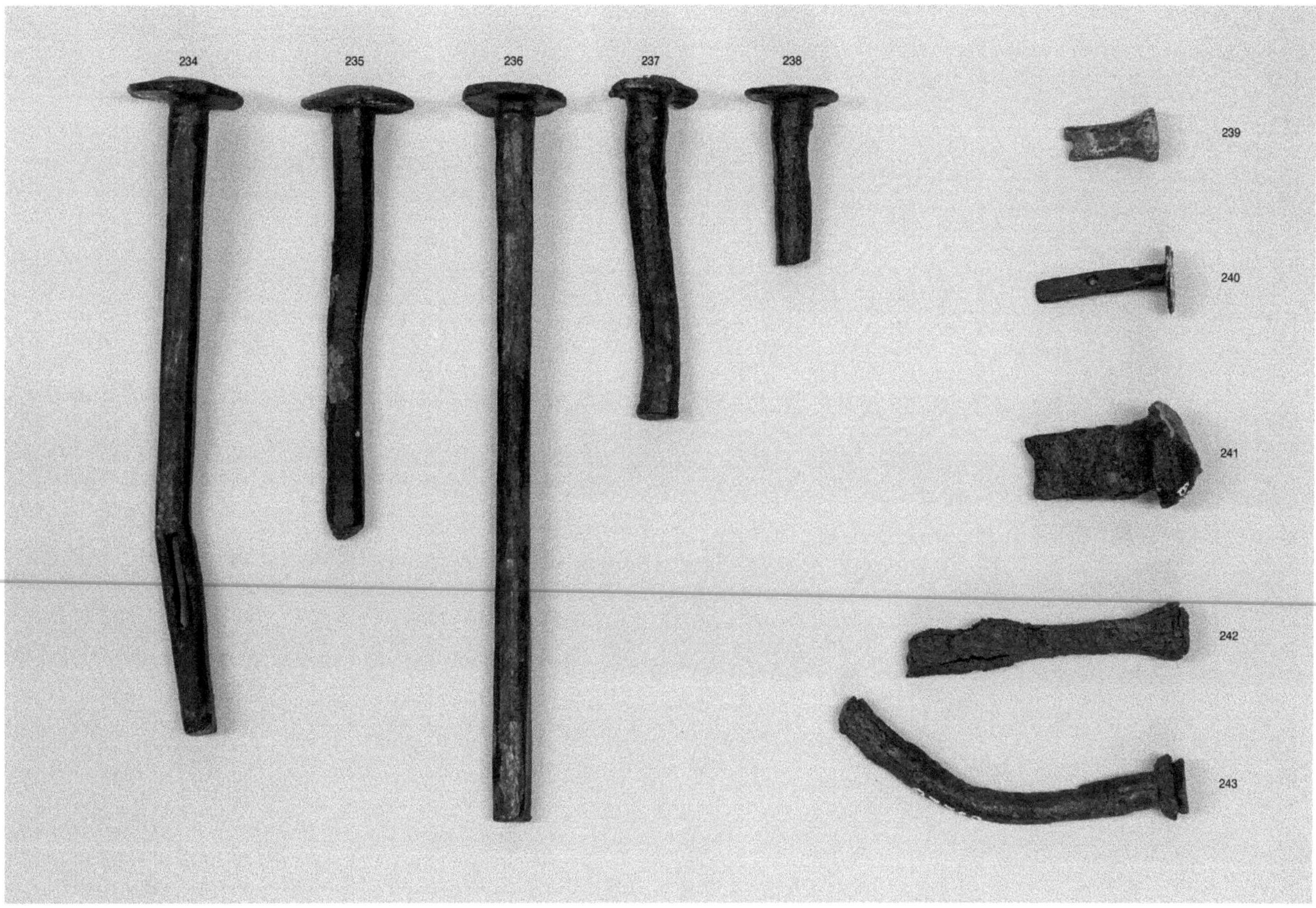

Abb. 39: Samische Steckstifte (Typ Si2: 234 – 243).

Abb. 40: Der Kopf des Steckstiftes mit dem rechteckigen Splintloch im Schaft (Kat. 234) trägt die Kennzeichnung 'Σ'.

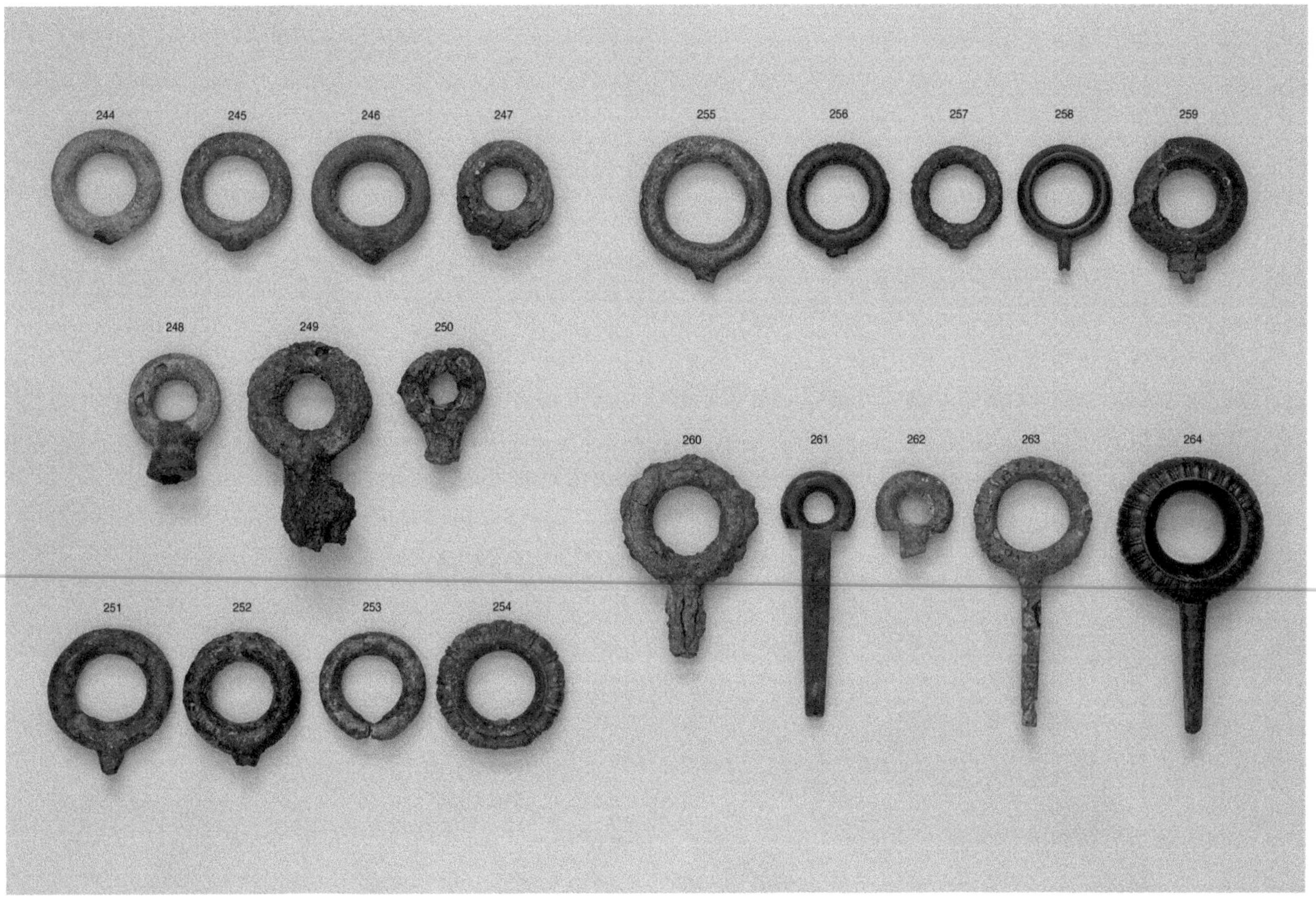

Abb. 41: Samische Mauerringe (Typ Mr1, Mr2: 244 – 264).

Abb. 42: Drei mit Eierstab dekorierten Mauerringe (Kat. 254. 263. 264).

Abb. 43: Das Flötenfutteral neben der Hetäre hängt über einem Haken.

Abb. 44: Bei der Griffschale aus Priene ist der eiserne Haken im Griffloch festgerostet.

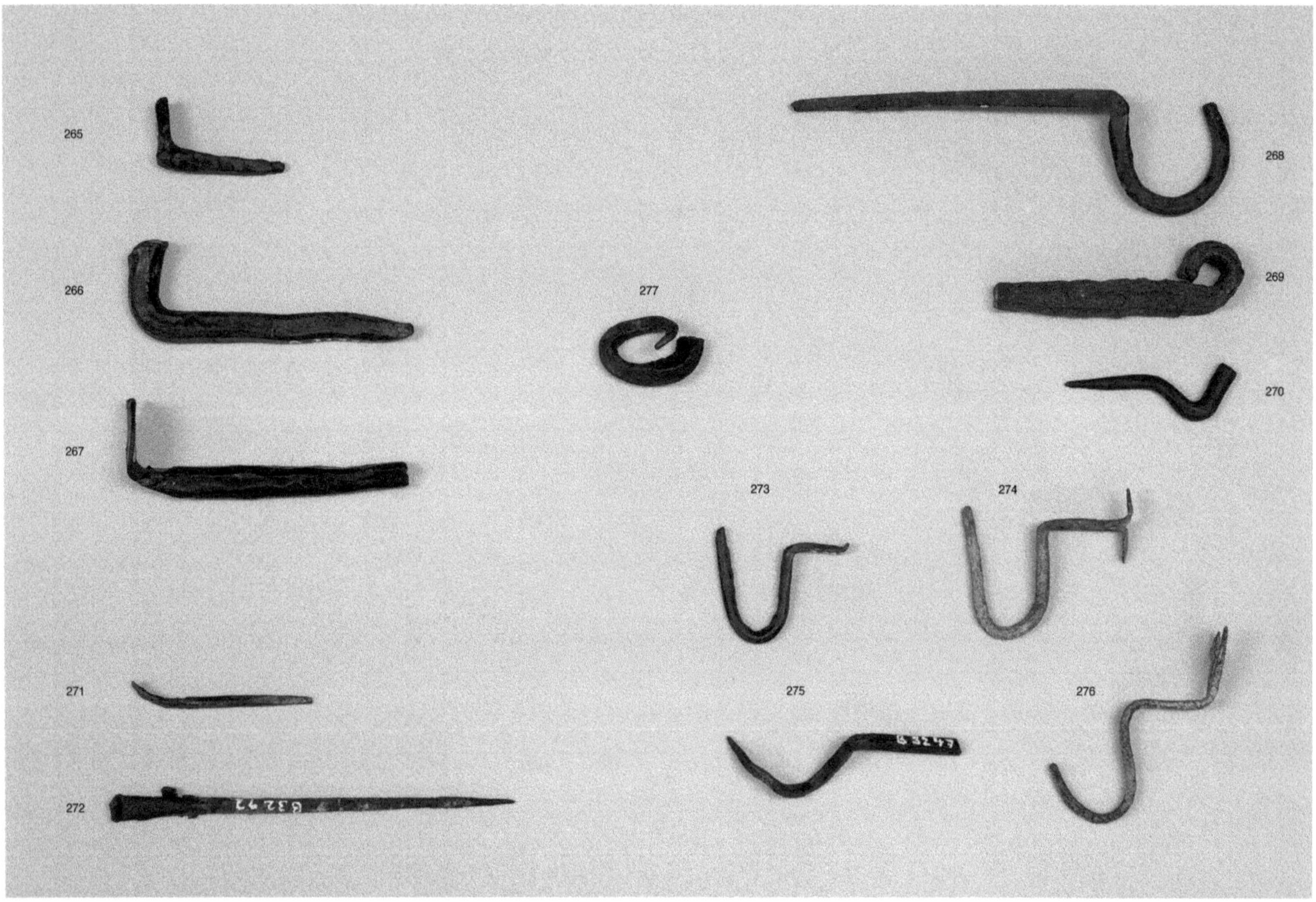

Abb. 45: Samische Haken (Typ Ha1, Ha2, Ha3, Ha4: Kat. 265 – 276) und das Kettenglied (Typ K: Kat. 277).

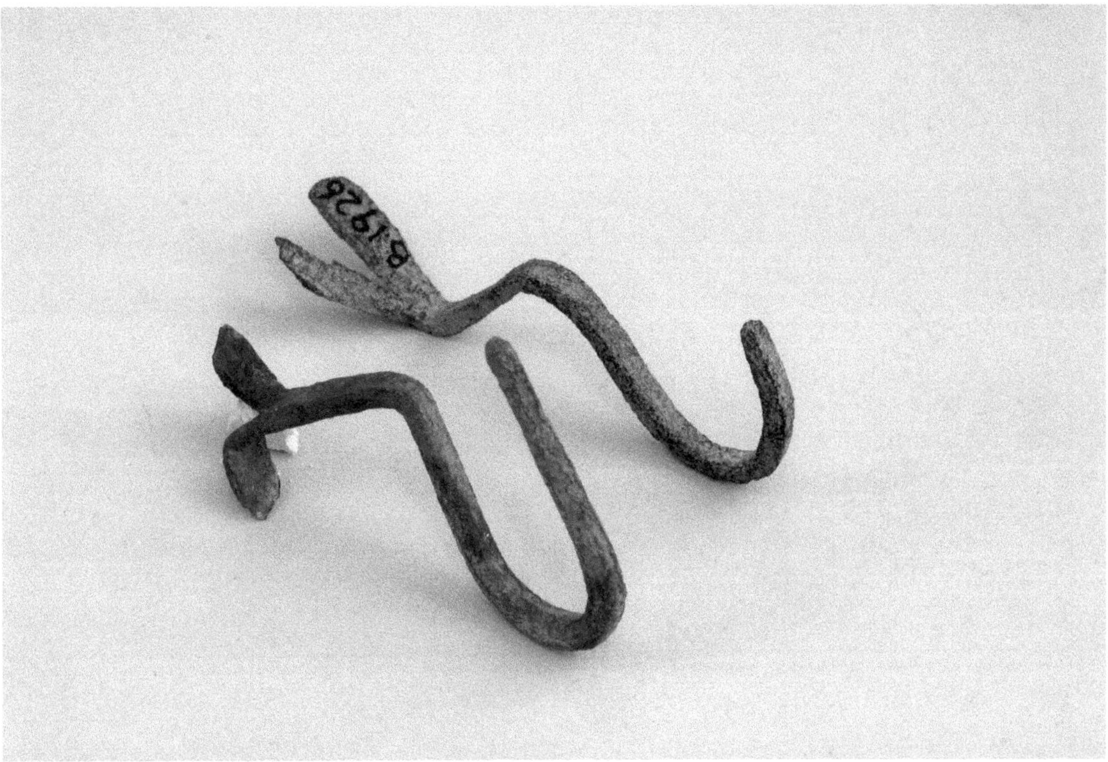

Abb. 46: Die geteilten Enden sicherten den festen Sitz im Mauerputz (Typ Ha4: Kat. 274. 276).

Abb. 47: Die Ringkette aus Pergamon ist mit offenen Gliedern gearbeitet.

Abb. 48: Unterlegscheiben unterstützen die Nietverbindungen an der samischen Attasche.

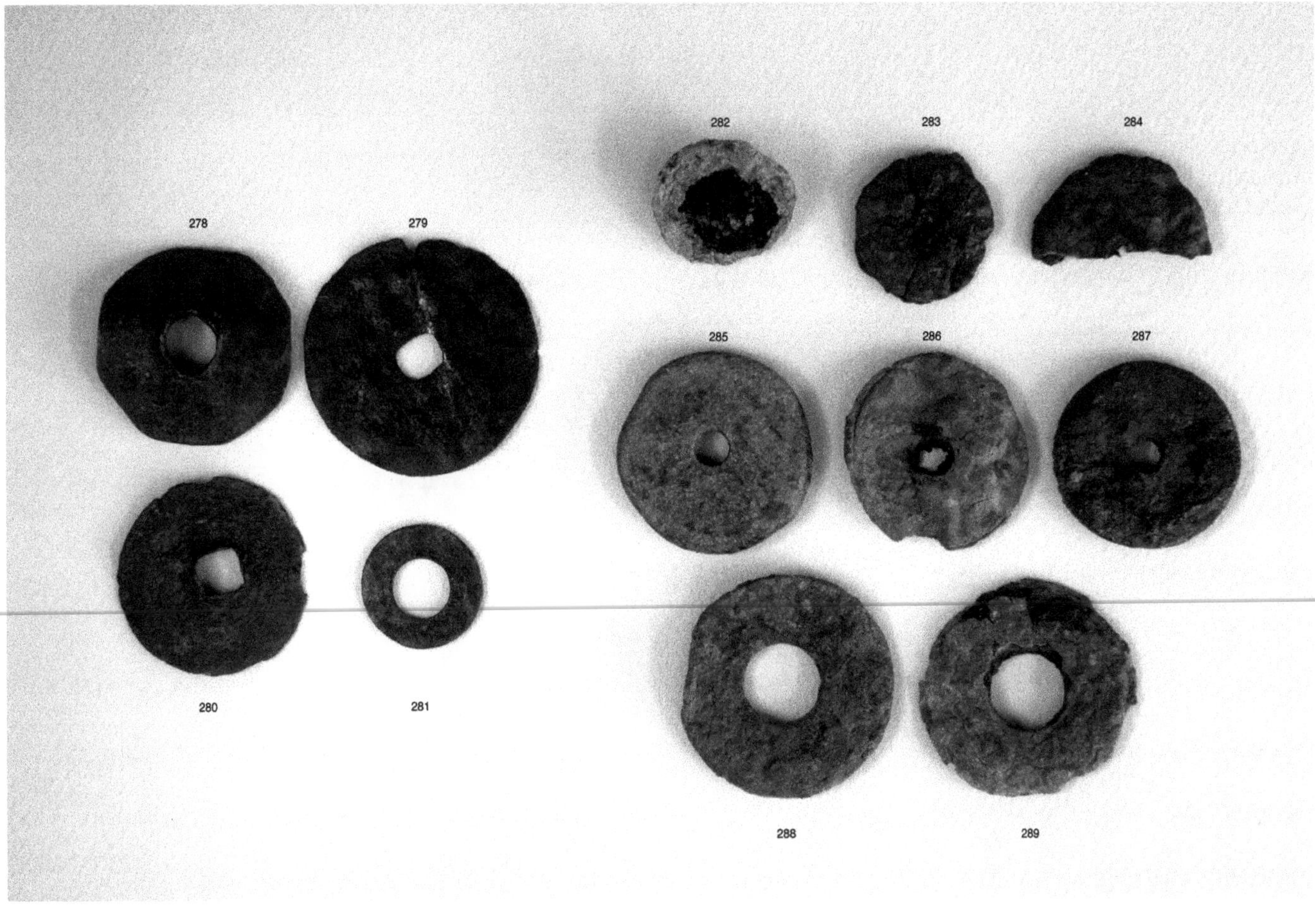

Abb. 49: Samische Unterlegscheiben (Typ Us1, Us2: Kat. 278 – 289).

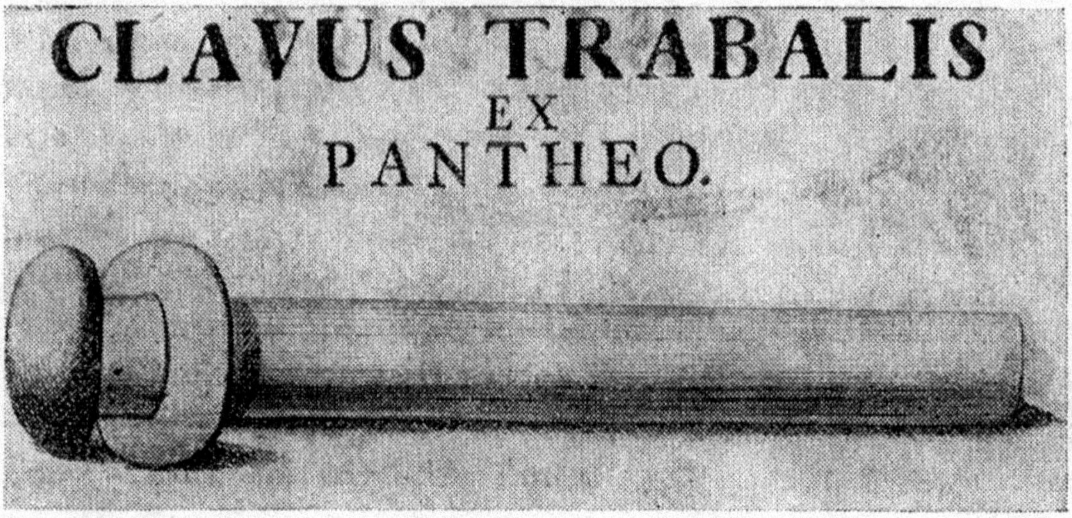

Abb. 50: Die Unterlegscheibe vom großen Niet aus dem Pantheon in Rom ist heute verloren.

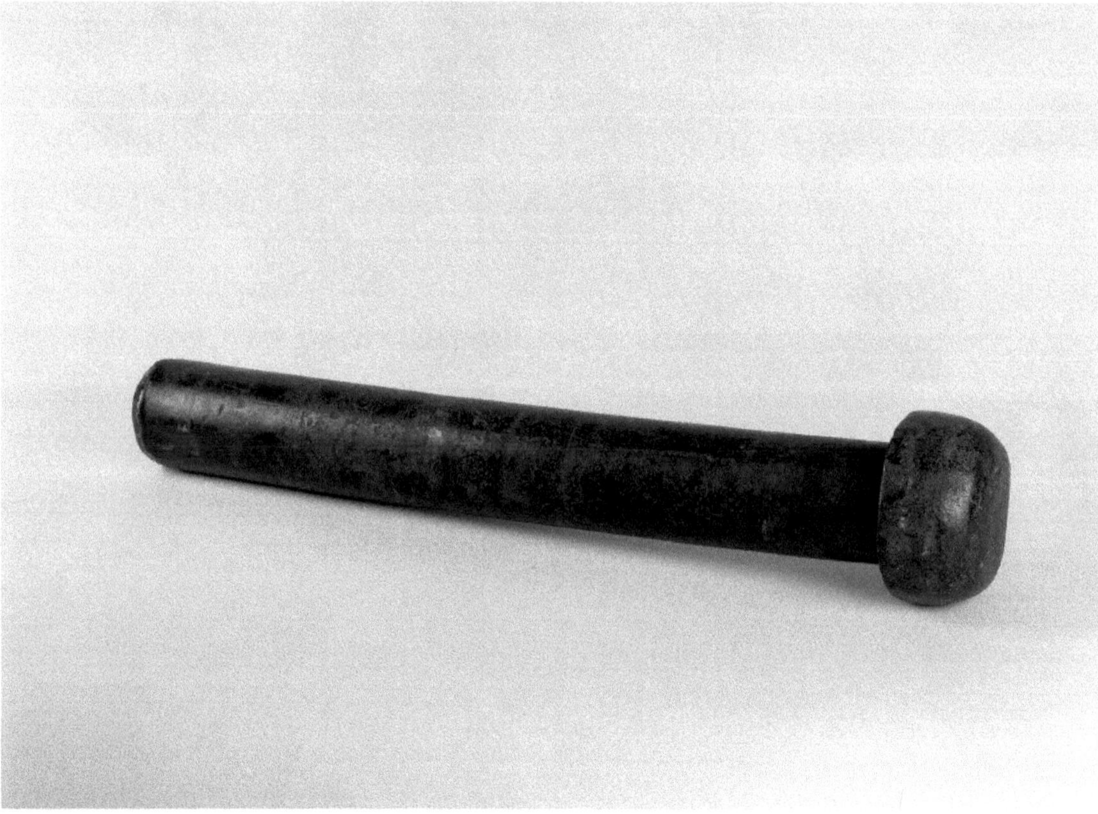

Abb. 51: Niet aus dem Gebälk der Vorhalle des Pantheons.

Abb. 52: Die als Beschlag gearbeitete Büste einer Mänade war mit vier Vollniete montiert.

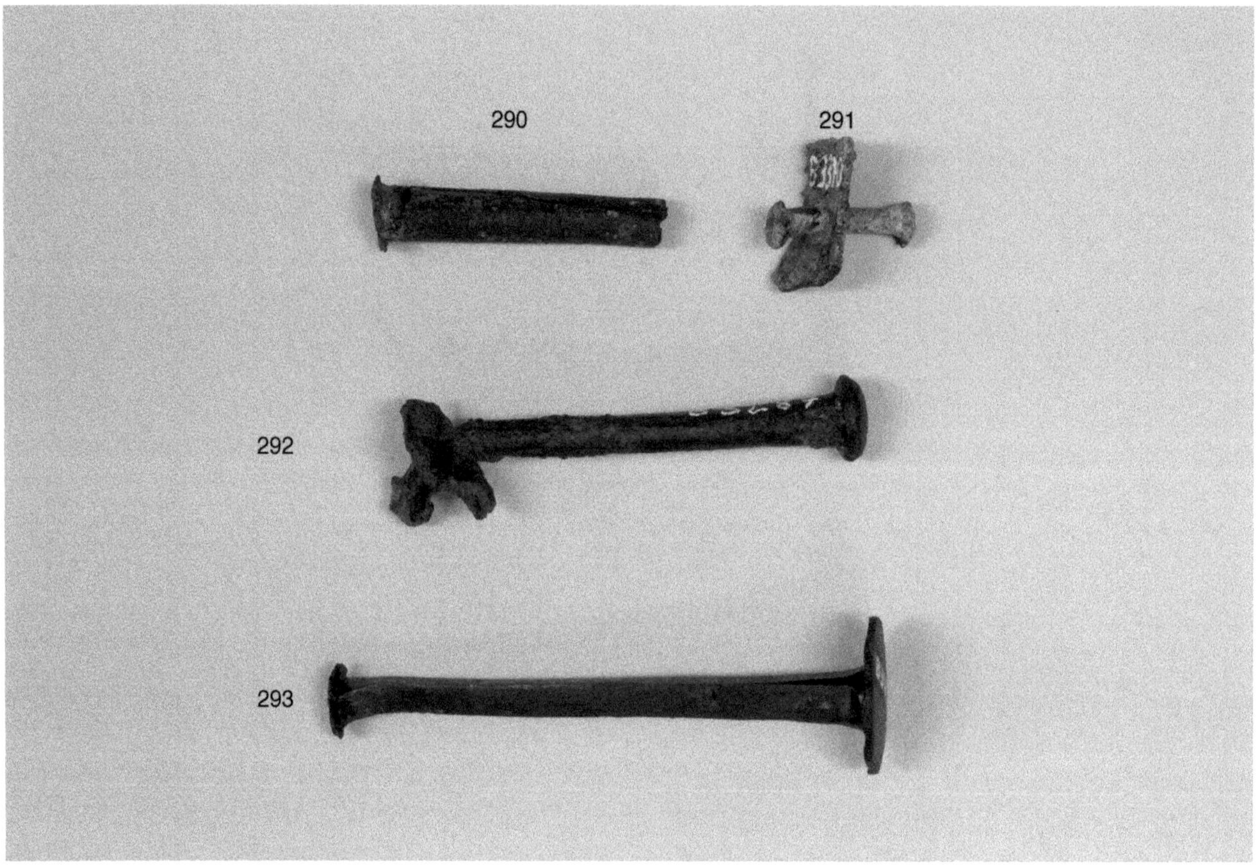

Abb. 53: Samische Niete (Typ Ni1, Ni2: Kat. 290 – 293).

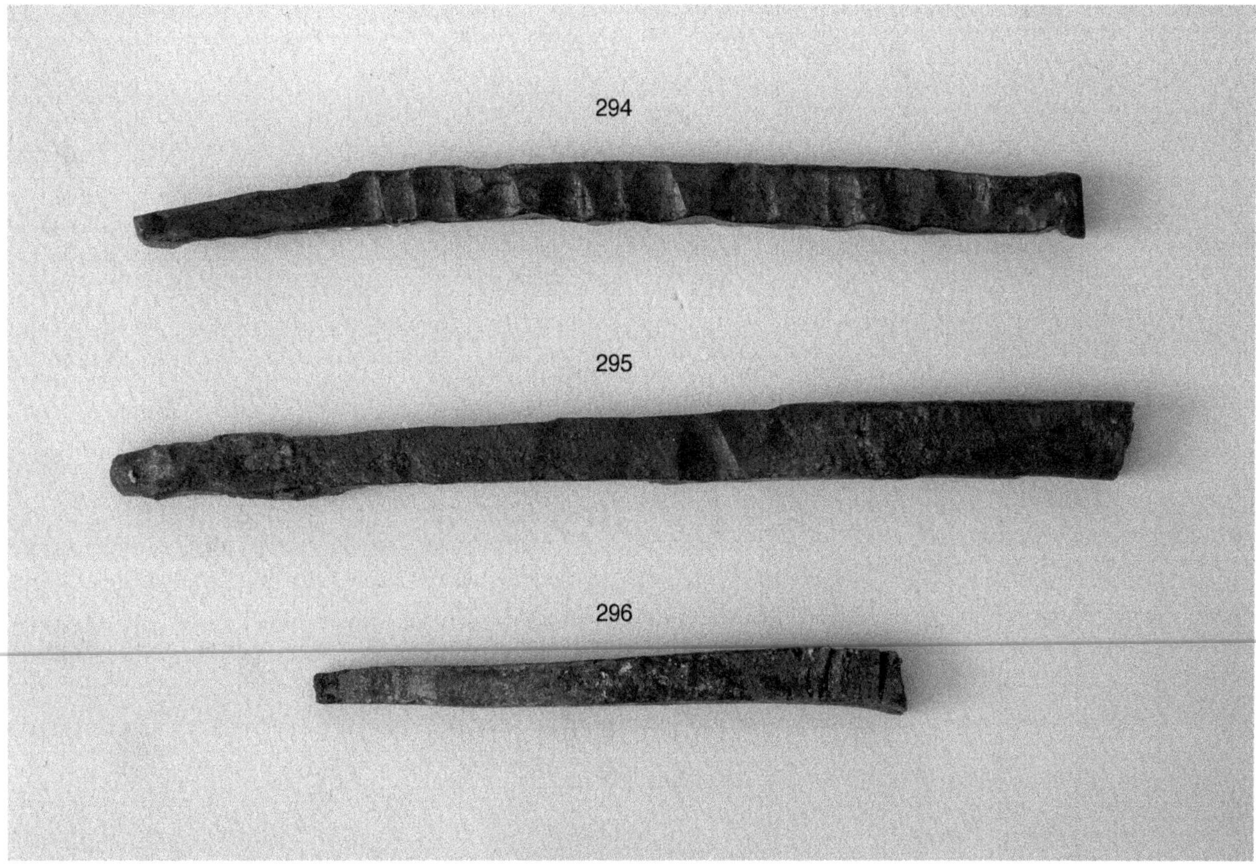

Abb. 54: Samische Rohlinge (Kat. 294 – 296).

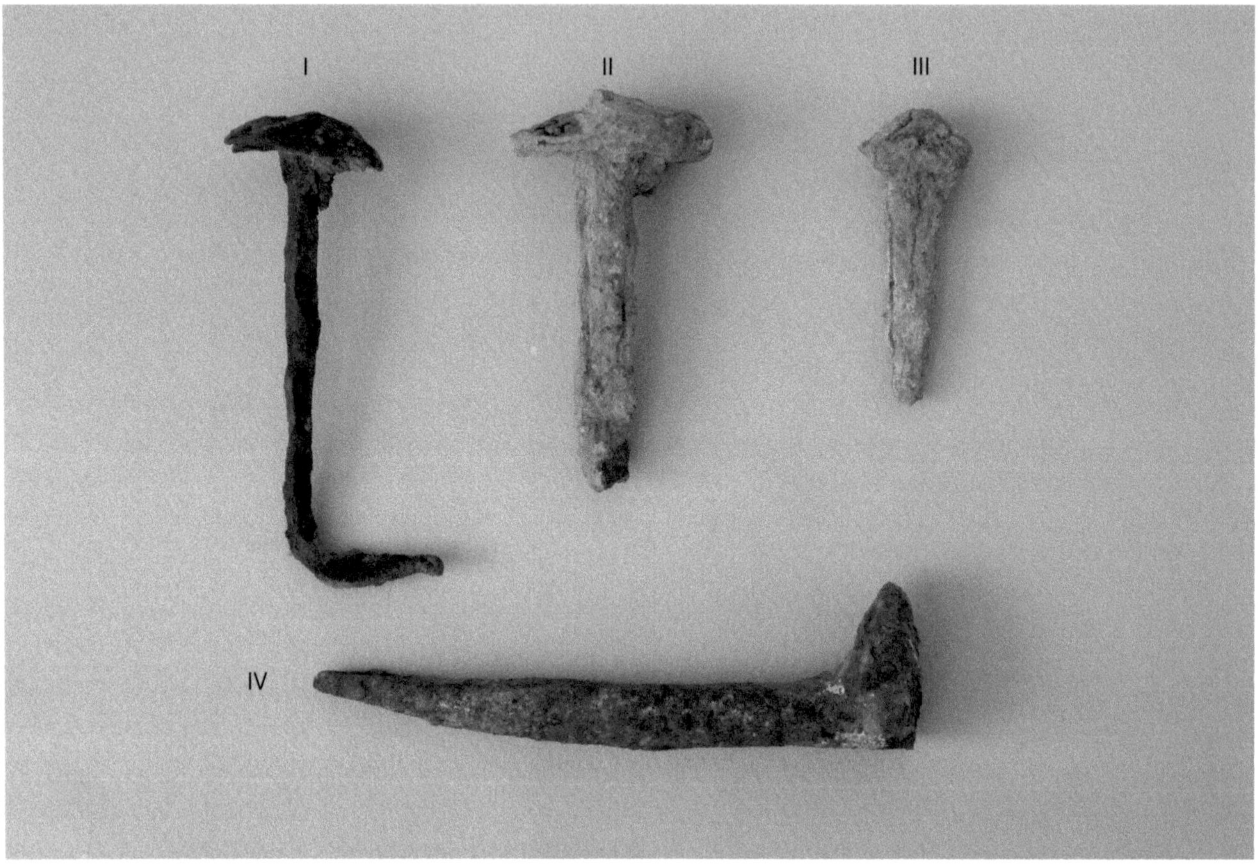

Abb. 55: Samische Befestigungstechnik aus Eisen (Pilzknauf-Nagel: Typ P1 Kat. I. Schirmkopf-Nagel: Typ S2 Kat. II. Beschlagnagel: Typ Be1 Kat III. Haken: Typ Ha1 Kat. IV).

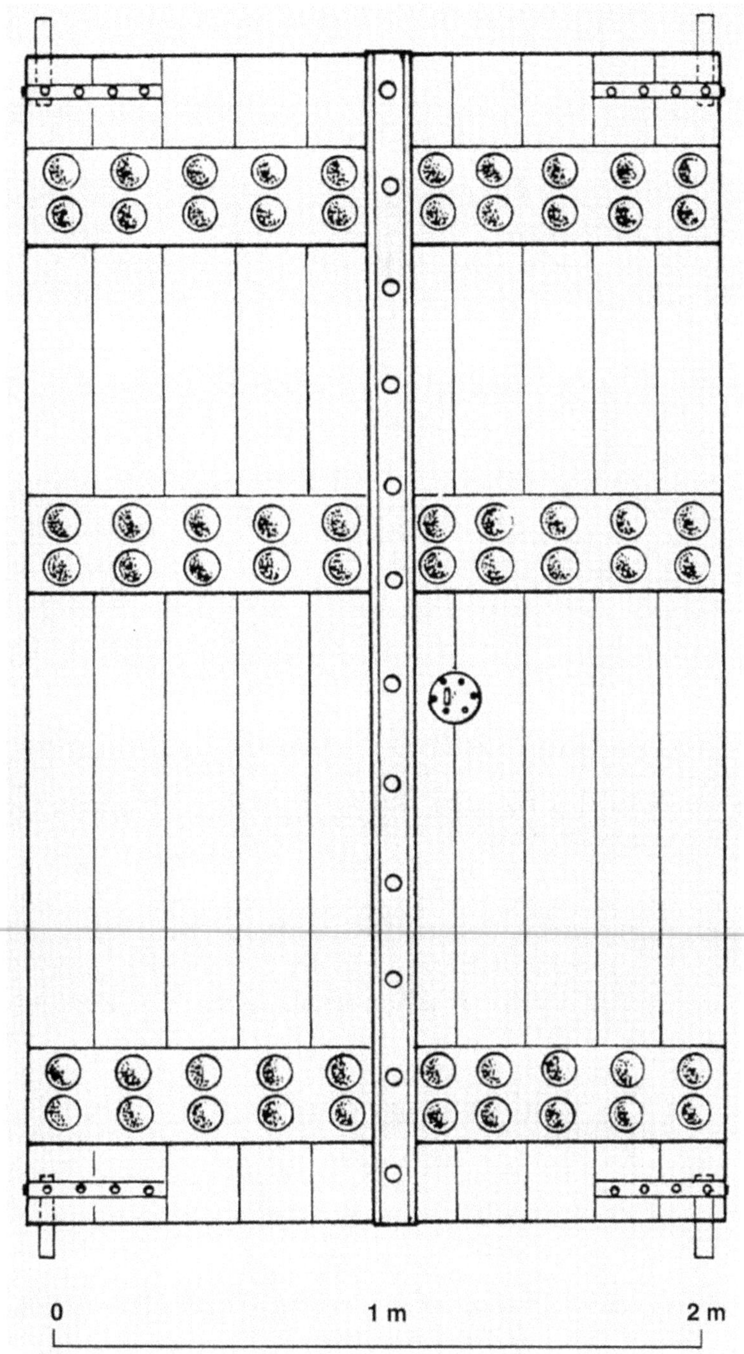

Abb. 56: Konstruktiver Aufbau einer griechischen Tür mit Schmucknägeln.

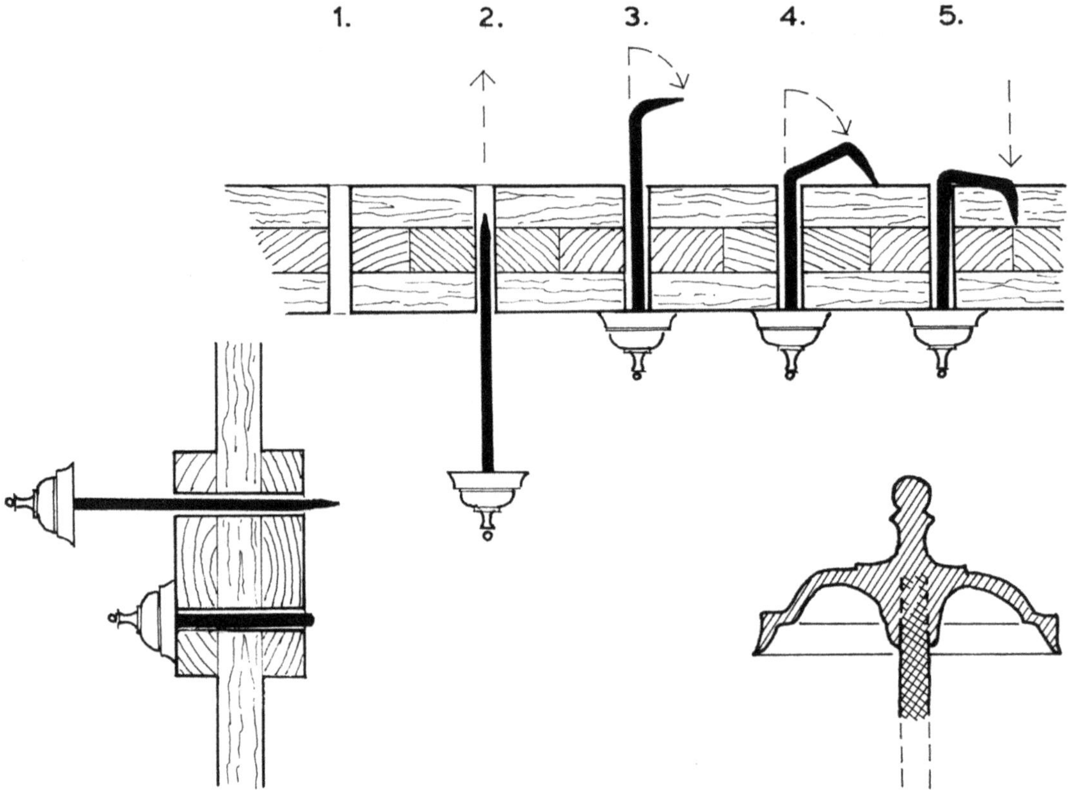

Abb. 57: Durch das Um- und Zurückschlagen der Nägel wurde die Stabilität bei schweren Türen über lange Zeiträume sichergestellt.

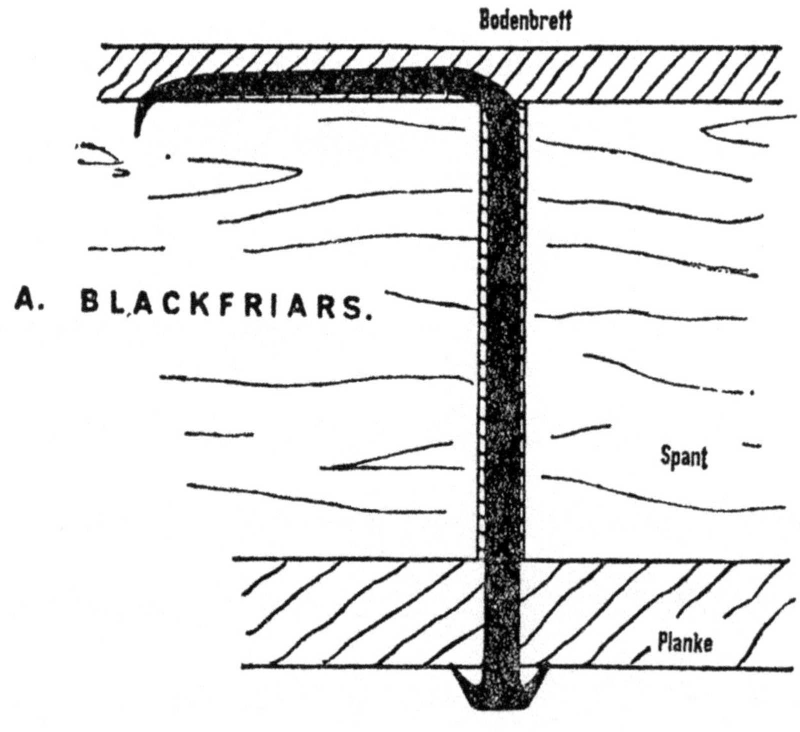

Abb. 58: Das Um- und Zurückschlagen der Nagelschäfte gewährleistete im Schiffbau die hohen statischen Anforderungen.

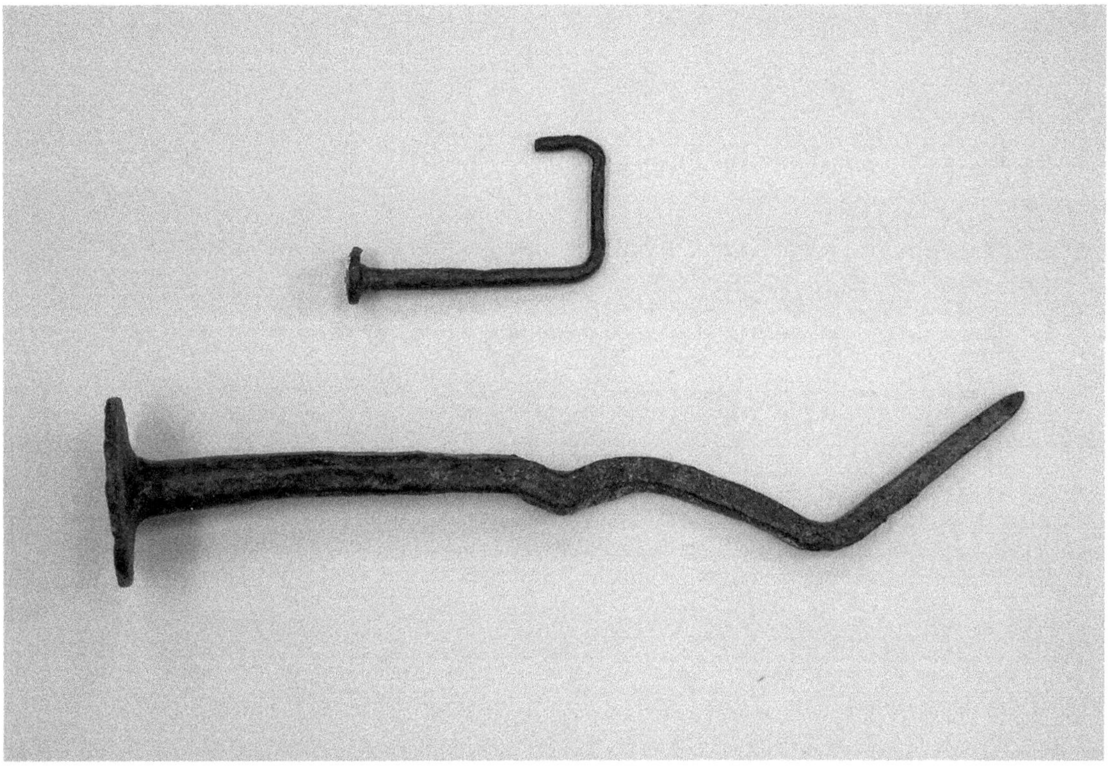

Abb. 59: Um- und zurückgeschlagene Nägel aus dem Heraion (Kat. 64. 92).

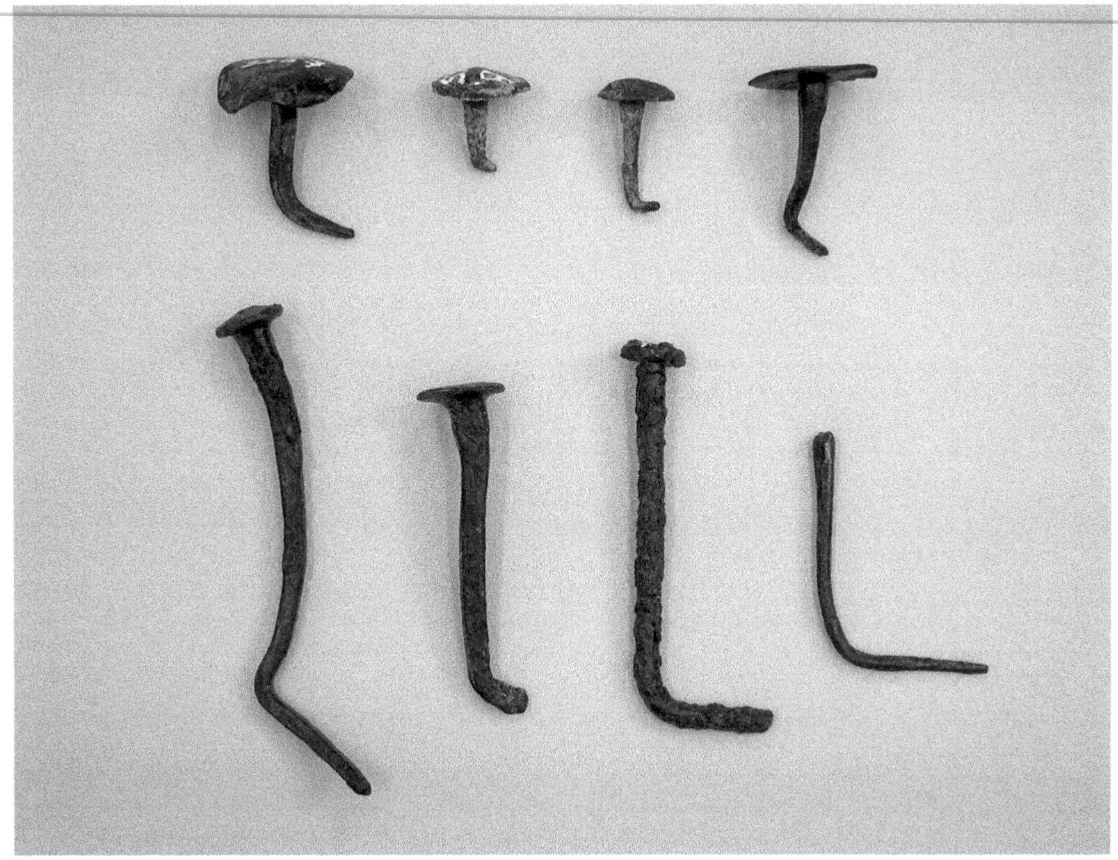

Abb. 60: Einfach umgeschlagene samische Nägel (oben: Kat. 178. 181. 172. 193, unten: 83. 80. 49. 221).

Abb. 61: Abdrücke des Hammers an Köpfen einiger samischer Nägel (Kat. 110. 45. 108).

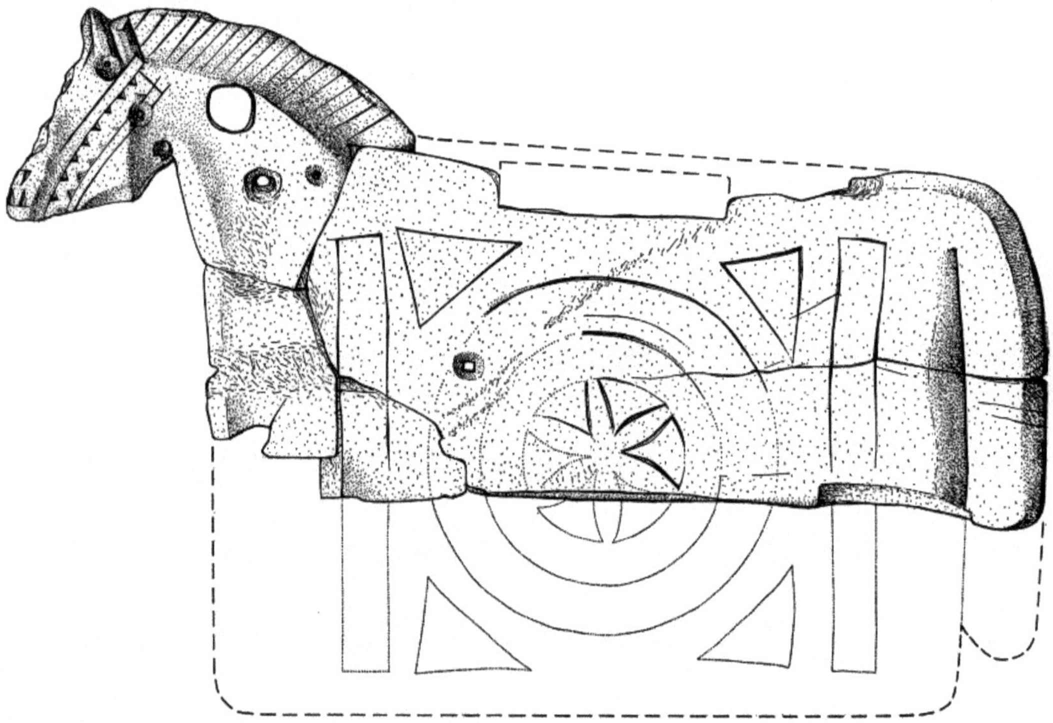

Abb. 62: In die Oberfläche der samischen Schemelwange haben sich die Köpfe von Nägeln tief in das Holz eingedrückt.

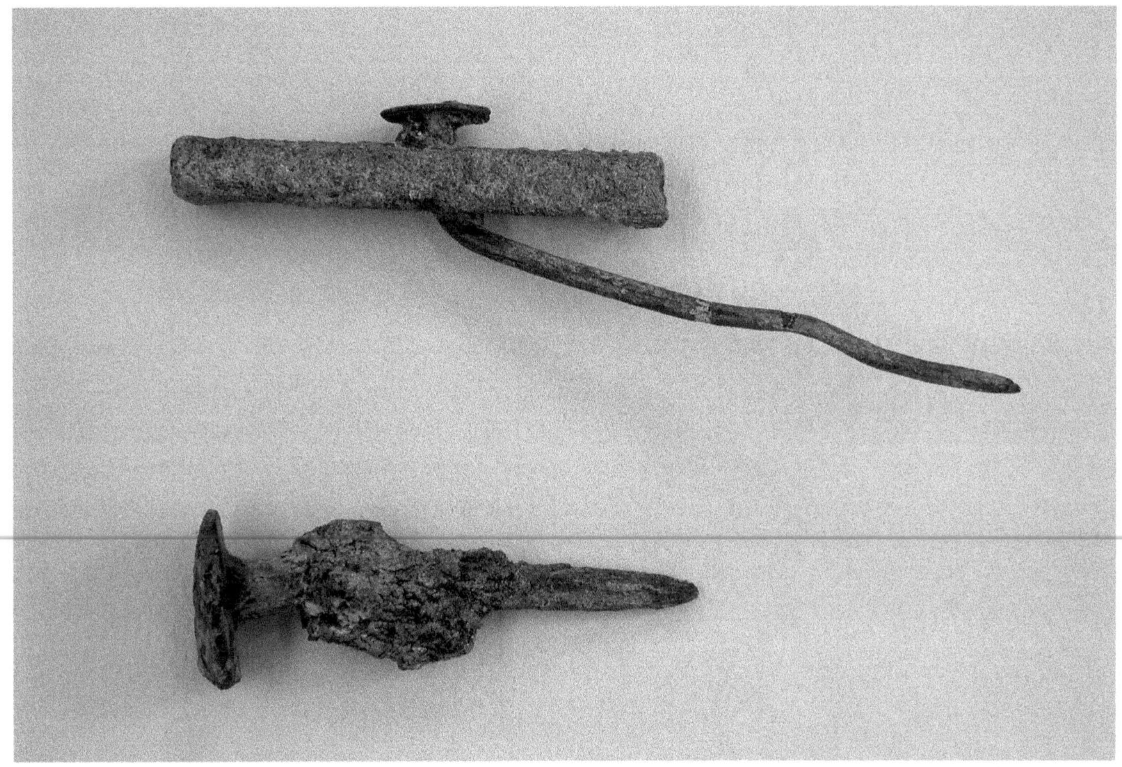

Abb. 63: Samische Nägel mit ehemals befestigtem Bronzestück und -fragment (Kat. 95. 101).

Abb. 64: Am großen samischen Fragment eines Sphyrelaton sind neben der Niettechnik einige Nagellöcher zu finden.

Abb. 65: Die Hälfte eines einfachen Röhrenscharniers aus dem Heraion.

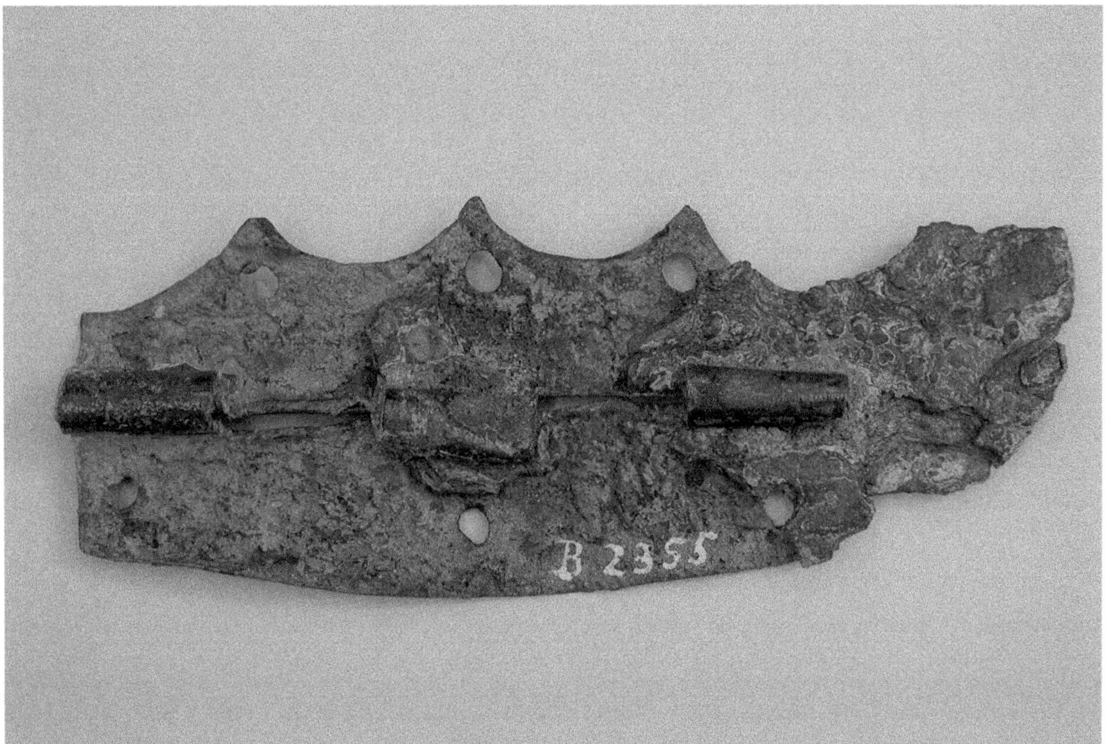

Abb. 66: Vollständiges Röhrenscharnier mit dekorierten Bändern aus dem Heiligtum.

Abb. 67: In den Röhren des größeren samischen Scharniers sind Reste des eisernen Scharnierstiftes erhalten.

Abb. 68: Der Reparaturflicken war an einem großen samischen Kessel angenietet.

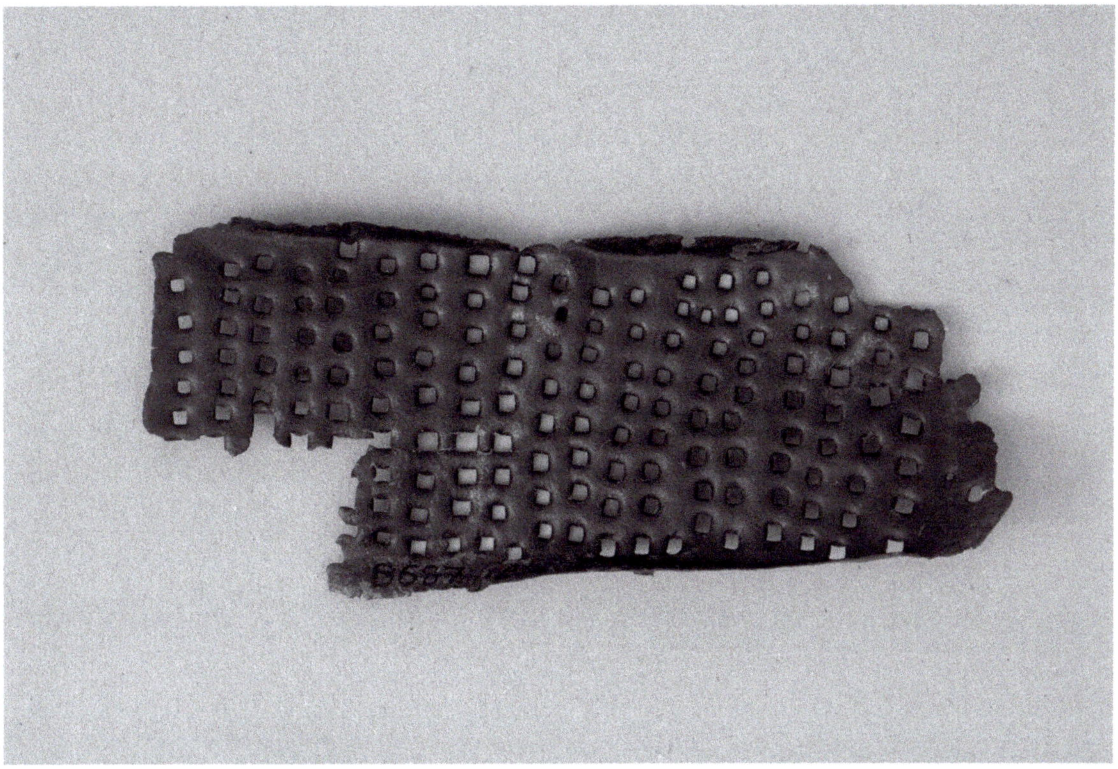

Abb. 69: Mit einem Nagel hergestellte Reibezähne an der samischen Käsereibe.

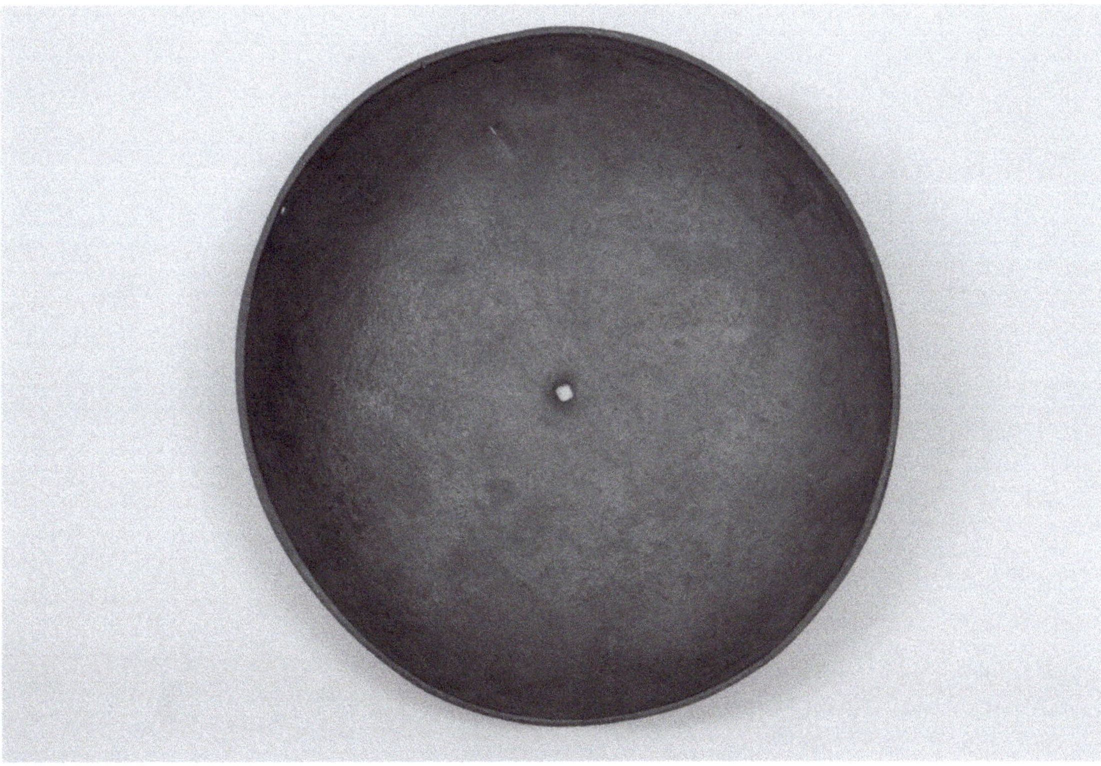

Abb. 70: Durch ein Nagelloch unbrauchbar gewordene Bronzeschale aus dem Heraion.

Abb. 71: Der 48 Zentimeter lange römische Nagelzieher (Kuhfuß) aus Xanten.

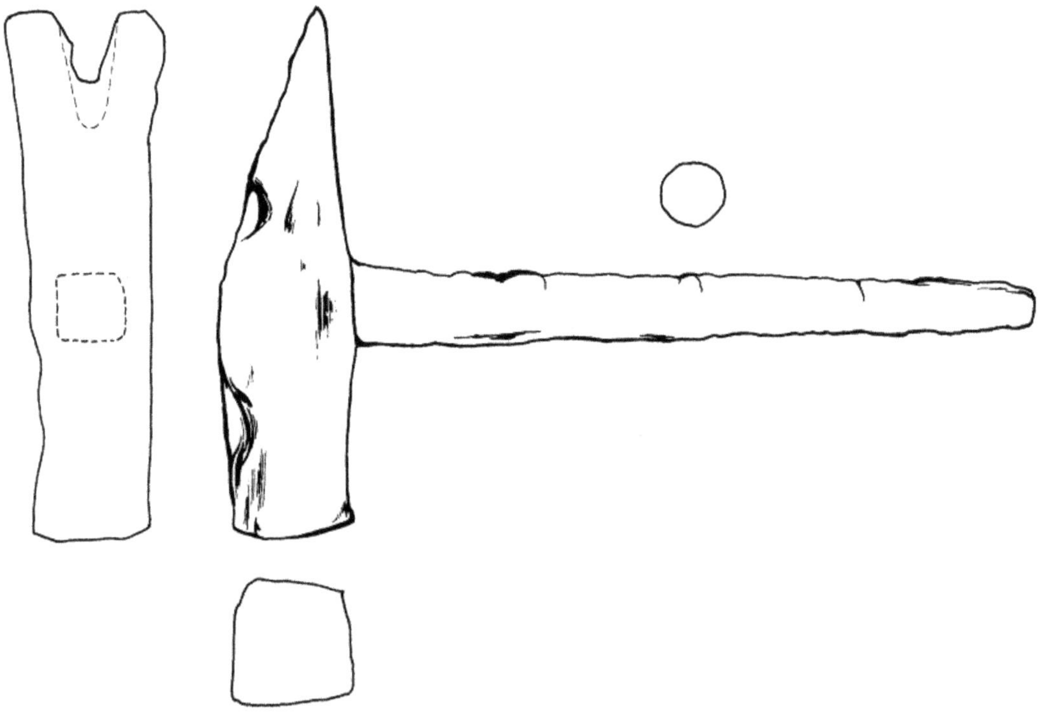

Abb. 72: Beim Hammer aus dem Legionärslager Vetera I bei Xanten ist die Finne zu einem Nagelzieher ausgearbeitet.

Abb. 73: Bei der Demontage beschädigte samische Nägel (Kat. 116. 114. 115. 118).

Abb. 74: Etruskischer Spiegel: Linderung des Unglücks durch Einschlagen eines Nagels. Außen zwei mythische Liebespaare: rechts Atalante und Meleager, links Aphrodite und Adonis. Atropos in der Mitte schlägt den Nagel ein.

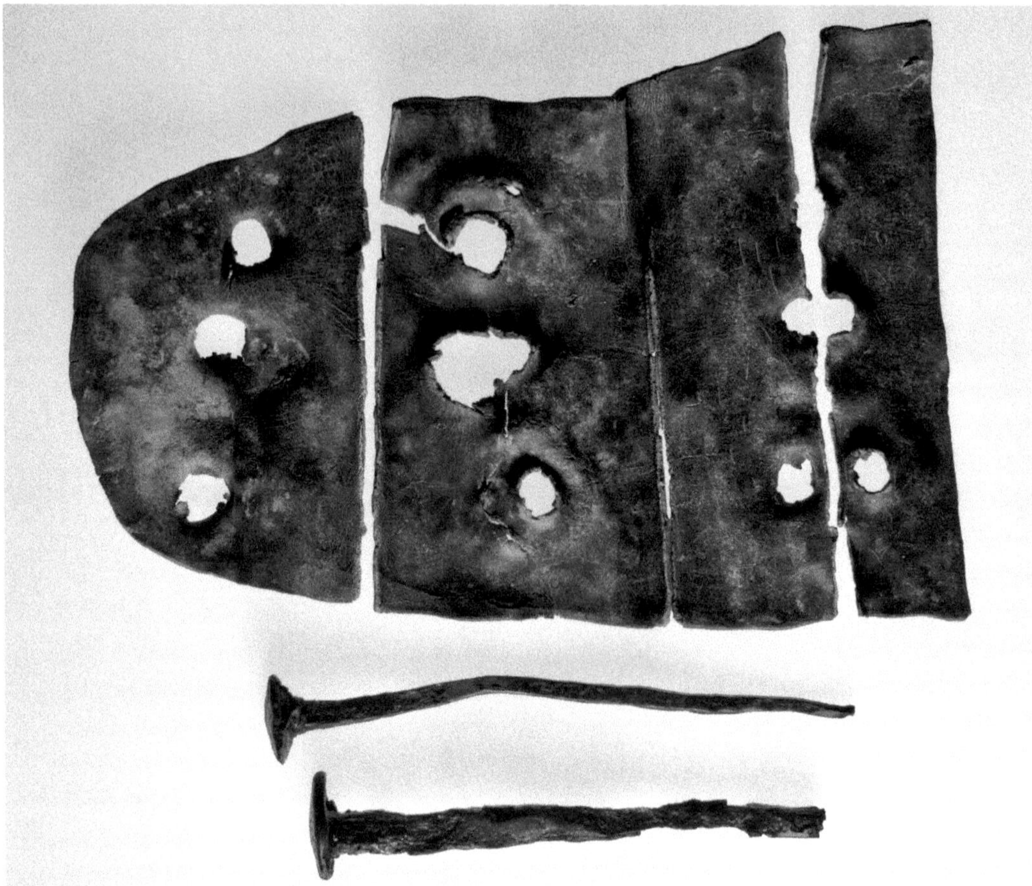

Abb. 75: Mit Nägeln wurden die auf Bleitafeln notierten Wünsche und Flüche besiegelt.

Abb. 76: Einige unbenutzte und qualitätvolle Kegelkopf-Nägel waren sicher Weihgeschenke (Kat. 36 – 40).

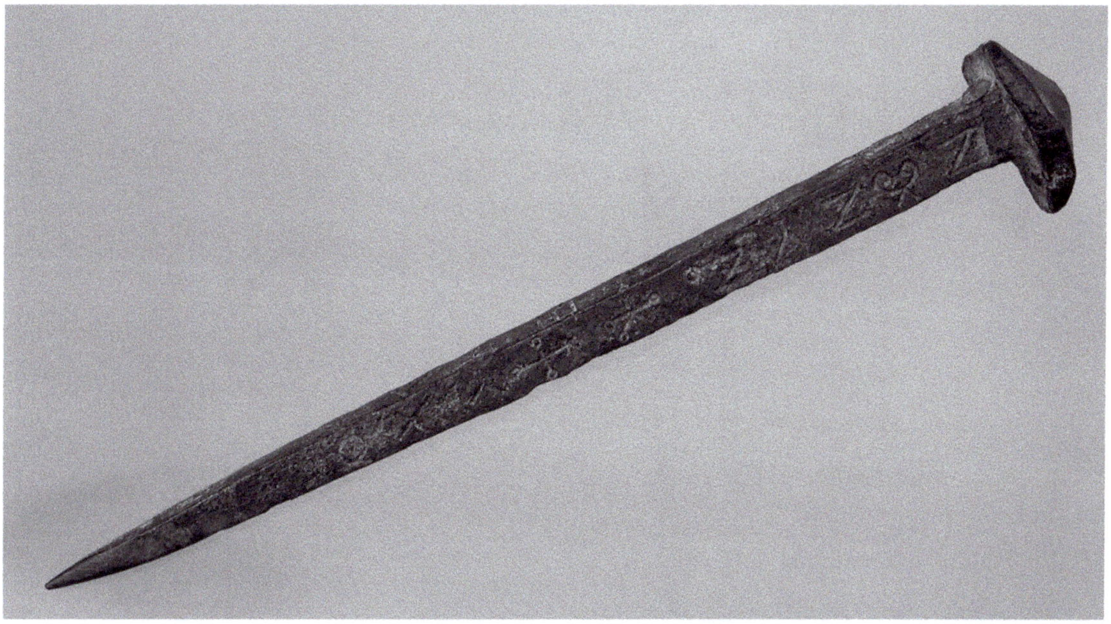

Abb. 77: Wichtiger Bestandteil des römischen Zaubergeräts aus Pergamon ist der mit Zauberzeichen dekorierte Nagel.

Abb. 78: Die Schäfte der zwei Berliner Zaubernägel tragen Zeichen, Formeln und eine Namensinschrift.

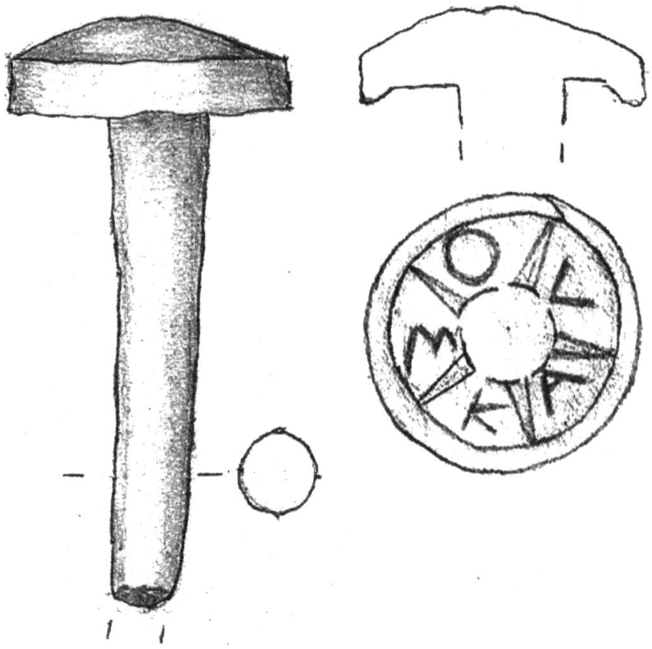

Abb. 79: Votivnagel mit Inschrift aus dem Aphrodite-Heiligtum von Milet.

Abb. 80: Auf dem Innenbild der attischen Trinkschale ist der Schmied mit Hammer und Zange bei der Arbeit am Amboss dargestellt.

Abb. 81: Römische Nageleisen aus Silchester (Calleva Atrebatum).

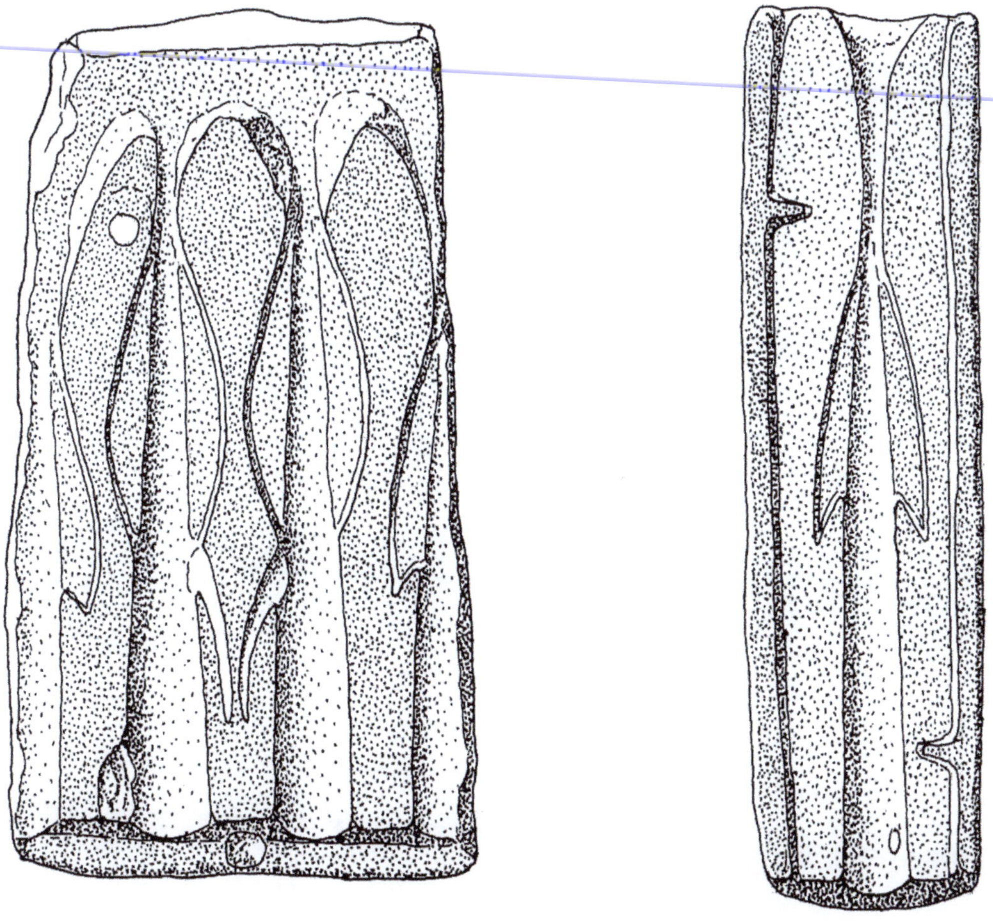

Abb. 82: Zwei Hälften samischer Gussformen für Pfeilspitzen.

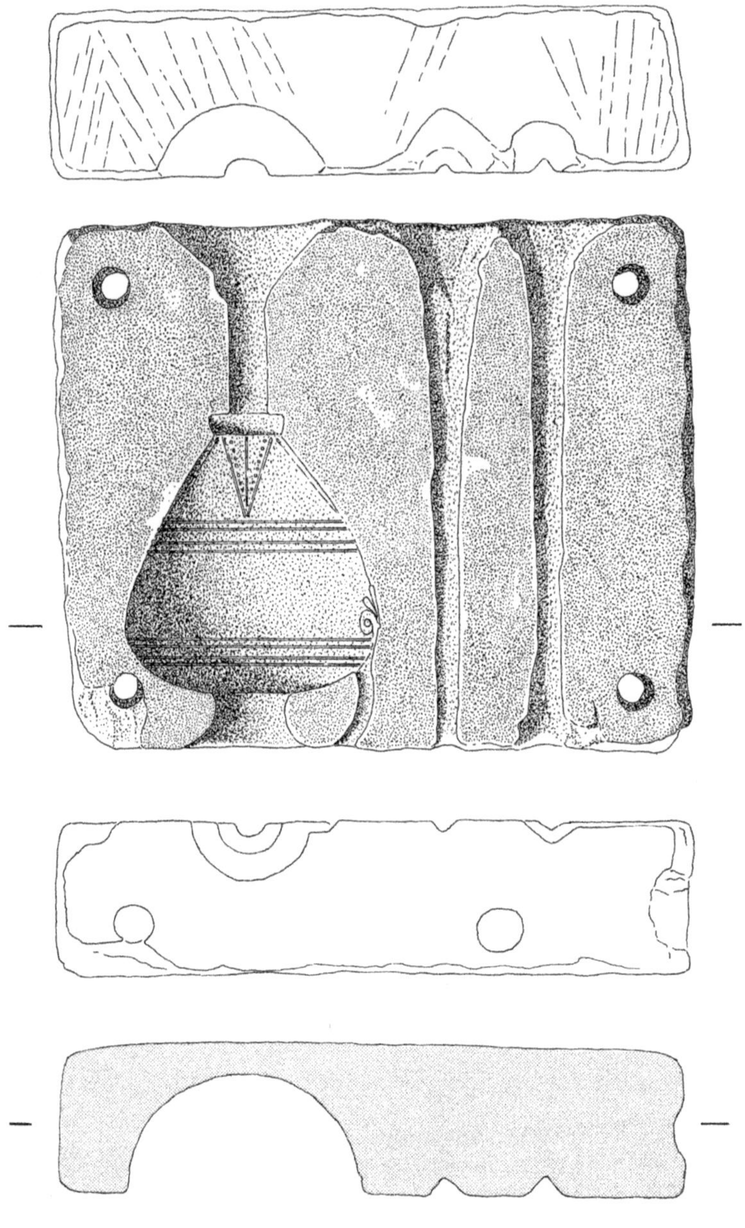

Abb. 83: Die Formenhälfte aus Ägina war auch für den Guss von zwei Nagelrohlingen vorgesehen.

Abb. 84: Nägel mit exentrisch geschmiedeten Köpfen (Kat. 190. 90).

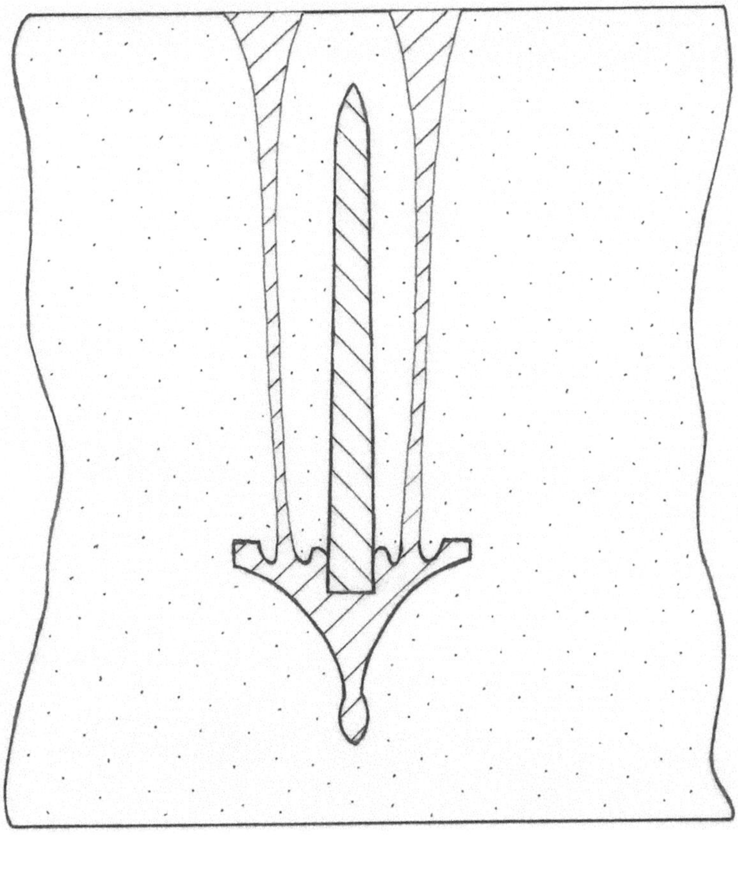

Abb. 85: Schematische Darstellung der Gussform mit eingestecktem eisernen Nagelschaft für den Überfangguss der Zierknäufe.

Abb. 86: Am samischen Zierknauf weisen Rostauflagen auf den ungenauen Guss hin (Kat. 1).

Abb. 87: Die Gussgrate unter dem Kopf des Pilzknauf-Nagels gestatten die Rekonstruktion der Gussform (Kat. 5).

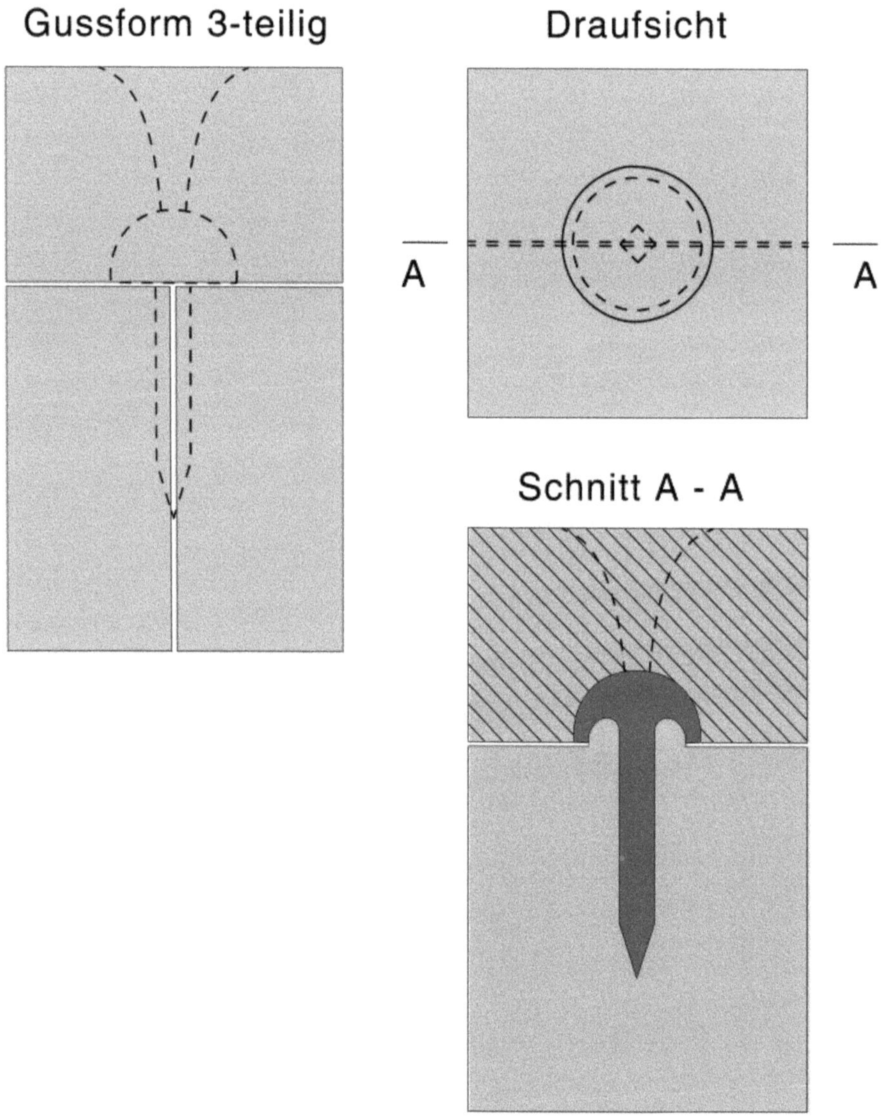

Abb. 88: Schematische Darstellung der dreiteiligen Form für den Guss von Pilzknäufen mit hohlem Kopf gemeinsam mit dem Schaft.

Abb. 89: In Durchgangslöchern eingesetzte Schäfte sind auf der Oberseite der Köpfe sichtbar (Kat. 9).

Abb. 90: Gussfehler am Schaft eines Kegelkopf-Nagels verweisen auf das Gussverfahren (Kat. 42).

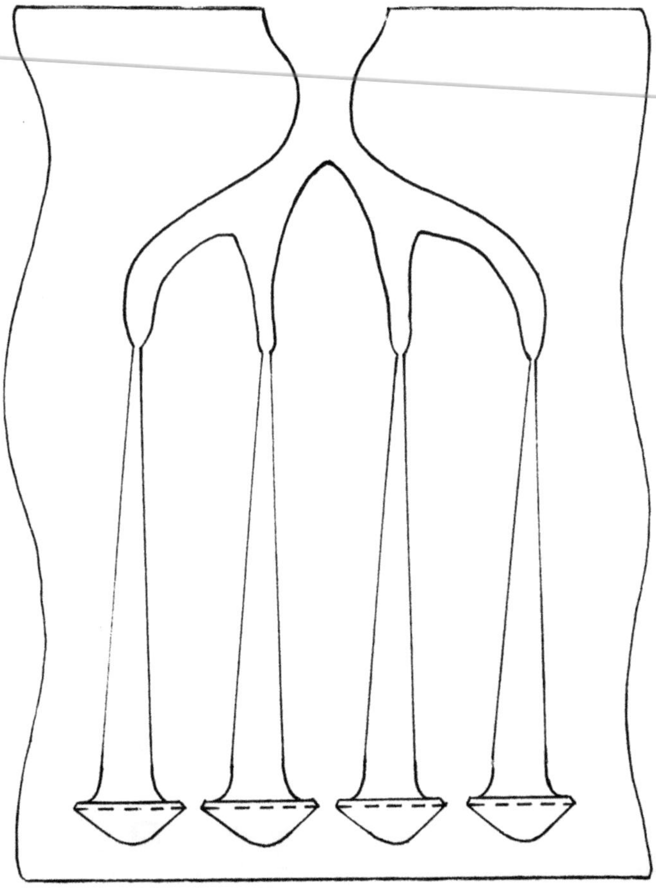

Abb. 91: Schematische Darstellung eines Gussbaumes für die serielle Fertigung von Kegelkopf-Nägeln.

Abb. 92: Der eckige Schaft wurde oft bei Beschlagnägeln durch Hammerschläge gerundet (Kat. 142).

Abb. 93: An vielen Beschlagnägeln zeigen aufgerissene Spitzen einen Schmiedevorgang am kalten Rohling an (Kat. 26. 55. 56. 50).

Abb. 94: Bei der seriellen Fertigung der Beschlagnägel wurden die Köpfe oft nachlässig geformt (Kat. 143. 148. 153. 156).

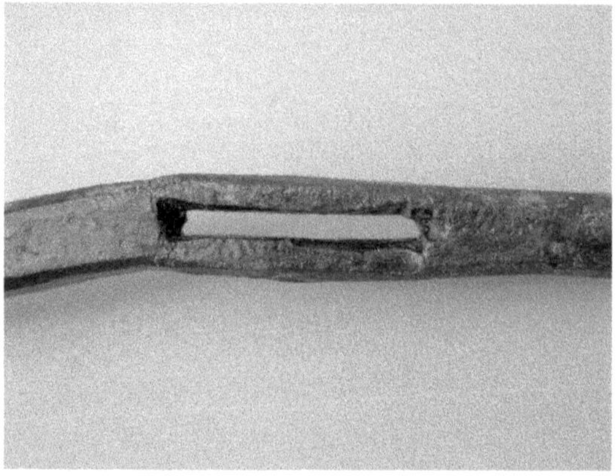

Abb. 95: Das Splintloch an einem der großen samischen Steckstifte (Kat. 234).

Abb. 96: Die Dübelansätze der Mauerringe vom Typ Mr1 (von oben: Kat. 253. 252. 245. 248).

Abb. 97: Ein neuzeitliches Hörnchen am Amboss.

www.ingramcontent.com/pod-product-compliance
Lightning Source LLC
La Vergne TN
LVHW072257300926
849160LV00018B/1690